2024-25年版

技術士 第二次試験 建設部門 最新キーワード100

西村 隆司
日経コンストラクション 編著

日経BP

目次

第1章

出題テーマの分析

最近の出題傾向

2019年度に技術士試験が改正されてから23年度まで、試験の方法や問われる内容などに大きな変更はありませんでした。24年度も同様に、例えば必須科目では「建設部門全般に関わる基礎的なエンジニアリングの問題」が対象です。選択科目の専門知識の場合は「重要なキーワードや新技術」などについて、問題解決能力と課題遂行能力では「社会のニーズや技術の進歩」などを背景として、それぞれ問われます。

時流や社会資本整備の課題を踏まえて出題

必須科目は記述式です。昨今の社会資本整備の課題や施策を基に、23年度は巨大地震への対策とメンテナンスの「第2フェーズ」がテーマでした。22年度までと同様に時流を意識した出題で、このような傾向は今後も続くと思われます。特にメンテナンス

●2024年度の筆記試験の内容

<table>
<tr><th>試験科目</th><th colspan="2">問題の種類</th><th>試験方法</th><th>配点</th><th>合否基準</th><th>試験時間</th></tr>
<tr><td>Ⅰ
必須科目</td><td colspan="2">「技術部門」全般にわたる専門知識、応用能力、問題解決能力および課題遂行能力</td><td>記述式
600字詰め用紙3枚</td><td>40点</td><td>60%以上</td><td>2時間</td></tr>
<tr><td rowspan="3">Ⅱ、Ⅲ
選択科目</td><td rowspan="2">「選択科目」についての専門知識および応用能力</td><td>Ⅱ−1
専門知識</td><td>記述式
600字詰め用紙1枚</td><td>10点</td><td rowspan="3">60%以上</td><td rowspan="3">3時間30分</td></tr>
<tr><td>Ⅱ−2
応用能力</td><td>記述式
600字詰め用紙2枚</td><td>20点</td></tr>
<tr><td colspan="2">「選択科目」についての問題解決能力および課題遂行能力</td><td>記述式
600字詰め用紙3枚</td><td>30点</td></tr>
</table>

（注）下も総合技術監理部門を除く技術部門。日本技術士会の資料を基に作成

●2024年度の口頭試験の内容

<table>
<tr><th colspan="2">試問事項</th><th>配点</th><th>合否基準</th><th>試問時間</th></tr>
<tr><td rowspan="2">Ⅰ　技術士としての実務能力
・筆記試験における記述式問題の答案と業務経歴を踏まえて試問</td><td>コミュニケーションやリーダーシップ</td><td>30点</td><td>60%以上</td><td rowspan="4">20分（10分程度の延長の場合もあり）</td></tr>
<tr><td>評価やマネジメント</td><td>30点</td><td>60%以上</td></tr>
<tr><td rowspan="2">Ⅱ　技術士としての適格性</td><td>技術者倫理</td><td>20点</td><td>60%以上</td></tr>
<tr><td>継続研さん</td><td>20点</td><td>60%以上</td></tr>
</table>

●建設部門の筆記試験で問われる内容

問題の種類		出題内容
必須科目		社会が抱えている様々な問題について、建設部門全般に関わる基礎的なエンジニアリングの問題としての観点から、多面的に課題を抽出して解決方法を示し、遂行していくための提案を問う
選択科目	専門知識	「選択科目」の重要なキーワードや新技術などに対する専門的な知識
	応用能力	「選択科目」に関係する業務について、与えられた条件に合わせて、専門知識や実務経験に基づいて業務の遂行手順を説明できる。さらに、業務上で留意すべき点や工夫を要する点などについての認識があるかを問う
	問題解決能力と課題遂行能力	社会のニーズや技術の進歩に伴う様々な状況において生じているエンジニアリングに関する問題を対象とする。「選択科目」に関わる観点からこれらの課題を抽出し、多様な視点からの分析によって問題を解決するための手法や遂行する方策を提示できるかを問う

(注)日本技術士会の「令和6年度技術士第二次試験の内容について」を基に作成

に関する設問は時事性の高い内容です。さらに、小問は（1）～（4）に分かれており、技術士に求められる「コンピテンシー」や評価項目（10ページの表を参照）を踏まえて出題されています。コンピテンシーは23年1月に少し見直されましたが、23年度の試験には影響がなかったようです。小問の内容は22年度とほぼ同じでした。

選択科目のうち、専門知識と応用能力が問われるⅡの論文では、23年度も多くの科目が広い範囲から出題しており、Ⅱ−2では受験者の実務を意識した設問が続いています。自身の専門分野を深く勉強するとともに、関連する周辺分野の知識を押さえておくことも欠かせません。例えば、頻発する自然災害や深刻になるインフラの老朽化などを背景に、後述するⅢも含めると全11科目のうちの6科目が防災・減災から、5科目が維持管理・更新の分野から出題しています。23年度の必須科目で取り上げられたことから22年度に比べて減りましたが、これらは24年度も重要な分野です。

Ⅲは時事性の高いテーマが継続

もう一つの問題解決能力と課題遂行能力が問われるⅢの23年度の出題内容を見ると、22年度までと同様に時流や最新の施策を踏まえた問題が中心です。23年3月に閣議決定された法案や2～4月に公表された取りまとめなどに基づく出題も見られました。24年度の選択科目では、23年度に必須科目で問われた防災・減災や維持管理・更新に関する設問が増えると思われます。気候変動への対策に加え、時間外労働の上限規制への対応など雇用・労働環境の改善も旬のテーマです。併せて、多くのテーマに役立つデジタルトランスフォーメーションの最新の動向も理解しておきましょう。

必須科目の出題内容

必須科目では2問の出題から1問を選び、600字詰めの解答用紙を用いて2時間で3枚に記述します。建設部門全般にわたる専門知識と応用能力、問題解決能力および課題遂行能力が対象です。合否の基準は40点の配点に対して60％以上です。

題意を踏まえて幅広い視点から論述

2023年度の出題テーマは、先述のように1問が巨大地震への対策でした。南海トラフ地震などの切迫性が高まってきたことや22年に相次いだ地震を意識した出題とみられます。国土交通省は22年11月に日本海溝・千島海溝周辺海溝型地震への対策計画をまとめたのに続き、23年6月に公表した「総力戦で挑む防災・減災プロジェクト」で

●出題内容と解答のポイント

Ⅰ−1　今年は1923（大正12）年の関東大震災から100年がたち、我が国では、その間にも兵庫県南部地震、東北地方太平洋沖地震、熊本地震など巨大地震を多く経験している。これらの災害時には地震による揺れや津波等により、人的被害のみでなく、建築物や社会資本にも大きな被害が生じ復興に多くの時間と費用を要している。そのため、将来発生が想定されている南海トラフ巨大地震、首都直下地震および日本海溝・千島海溝周辺海溝型地震の被害を最小化するために、国、地方公共団体等ではそれらへの対策計画を立てている。一方で、我が国では少子高齢化が進展する中で限りある建設技術者や対策に要することができる資金の制約があるのが現状である。

このような状況において、これらの巨大地震に対して地震災害に屈しない強靱な社会の構築を実現するための方策について、以下の問いに答えよ。

(1) 将来発生しうる巨大地震を想定して建築物、社会資本の整備事業および都市の防災対策を進めるに当たり、技術者としての立場で多面的な観点から3つ課題を抽出し、それぞれの観点を明記したうえで、課題の内容を示せ。

(2) 前問(1)で抽出した課題のうち、最も重要と考える課題を1つ挙げ、その課題に対する複数の解決策を示せ。

(3) 前問(2)で示したすべての解決策を実行しても新たに生じうるリスクとそれへの対策について、専門技術を踏まえた考えを示せ。

(4) 前問(1)～(3)を業務として遂行するに当たり、技術者としての倫理、社会の持続性の観点から必要となる要点・留意点を述べよ。

→ Ⅰ−2も、冒頭は出題の背景や解答の前提となる条件。特に下線の部分を意識して論述。2023年度は小問（1）の条件も重要

→ （1）の前半の部分から、問われているテーマを読み取る。建築物などの耐震化だけでなく、幅広い視点から述べるよう求めている

→ 公益を最優先に取り組むなど、技術士倫理綱領や題意から

↓

次ページのⅠ−2と同様に、小問（1）～（4）で「問題解決」と「評価」、「技術者倫理」が問われている

（注）いずれも2023年度の出題。「専門的学識」と「コミュニケーション」は設問全体を通して評価される。各評価項目の概要は10ページを参照

●2003年度からの必須科目（記述式）の変遷

	2003～06年度	2007～12年度	2019年度～
種類	「技術部門」全般にわたる一般的専門知識	「技術部門」全般にわたる論理的考察力と課題解決能力	「技術部門」全般にわたる専門知識、応用能力、問題解決能力および課題遂行能力に関するもの
出題	2問から1問を選んで解答		
方法	600字詰め用紙3枚以内		
時間	約1時間*	2時間30分	2時間

（注）2003～06年度の試験時間は必須科目の記述式に択一式と選択科目の論文も含めて合計4時間。論文の枚数などから1時間程度と推計した。日本技術士会の資料を基に作成

は、23年度に特に強化するテーマとして大規模な地震への対策を挙げています。

解答では、これら最近の施策を基に、出題文に記された条件を踏まえて幅広い視点から述べることが大切です。例えば解決策としては、施設の耐震化だけでなく、避難場所の確保や粘り強い堤防の整備といった津波対策、無電柱化や高規格道路のミッシングリンクの改善、危険な密集市街地の解消などが考えられます。復興事前準備や防災マップの作成、訓練の実施など、ソフト面の対策も交えることがポイントです。

Ⅰ−2　我が国の社会資本は多くが高度経済成長期以降に整備され、今後建設から50年以上経過する施設の割合は加速度的に増加する。このような状況を踏まえ、2013（平成25）年に「社会資本の維持管理・更新に関する当面講ずべき措置」が国土交通省から示され、同年が「社会資本メンテナンス元年」と位置づけられた。これ以降これまでの10年間に安心・安全のための社会資本の適正な管理に関する様々な取り組みが行われ、施設の現況把握や予防保全の重要性が明らかになるなどの成果が得られている。しかし、現状は直ちに措置が必要な施設や事後保全段階の施設が多数存在するものの、人員や予算の不足をはじめとした様々な背景から修繕に着手できていないものがあるなど、予防保全の観点も踏まえた社会資本の管理はいまだ道半ばの状態にある。

（1）これからの社会資本を支える施設のメンテナンスを、上記のようなこれまで10年の取り組みを踏まえて「第2フェーズ」として位置づけ取り組み・推進するに当たり、技術者としての立場で多面的な観点から3つ課題を抽出し、それぞれの観点を明記したうえで、課題の内容を示せ。

（2）前問（1）で抽出した課題のうち、最も重要と考える課題を1つ挙げ、その課題に対する複数の解決策を示せ。

（3）前問（2）で示したすべての解決策を実行しても新たに生じうるリスクとそれへの対策について、専門技術を踏まえた考えを示せ。

（4）前問（1）～（3）を業務として遂行するに当たり、技術者としての倫理、社会の持続性の観点から必要となる要点・留意点を述べよ。

→ 特に小問（1）の下線の条件を踏まえ、維持管理の方向性が問われていることを意識して論述。最新の政策や施策を基にした時事性の高いテーマ

→ 課題の背景や現状、問題点、課題に挙げた理由を明示

→ 解決策は3つ程度

→ 解決策の実施によって生じること

↓

2023年度の小問（1）～（4）は前ページのⅠ−1とほぼ同じ

●建設部門の各筆記試験における評価項目

評価項目	概要	Ⅰ	Ⅱ		Ⅲ
			1	2	
専門的学識	•建設部門全般と選択科目に関する専門知識の理解と応用 •制度や社会、自然条件に関する専門知識の理解と応用	○	○	○	○
問題解決	•業務で直面する複合的な問題の内容を明確にして調査し、潜在する問題の発生要因や制約の要因を抽出して分析する •複合的な問題に関して相反する要求事項やそれらの影響の重要度を考慮したうえで、複数の選択肢を踏まえて解決策を提案	○	―	―	○
マネジメント	•業務の過程における品質やコスト、生産性やリスク対応などに関する要求事項、または成果物に係る要求事項の特性を満たすために人員や設備、金銭、情報などの資源を配分すること	―	―	○	―
評価	•業務を遂行する際の各段階の結果のほか、最終的な成果や波及効果を評価して次の段階や別の業務の改善に資すること	○	―	―	○
コミュニケーション	•口頭や文書などで関係者と明確かつ効果的に意思を疎通	○	○	○	○
リーダーシップ	•関係者の利害などを調整して取りまとめることに努めること	―	―	○	―
技術者倫理	•公衆の安全や健康、福利を最優先に考慮したうえで社会や環境などに与える影響を予見し、次世代にわたる社会の持続性を確保。技術士としての使命や地位、職責を自覚して行動する •業務に関係する法令などの制度が求めている事項を順守 •決定に際して自らの業務と責任の範囲を明確にし、責任を負う	○	―	―	―

(注)右欄の○は該当する試験科目。「Ⅰ」は必須科目、Ⅱの「1」は選択科目のうちの専門知識に、「2」は応用能力に、「Ⅲ」は問題解決能力および課題遂行能力にそれぞれ関する論文。概要は技術士に求められる資質や能力(コンピテンシー)から抜粋して要約

最新の政策や施策を基に出題

もう1問のメンテナンスの「第2フェーズ」は、さらに時事性の高いテーマです。維持管理の方向性が問われており、国交省が22年12月に公表した「地域インフラ群再生戦略マネジメント」を意識した出題とみられます。「第2フェーズ」で速やかに実行すべき施策として、地域の将来像を踏まえた展開や市区町村の体制の構築、新技術の活用、「デジタル国土管理の実現」といった項目ごとに具体的な取り組みをそれぞれ示しています。包括的民間委託や予防保全などのキーワードを交えて述べることが大切です。このように最新の施策を基にした出題は24年度も続く可能性が高いと思われます。

小問の内容は2問とも、22年度と同様に課題の数が「3つ」と指定されたほか、(3)では「解決策を実行しても新たに生じうるリスクと対策」について問われています。22年度は1問が「波及効果と懸念事項への対応策」でした。小問の内容にかかわらず、(2)の最も重要な課題と複数の解決策が解答の中心です。テーマごとに解決策を3つ程度は挙げられるように備えたうえで、それらのリスクも整理しておきましょう。

必須科目の出題テーマ

必須科目では建設部門全般に共通したテーマについて出題されます。2012年度までの必須科目と同じです。当時の出題分野やテーマを振り返ると、人口減少下での社会資本整備や維持管理、防災・減災、地球環境問題や技術者の大量退職など、昨今の社会資本整備にとっても重要な分野から出題されています。建設部門全般に共通するテーマとなると大きな変化はなく、それほど広範囲に及ぶわけではなさそうです。

今後もこの傾向は変わらないと思われることから、出題テーマを予測して対処するうえで、23年度までの出題の内容や背景を押さえておくことが基本になります。ただし、先に述べたように最近の政策や施策を意識して論述することが欠かせません。例えば20年度に出題された担い手の確保に関しては、23年9月に持続可能な建設業に向けた中間取りまとめが公表されました。24年3月には建設業法などの改正案が閣議決定さ

●2003～12年度と19～23年度に出題された分野やテーマ

出題年度	出題の分野やテーマ	
	1	2
2023年度	巨大地震への対策	メンテナンスの第2フェーズ
22年度	デジタルトランスフォーメーションの推進	地球温暖化の緩和策
21年度	循環型社会の構築	風水害による被害の防止策
20年度	中小建設業における担い手の確保	インフラのメンテナンス
19年度	生産性の向上	国土強靭化と自然災害への対策
12年度	東日本大震災を契機とした防災・減災	地球環境問題への対応
11年度	今後の社会資本整備	建設産業の活力の回復
10年度	社会状況の変化に対応した防災・減災	建設産業の海外展開
09年度	低炭素社会	技術の進展と技術力の維持
08年度	維持管理とアセットマネジメント	技術力の維持と向上
07年度	地域の活性化と社会資本整備	技術者の大量退職の影響と方策
06年度	維持管理・更新の増大と社会資本整備	工事の品質確保の方策
05年度	災害に強い国づくり	京都議定書を踏まえた地球温暖化対策
04年度	地震防災対策	活力ある経済社会の構築と社会資本整備
03年度	人口減少下での社会資本整備	合意形成のあり方

れるなど、新たな方向性が打ち出されています。デジタルの活用や生産性の向上をはじめ、雇用・労働環境の改善に向けた最近の施策を押さえておいてください。

デジタルの活用は、防災・減災や維持管理・更新の分野のほか、少子高齢化が深刻な地方を対象とした設問にも利用できるキーワードです。インフラ分野のDX（デジタルトランスフォーメーション）に関連する施策や効果を理解しておきましょう。

●想定される出題分野と関連するテーマやキーワードの例

出題分野		関連する主なテーマやキーワードの例
社会資本整備全般		社会資本整備重点計画の重点目標で挙げている防災・減災やインフラメンテナンス、インフラ分野のDX（デジタルトランスフォーメーション）や脱炭素化などに関連するキーワードを押さえる。人口減少や少子高齢化、社会資本の老朽化、自然災害や地球温暖化などを背景として、今後の社会資本整備について問われる場合や複数の分野にまたがって述べるパターンが想定される
個々の分野	維持管理・更新	地域インフラ群の再生、予防保全、点検や診断、インフラ長寿命化計画、包括的民間委託、ICTやデータの活用、DX、生産性の向上、データプラットフォーム、担い手の確保や育成
	防災・減災	流域治水、国土強靭化基本計画、気候変動適応計画、グリーンインフラ、巨大地震や津波への対策、ICTやDX、総力戦で挑む防災・減災プロジェクト、盛り土対策、社会資本の老朽化、復興事前準備、防災情報の提供や共有、担い手の確保や育成
	地球環境問題	GX（グリーントランスフォーメーション）やカーボンニュートラル、地球温暖化対策計画、国土交通省の環境行動計画、気候変動適応計画、建設リサイクルや循環型社会の形成、グリーンインフラ、生物多様性、都市の緑化、SDGs、再生可能エネルギー
	建設産業	建設業法や入札契約適正化法の改正、担い手の確保や育成、雇用・労働環境の改善、持続可能な建設産業の構築、施工時期の平準化、働き方改革、i-ConstructionやDX、BIM／CIM、自動化や遠隔化、生産性の向上、技術や技能の伝承、労働災害や公衆災害
	生産性の向上	DXやi-Construction、BIM／CIM、ICTなどの新技術の活用、自動化や遠隔化、データマネジメント、データプラットフォーム、全体最適、働き方改革、建設産業の就業者数
	地域の活性化	国土形成計画、国土利用計画、観光立国推進基本計画、オーバーツーリズム、地域交通の再構築、地域公共交通活性化再生法の改正、コンパクト・プラス・ネットワーク、公共空間のオープン化、まちづくりやインフラ分野のDX、歴史まちづくり
技術		国土交通省の技術基本計画、DXやi-Construction、新技術の活用、BIM／CIM、建設機械施工の自動化や遠隔化、データマネジメント、データプラットフォーム、担い手の確保や育成
品質の確保		公共工事の品質確保の促進に関する法律、担い手三法、担い手の確保や育成、働き方改革、BIM／CIM、ICTやデータの活用、履行期限や施工時期の平準化、ダンピング対策、技術者倫理

防災・減災と維持管理など、各分野にまたがる出題も

（注）2019～23年度や12年度までの必須科目で出題された主な分野ごとに、最近の政策や施策でよく取り上げられるキーワードやテーマを例示

●想定される出題分野と問題の例

分野やテーマ	想定問題の例
これからの社会資本整備	**問題**　我が国は、これからも「安全・安心の確保」や「持続可能な地域社会の形成」、「経済成長の実現」に向けて社会資本の整備を進めていく必要がある。 　一方、人口減少や少子高齢化が進行するなか、人材や財源の確保は容易ではなく、デジタル技術の活用なども求められている。このように、人口減少などに直面するなかでも安全・安心で豊かな生活を実現するうえで、以下の問いに答えよ。
維持管理	**問題**　我が国では今後、建設から50年以上を経過するインフラの割合が加速度的に高まる。このような状況を踏まえ、国土交通省は2021年6月に第2次のインフラ長寿命化計画（行動計画）定め、22年12月には「地域インフラ群再生戦略マネジメント」を公表。同マネジメントの取り組みを全国に展開する方針を示している。 　人員や予算が不足する小規模な市区町村でも予防保全に本格的に転換し、持続可能なインフラメンテナンスを実現するにあたり、以下の問いに答えよ。
防災・減災	**問題**　我が国では毎年のように甚大な自然災害が発生しており、2024年1月の石川県・能登半島地震でも大きな被害が生じている。近年は気候変動の影響によって想定を上回る豪雨や風水害も珍しくなくなってきた。施設の老朽化も進んでいる。 　こうした状況下で、人口減少や少子高齢化が深刻な地域の防災力の強化に向けて、社会の情勢やニーズの変化も踏まえて以下の問いに答えよ。
地球環境問題	**問題**　我が国では「2050年カーボンニュートラル」の実現に向けて取り組んでおり、公共交通や物流、住宅や建築物、輸送やインフラ、建設施工などの分野でも様々な政策や施策が講じられている。再生可能エネルギーの導入や拡大も求められている。 　このような取り組みをさらに推進するにあたって、以下の問いに答えよ。
建設産業	**問題**　2024年4月から建設業でも、他の産業と同様に時間外労働の上限規制の適用が始まった。長時間労働の是正が求められるなか、中小規模の建設会社を中心に、今も法令の上限を上回る時間外労働が常態化しているケースが見られる。 　こうした状況下で「働き方改革」を実現するうえで、以下の問いに答えよ。
	問題　建設産業は社会資本の整備だけでなく、施設の維持管理や災害対応など多面的な役割を果たすことが期待されているが、昨今の資材価格の高騰や人材不足への対応など、建設事業が適切に実施される環境づくりも欠かせない。 　こうした状況下で、持続可能な建設産業を構築するうえで以下の問いに答えよ。
地域の活性化	**問題**　新型コロナウイルス感染症によって地域の公共交通や観光産業の需要は大きく落ち込んだ。ようやく回復しつつあるが、少子高齢化が進むなかでの地域交通の維持や観光需要の復活、まちの機能や活力の向上など、課題も少なくない。 　地域の活性化に向けたさらなる取り組みが求められるなか、以下の問いに答えよ。
技術	**問題**　人口減少による地域の足の衰退や担い手不足、気候変動に伴う災害の激甚化・頻発化、脱炭素化などに対応するうえで、デジタル化は欠かせない。豊かな暮らしと社会の実現に向けてデジタル化を推進するうえで、以下の問いに答えよ。

＋

小問の内容	（1）○○○○、技術者としての立場で多面的な観点から3つ課題を抽出し、それぞれの観点を明記したうえで、課題の内容を示せ。 （2）前問（1）で抽出した課題のうち、最も重要と考える課題を1つ挙げ、その課題に対する複数の解決策を示せ。 （3）前問（2）で示したすべての解決策を実行しても新たに生じうるリスクとそれへの対策について、専門技術を踏まえた考えを示せ。 （4）前問（1）～（3）を業務として遂行するに当たり、技術者としての倫理、社会の持続性の観点から必要となる要点・留意点を述べよ。

（注）各小問の内容は2023年度の問い方が続くと想定。小問（1）の冒頭の○○○○は出題内容で異なる

選択科目の出題内容

選択科目の問題は「専門知識」、「応用能力」、「問題解決能力と課題遂行能力」がそれぞれ問われるⅡ－1とⅡ－2、Ⅲの3種類の論文からなります。論文の評価では、専門的学識とコミュニケーションがすべての問題で対象となるほか、Ⅱ－2の応用能力の場合はさらにマネジメントとリーダーシップが加わります。Ⅲの問題解決能力と課題遂行能力の論文では、問題解決と評価の能力が重視されます。2023年度も19～22年度に比べて出題の範囲や内容、難易度に大きな変更は見られませんでした。まずは受験する選択科目で過去に出題されたテーマや内容を確認しておきましょう。

Ⅱ－2では6科目が手順ごとに留意点などを述べる形に

Ⅱ－1では4問から1問を選んで解答します。選択科目の中でも、受験者の専門性を基に各分野に分かれています。例えば「河川、砂防及び海岸・海洋」では河川、砂防、海岸・海洋から、「トンネル」では山岳、開削、シールドの分野からそれぞれ出題されています。「道路」の1問は舗装が対象です。一方、「鋼構造及びコンクリート」は20年度から、鋼構造とコンクリートの各2問から1問を選択する形に変わりました。

Ⅱ－2では3つの小問が設けられています。主に（1）では調査や検討すべき事項が、（2）では「留意すべき点や工夫を要する点を含めた手順」または「手順ごとの留意すべき点や工夫を要する点」が、（3）では関係者との調整方策がそれぞれ問われています。23年度も一部の科目を除いて大きな変更はありませんでしたが、手順ごとにそれぞれ留意点などを述べる形が定着してきました。23年度は22年度と同等の6科目を占めています。そのような場合は、解答のスペースや書きやすさなどを考え、手順の項目を増やさないこともポイントです。（3）で示す調整方策では、評価項目であるリーダーシップなども意識し、関係者を具体的に挙げて説明する必要があります。

Ⅲの23年度の出題形式も大きな変更はなく、小問の数も22年度までと同じで3つでした。各小問の内容は、ほとんどの選択科目だけでなく、必須科目の（1）～（3）ともほぼ同じでした。課題と解決策が解答の中心である点も同様ですが、Ⅲは選択科目であることから、各科目の専門性を反映した内容で論述することが欠かせません。

●選択科目の出題形式と評価項目

問題		問われる内容	出題	解答	枚数	主な評価項目*
選択科目	Ⅱ－1	専門知識	4問	1問	1枚	専門的学識
	Ⅱ－2	応用能力	2問	1問	2枚	マネジメント、リーダーシップ
選択科目Ⅲ		問題解決能力と課題遂行能力	2問	1問	3枚	問題解決、評価

（注）2024年度の出題形式。「専門的学識」と「コミュニケーション」は、Ⅱ－1～Ⅲのすべての問題で評価される。評価項目の概要は10ページを参照

●Ⅱ－2とⅢの出題内容と解答のポイント

Ⅱ－2－1　近年、想定を超える自然災害により、インフラ構造物に被害が生じる事例が増加している。今後、新設構造物の設計、既設構造物の補強設計、施工計画等を行う際に、設計荷重を超える自然現象の外力（超過外力）が作用したとしても、損傷を制御し、構造物として必要な性能を確保するために、冗長性の確保や災害後の復旧性に配慮することが求められる。あなたが鋼構造物およびコンクリート構造物を担当する技術者として業務を行うに当たり、下記の内容について記述せよ。

（1）対象とする構造物と自然災害を設定し、超過外力に対する冗長性の確保や災害後の復旧性を考慮した調査、構造検討すべき事項とその技術的内容について説明せよ。

（2）業務を進める手順を列挙して、それぞれの項目ごとに留意すべき点、工夫を要する点を述べよ。

（3）業務を効率的、効果的に進めるための関係者との調整方策について述べよ。

→「新設する橋梁」、「地震」など、受験者が自ら条件を設定する

→複数、挙げる

→手順の項目ごとに留意点などを述べる場合は、項目の数を増やさないこともポイント。3～4程度に

→関係者を具体的に。リーダーシップも意識して解答

↓

小問（1）では「調査、検討すべき事項」を述べる形が基本だが、解答にあたって具体的な条件を設ける傾向が見られる。例えば、調査や設計などの段階ごとに検討事項を挙げるよう求めたり、「検討事項を2つ」などと指定したりした選択科目もある

Ⅲ－1　我が国では、交通事故のない社会を目指し、様々な取り組みが進められているが、近年においては、時代のニーズに応える交通安全の取り組みが一層求められている。このような状況を踏まえて、以下の問いに答えよ。

（1）道路における交通安全に係る現状等を踏まえ、交通安全の取り組みについて、道路に携わる技術者としての立場で多面的な観点から3つの課題を抽出し、それぞれの観点を明記したうえで、その課題の内容を示せ。

（2）前問（1）で抽出した課題のうち、最も重要と考える課題を1つ挙げ、その課題に対する複数の解決策を示せ。

（3）前問（2）で示したすべての解決策を実行しても新たに生じうるリスクとそれへの対策について、専門技術を踏まえた考えを示せ。

→詳細な条件が設けられていない場合は、出題テーマの全体を対象として記述

→必須科目の（1）～（3）とほぼ同じ

↓

（3）に「専門技術を踏まえた考え」とあるように、各科目の専門性に沿って具体的に記述

↓

小問（1）の冒頭を除き、（1）～（3）の趣旨は他の選択科目もほぼ同じ。（2）で最も重要な課題とした理由を挙げるよう求めたり、（3）で「すべての解決策を実行して生じる波及効果と懸念事項への対応策」について問われたりした科目もある

（注）いずれも2023年度の出題。上は「鋼構造及びコンクリート」の、下は「道路」の出題内容

選択科目の出題テーマ

建設部門全般にわたる「基礎的なエンジニアリングの問題」が対象の必須科目と異なり、選択科目の論文ではいずれも受験者の専門性を重視した内容になっています。17ページの表は、改正後の2019年度から23年度までにⅡやⅢで出題された各科目の代

●2019年度からの出題範囲と23年度までに出題された主な分野やキーワード

選択科目	2019年度からの出題範囲
土質及び基礎	土質調査並びに地盤、土構造、基礎および山留めの計画、設計、施工および維持管理に関する事項
鋼構造及びコンクリート	鋼構造、コンクリート構造および複合構造の計画、設計、施工および維持管理並びに鋼、コンクリートその他の建設材料に関する事項
都市及び地方計画	国土計画、都市計画(土地利用、都市交通施設、公園緑地および市街地整備を含む)、地域計画その他の都市および地方計画に関する事項
河川、砂防及び海岸・海洋	治水・利水計画、治水・利水施設および河川構造物の調査、設計、施工および維持管理、河川情報、砂防その他の河川に関する事項／地すべり防止に関する事項／海岸保全計画、海岸施設・海岸および海洋構造物の調査、設計、施工および維持管理その他の海岸・海洋に関する事項／総合的な土砂管理に関する事項
港湾及び空港	港湾計画、港湾施設・港湾構造物の調査、設計、施工および維持管理その他の港湾に関する事項／空港計画、空港施設・空港構造物の調査、設計、施工および維持管理その他の空港に関する事項
電力土木	電源開発計画、電源開発施設、取放水および水路構造物その他の電力土木に関する事項
道路	道路計画、道路施設・道路構造物の調査、設計、施工および維持管理・更新、道路情報その他の道路に関する事項
鉄道	新幹線鉄道、普通鉄道、特殊鉄道などにおける計画、施設、構造物その他の鉄道に関する事項
トンネル	トンネル、トンネル施設および地中構造物の計画、調査、設計、施工および維持管理・更新、トンネル工法その他のトンネルに関する事項
施工計画、施工設備及び積算	施工計画、施工管理、維持管理・更新、施工設備・機械・建設ICTその他の施工に関する事項／積算および建設マネジメントに関する事項
建設環境	建設事業における自然環境および生活環境の保全および創出並びに環境影響評価に関する事項

(注)鋼構造とコンクリートのⅡ－2とⅢは2020年度から共通。左ページは文部科学省の資料を基に作成

表的な分野やキーワードをそれぞれまとめたものです。個々の出題内容を見ると、時流を意識した時事性の高い設問が増える傾向にあります。さらに、解答にあたっての条件が詳細に示されるなど、特にⅡ－2やⅢでは出題文や小問に記されたキーワードや条件から、出題の意図をしっかりと把握することがますます重要になってきました。

19年度の改正では各科目の出題の範囲や内容も見直されました。新たに明示された分野や項目から出題された科目もありましたが、これらは以前にも問われたことがあり、19年度から23年度までの出題範囲も従来と大きな変化はありませんでした。

	2019～23年度の主な出題分野やキーワード	
	Ⅱ（専門知識と応用能力）	Ⅲ（問題解決能力と課題遂行能力）
	基礎や土留め、変状対策、液状化、軟弱地盤、圧密沈下、抑制工や抑止工、復旧や補強、近接施工	防災・減災、維持管理、環境負荷の低減、生産性の向上、新技術、ICTの活用、地盤の不確実性
	防食、補修や補強、維持管理、耐震、非破壊検査、座屈や破壊、亀裂、溶接や接合、継ぎ手、高性能鋼や高強度材料、混和剤、プレキャスト化、初期欠陥、劣化、品質確保、混合構造、工期短縮	技術や技能の伝承、労働災害の防止、BIM／CIM、効率化、生産性の向上、新技術、予防保全、維持管理、温室効果ガスの削減、サプライチェーンマネジメント、インフラシステムの海外展開、性能規定
	防災・減災、交通、立地適正化計画、スポンジ化、空き家、歴史まちづくり、都市公園、緑地、PPP	空き家対策、スポンジ化、グリーンインフラ、緑地、歴史的資産、都市構造の再編、新しい生活様式
	土堤、ダムや砂防堰堤、ダム再生、流木、土砂・洪水氾濫、高潮や波浪、地震、ソフト対策、砂浜、総合的な土砂管理、自然環境に配慮した復旧、維持管理、被害想定区域、再度災害、防災地域づくり	気候変動、複合的な災害、既存ストックの活用、デジタルやICTの活用、遠隔化、センシング情報、データプラットフォーム、災害情報の提供と共有、防災まちづくり、防災事業の評価、総合的な土砂管理
	基地港湾、港湾計画、処理能力の拡大、再編、便益の計測、環境影響評価、静穏度、液状化、耐震、波浪や高潮、BCP、維持管理、DX、滑走路	生産性の向上、脱炭素化、耐震性の確保、安全管理、訪日旅行や地方経済の振興、輸出の拡大、グローバルサプライチェーン、ライフサイクルコスト
	維持管理、堆砂、非破壊検査、耐震性、再生可能エネルギー、原子力、環境影響評価、変状対策	技術の維持と継承、再生可能エネルギー、合意形成、気候変動、環境への影響の低減、維持管理
	法制度の改正、路肩、舗装、土工、立体化、重要物流道路、4車線化、交通安全、維持管理・更新	交通安全、高速道路やSA・PAの機能、渋滞対策、自転車、ニーズへの対応、防災・減災、維持管理
	軌道やレール、ホームドア、立体交差化、橋上化や地下化、近接施工、騒音、維持管理、防災・減災	大都市圏での建設、都市鉄道や地方鉄道、コスト削減、維持管理、防災・減災、働き方改革、脱線防止
	変状の抑制、補助工法、支保工、計測施工、近接施工、土留め、覆工、セグメント、周辺環境の考慮	変状の抑制、周辺環境への配慮、特殊地山、補助工法、耐震性能、労働災害や公衆災害、品質確保
	地盤の変状対策、入札・契約方式、労働災害、コンクリートの品質確保、維持管理、住宅密集地での施工、上部工の拡幅、近接施工、発生土の利用	カーボンニュートラル、週休2日の確保、応急復旧工事、円滑な社会資本整備、ダンピング対策、適正な下請契約、労働条件の改善、維持管理、リサイクル
	環境影響評価、水循環、閉鎖性海域、緑化、生物多様性、汚染土、騒音、防災・減災、リサイクル	脱炭素型のまちづくり、河川環境の保全、生態系ネットワーク、グリーンインフラ、ヒートアイランド現象

最近の施策の動向と過去の出題テーマを確認

選択科目に関する「専門知識と応用能力」が問われるⅡの論文のうち、専門知識が対象のⅡ－1では時流を意識したテーマが増える傾向にあります。例えば23年度は、防災・減災や維持管理・更新の分野のほか、地球温暖化やカーボンニュートラル、生

●2020～23年度に筆記試験（Ⅱ－1）で出題された主なテーマやキーワード

選択科目		Ⅱ－1（専門知識）	
		2023年度	2022年度
土質及び基礎		杭基礎の工法と対象地盤、液状化の地形区分と地盤改良工法、盛り土による圧密沈下の予測と安定方法、地すべりの抑止工	地盤剛性のひずみ依存性と試験方法、盛り土の品質管理、盛り土に伴う地盤沈下と対策、軟弱地盤上の橋台と杭基礎の課題
鋼構造及びコンクリート	鋼構造	鋼構造物の主部材における損傷と補修方法、供用中の鋼部材に生じる亀裂の部位や種類と非破壊検査の概要や特徴	鋼構造物の腐食を防止する方法と防食機能が劣化した場合の対処法、鋼部材の座屈の種類と防止するために配慮する点
	コンクリート	プレキャスト工法を用いたコンクリート構造物の設計上の留意点、寒中コンクリートの品質を確保するうえでの留意事項や対策	高炉セメントB種またはフライアッシュセメントB種を使用したコンクリートの特徴、RC構造物の充填不良の原因と防止策の留意点
都市及び地方計画		盛り土規制法の対象区域と災害防止の措置、都市交通実態調査の課題、立地適正化計画における区域設定と土地利用の誘導方法、特別緑地保全地区制度の特色	災害ハザードエリアの区域と規制内容、街路事業の新規事業採択時の費用便益比、道路の機能を発揮するための建築規制、生産緑地制度と特定生産緑地制度の概要
河川、砂防及び海岸・海洋		土堤の高さの設定、重力式コンクリートダムの構造設計とダムコンクリートの配合強度、砂防堰堤の機能と計画、砂浜の防護機能	浸水深と浸水区域の用途、ダム総合点検の手順と健全性の評価、流木被害の影響と捕捉計画、設計高潮位の設定方法と気候変動
港湾及び空港		港湾計画や空港マスタープランの作成、水域施設の埋没の原因と対策、着底式風力発電施設を建設するための基地港湾での作業、滑走路のアスファルト舗装の要求性能	ターミナル地区の取り扱い能力の向上を図る際の便益の計測方法、防波堤の地盤調査と移動式足場、浚渫作業船の種類と特性、空港の「滑走路端安全区域」の拡張策
電力土木		改正「原子炉等規制法」の基準、詳細点検の非破壊検査法、流れ込み式水力発電所の計画、火力分野のゼロエミッション電源化	流体の模型実験における相似則、施設の耐震性の確保と津波への対応、ダムの堆砂対策、第6次エネルギー基本計画の概要
道路		路肩の機能、大規模災害時での車両の移動、新設道路における舗装種別の選定、抑制工と抑止工の選定と地すべりの抑止機構	車道の縦断勾配の設定と特例値、踏切道改良促進法の改正、アスファルト舗装の再生利用と再資源化率、盛り土の地震時の照査
鉄道		省力化軌道の構造、既設の鉄道駅へのホームドアの整備、連続立体交差化事業における高架化の施工方式、普通鉄道における建築限界の概要と曲線部の留意点	カントの必要性や算出方法など、構造物の健全度の判定区分と変状への措置、新駅の設置を計画する際に考慮すべき技術基準、鉄道騒音における音源と対策
トンネル		山岳トンネル掘削時の地表面の沈下対策、計測Bの項目と目的、アンダーピニングの理由と掘削時や完成後の支持方式、セグメントの「はりーばねモデルによる計算法」	山岳工法における鋼製支保工の効果、山岳トンネル掘削時の切り羽の観察項目、地下連続壁の本体利用における設計段階での考慮事項、セグメント製作時の品質検査
施工計画、施工設備及び積算		軟弱地盤上の盛り土による変状と対策、監理技術者の配置要件、BIM／CIMの活用例と効果、高強度コンクリートの品質確保	切り土法面保護工の選定と工法、ECI方式、墜落災害の防止規定の改正、中性化と鉄筋の腐食が進展する構造物の維持管理
建設環境		水循環の維持または回復、使用済み太陽光パネルの処理、道路緑化における景観向上と環境保全の機能、景観法の景観地区制度	道路または鉄道の騒音対策、猛禽類の「前倒環境調査」、生態系を活用した防災・減災、建設発生土と建設汚泥のリサイクル

産性の向上を背景としたテーマなど、約6割の科目が時流や最近の施策を意識して出題しています。個々の設問を見ると、プレキャスト構造物や盛り土規制法の対象区域、風力発電施設の基地港湾、路肩の機能、監理技術者の配置要件、BIM／CIM、使用済み太陽光パネルの処理などについて尋ねています。「都市及び地方計画」や「港湾及

Ⅱ−1（専門知識）	
2021年度	2020年度
擁壁の変状や損傷と発生形態、テルツァーギの公式を用いた直接基礎の支持力、粘性土の強度増加率、液状化対策の工法	圧密沈下の影響と対策、抑制工と抑止工の違い、液状化の指標と必要な室内試験、粘性土地盤における自立式土留めの点検
脆性破壊や疲労破壊、遅れ破壊の特徴と破壊防止のための留意点、高力ボルトの接合方法の特徴と設計・施工上の留意点	高性能鋼の特徴と利点および適用時の留意点、複合構造の特徴と適用例および適用上の留意点
鉄筋またはコンクリートにおける高強度材料の性質と留意点、構造物内部の変状を想定したうえで適用すべき非破壊検査	機械式継ぎ手工法の効果またはスランプフロー45～60cmのコンクリートの特色、劣化のメカニズムと留意点
東日本大震災での防災集団移転促進事業と土地区画整理事業、スポンジ化した市街地の再生、地域の環境を保護しながら用途規制を緩和する手法、都市における生物多様性の保全	対流促進型国土の形成、立体都市計画制度による都市計画道路と建築物の一体整備、空き家対策特別措置法の概要と枠組み、都市公園の移動等円滑化の考え方
土堤の破壊メカニズムと強化工法、ダム再生の方策、砂防堰堤の特徴と設計外力、波浪観測地点の選定とゼロアップクロス法	河道流下断面の維持管理、貯水池の土砂管理、土砂・洪水氾濫の特徴と対策、海岸堤防の設計の特徴と天端高の設定
施工計画の作成の目的と記載事項、公有水面埋め立て事業の環境影響評価、フェリー埠頭の新設で対象となる港湾施設、滑走路のブリスタリングのメカニズムと予防策	波浪の観測機器とデータの活用、ケーソン式護岸の施工手順、港湾のコンテナ取り扱い能力または空港の離着陸の処理能力の拡大策、港湾または空港の環境影響評価
発電所の環境影響評価、水力発電の導入拡大策、電力土木施設の塩害対策、着床式洋上風力発電の基礎構造の形式と照査事項	ダムの設計洪水流量、密閉型シールドトンネルの検討事項、軟弱地盤上の屋外式貯炭場の計画、原子力発電所の津波防潮堤
交通需要推計手法の手順や留意点、特定車両停留施設の効果、舗装の使用目標年数の設定、ICT土工の効果と出来形管理	設計時間交通量の考え方、歩行者利便増進道路の概要と効果、車道と側帯の舗装で必須の性能指標、落石対策の選定手順
ロングレール化のための溶接方法、盛り土の接続部に関する不安定要因、コンクリート構造物の設計時の耐久性確保、鉄道線間の乗り換えが可能なターミナル駅の改良計画	在来線の旅客用プラットホームにおける安全確保と移動の円滑化、分岐器の機能と保守、「構造物の検査」の実施時期と目的、「改良すべき踏切道」の条件と改良方法
山岳トンネルの設計条件と手法、ロックボルトの性能と効果、遮水性に優れた土留め壁の構造、たて坑からのシールド発進における仮壁の事前撤去や直接切削の留意点	山岳トンネルの早期閉合の目的と条件、計測工Aの項目と活用方法、開削工法における地下埋設物の保安措置の時期と事項、シールド工法の長距離施工の検討事項
軟弱地盤上の盛り土に伴う変状の抑制策、建設キャリアアップシステムのメリット、足場の倒壊防止策、高流動コンクリートの特徴	抑制工と抑止工、「公共工事標準請負契約約款」における義務、橋梁下部工の施工の安全、鉄筋コンクリート構造物の劣化
富栄養化の対策、「2050年カーボンニュートラルに伴うグリーン成長戦略」、生物多様性の保全、太陽電池発電所の環境影響評価	再生可能エネルギーと環境影響評価、特定建設資材廃棄物と再資源化、土壌汚染の除去、環境基本計画における多様性の維持

び空港」、「道路」といった計画の分野からの出題比率が高い科目だけでなく、「施工計画、施工設備及び積算」や「鋼構造及びコンクリート」などでも問われています。

一方、杭基礎の工法や圧密沈下、コンクリートの品質確保、地すべりの抑制工や抑止工、山岳トンネルの沈下対策など、各選択科目にとって普遍的とされるテーマも取り上げられています。多くが以前にも出題されたことがある分野やテーマです。

もう一つの「応用能力」が対象のⅡ－2でも、時流や社会資本整備における昨今の課題を踏まえたテーマが少なくありません。例えば23年度は、相次ぐ自然災害を受けて、集中豪雨で崩落した盛り土の復旧や水災害リスクの低減に向けた防災指針の作成、自

●2020～23年度に筆記試験（Ⅱ－2）で出題された主なテーマやキーワード

選択科目	Ⅱ－2（応用能力）	
	2023年度	2022年度
土質及び基礎	集中豪雨で崩落した谷部の盛り土の復旧と耐震補強の計画、民家や既設の洞道に近接した開削工法による道路トンネルの計画	集中豪雨で崩壊した切り土法面の復旧対策の計画、埋め立て地盤上に50年前に建設された杭基礎形式の重要構造物の耐震補強
鋼構造及びコンクリート	「超過外力」に対する冗長性の確保や復旧性の考慮、「点検困難部」の損傷程度の推定と地上構造物の健全性の評価	すでに設計された構造物に対する工期短縮の方法、突発的な作用によって変状を受けた構造物の再利用に向けた業務
都市及び地方計画	水災害リスクの回避または低減に向けた防災指針の作成、公募設置管理制度（Park-PFI）を活用した公園の再整備	「歴史的風致維持向上計画」の重点区域内のまちづくり整備計画、運動公園の競技場を対象とした指定管理者の公募業務
河川、砂防及び海岸・海洋	総合的な土砂管理を進めるための計画、洪水や土砂災害、高潮によって被災した施設の自然環境に配慮した復旧事業	防災施設の地震による被災状況の把握と応急措置の業務、水害や土砂災害を対象とした避難行動を学習するための住民講習会
港湾及び空港	大型貨物船を受け入れる公共埠頭を港湾計画に位置付ける際の静穏度の確保、内湾のケーソン護岸に生じた陥没の復旧業務	埠頭地区やターミナル地区の機能の再編に向けた基本計画の制定業務、劣化を受けて応急措置を実施した鋼構造物の維持管理
電力土木	著しい劣化が見つかった電力土木施設への対策、既存のダムにおける未利用エネルギーを活用した水力発電促進計画の制定	大規模な地震に対する電力土木施設の安全性の評価、再生可能エネルギーの拡大に貢献する既存の電力土木施設の改造
道路	新たな交通拠点（特定車両停留施設）の計画、交差点の立体化事業での鋼橋の架設	新設するスマートインターチェンジの位置の選定、暫定2車線の土工区間の4車線化
鉄道	乗降人員が1万人規模の既存の地平駅舎の橋上化計画、線路などに近接した仮土留めによる大規模な掘削工事の安全対策	都市鉄道における既設の地上駅の地下化、鉄道設備や構造物の検査の効率化とメンテナンスデータの一元管理
トンネル	高圧で多量の湧水が予想される未固結地山において周辺環境も考慮した排水型の山岳工法によるトンネルの施工、都市部のトンネル築造に伴う地盤変状の抑制	複数の断層破砕帯が存在する山岳トンネルの切り羽の安全性確保に向けた補助工法、施工深度が大きい開削トンネルまたはシールドトンネルの築造
施工計画、施工設備及び積算	大都市郊外の住宅密集地を流れる河川の拡幅と河床の掘り下げ、既設のRC桁橋と構造的に一体化して拡幅する上部工の工事	鉄道に近接した補強土壁による大規模な盛り土の計画、ソイルセメント地下連続壁の壁面から発生した異常出水への対応
建設環境	鉄道事業における陸域の生態系などに関する環境影響評価、閉鎖性海域の再生計画	第一種事業における水環境の環境影響評価、猛禽類への環境保全措置と事後調査

然災害による超過外力への冗長性と復旧性などについて問われました。維持管理・更新の分野では「点検困難部」の損傷の推定と健全性の評価が取り上げられています。ほかにも「公募設置管理制度」(Park-PFI)の活用や再生可能エネルギーによる発電の促進策、「特定車両停留施設」の計画など、最近の施策を踏まえたテーマが見られます。

Ⅱ－2では受験者の実務を意識した設問も多く、23年度は先述の盛り土の復旧のほか、民家などが近接したトンネルの計画、著しい劣化が見つかった施設の維持管理、土留めを用いた掘削工事の近接施工、環境影響評価などが挙げられます。最近の政策や施策の動向とともに、過去に出題されたテーマや内容も確認しておきましょう。

Ⅱ－2(応用能力)	
2021年度	2020年度
供用後に変状が発生した盛り土材による高盛り土の高速道路の新設、近接構造物の管理値を踏まえた土留めや掘削の計測施工	軟弱地盤上の道路盛り土において建設中に発生した変状への対策、既設の建物に近接する大型構造物の基礎形式の選定
建設中に接合部または打ち継ぎ部で見つかった不具合に対する再発防止策、老朽化が進んだ既設構造物の耐震補強	厳しい施工上の制約条件下における構造物の新設事業、既設構造物を使用しながら行う改築・増築または補修・補強の業務
「居心地が良く歩きたくなるまちなか」の実現に向けた道路空間の再構築、廃校や跡地を活用した官民連携によるサービスの導入	立地適正化計画における居住誘導区域の防災の強化に向けた見直し、住宅地の地区計画の導入に向けた合意形成
施設の老朽化や長寿命化への対策に関する計画の制定、気象を要因とする洪水や高潮、土砂災害の被害想定区域の設定	水害・土砂災害に対する市町村の警戒避難体制の整備、水害・土砂災害の被災地における再度災害の防止対策
完成から長期間経過している施設の波浪に対する要求性能、デジタルトランスフォーメーションなどによる運営プロセスの変革	港湾または空港における事業継続計画(BCP)の見直し、供用中のケーソン式係船岸または滑走路の耐震性の向上のための改良設計
地盤の変状が電力土木施設に与える影響の抑止策、発展途上国における発電所などの建設プロジェクトのリスクと対策	施設の品質と安全およびコストダウンのためのデジタルテクノロジーの活用、建設または維持管理における水理シミュレーション
生活道路などの緊急的な交通安全対策、都市間を結ぶ高速道路のRC床版の取り替え	重要物流道路の道路交通アセスメント、市街地における舗装の修繕工事の計画
最大震度6強の地震発生後の被害の調査と復旧方針、道路と交差する踏切の単独立体交差化の改良計画	土木構造物や軌道の保守業務を効率化するための状態監視保全の検討、幹線道路と交差する鉄道新線橋梁の上部構造の計画
土被りが小さく坑門に崖錐が堆積した山岳トンネルの坑口部の施工、都市部のトンネルを対象とした開削工法またはシールド工法における計測施工	既設トンネルの直下に近接・交差して新設する山岳トンネルの設計・施工、都市トンネルの施工時の状態に起因してトンネル本体に生じる有害な影響の検討
幹線街路下で商業施設と連絡するプレキャスト構造の地下通路の施工、住宅密集地に建設する鉄道高架橋の下部工の施工手順	河川区域内に建設する直接基礎の橋脚、市街地の新駅工事の掘削によって発生する土砂の搬出と再利用の計画
新幹線事業の環境影響評価、建設工事で遭遇する地盤汚染の影響の回避・低減策	埋め立て事業の影響と方法書以降の手続き、災害復旧が自然に与える影響の評価

最新の法律や委員会などの配布資料からも出題

23年度の「問題解決能力と課題遂行能力」を問うⅢの論文では、22年度までと同様に時流や最新の施策を意識した問題が多くを占めています。例えば「都市及び地方計画」では、1問は23年3月に閣議決定した空き家対策に関する特別措置法の改正案を意識した出題です。もう1問も、23年4月に国土交通省が公表した都市計画基本問題小委員会の中間取りまとめなどに基づく内容とみられます。「道路」でも1問は、23年2月に閣議決定した道路整備特別措置法などの改正案や国交省の国土幹線道路部会が23年2月に公表した検討会の中間取りまとめなどに要点が記されています。

23年度の必須科目で取り上げられたことから防災・減災や維持管理・更新の分野か

●2020～23年度に筆記試験（Ⅲ）で出題された主なテーマやキーワード

選択科目	Ⅲ（問題解決能力と課題遂行能力）	
	2023年度	2022年度
土質及び基礎	豪雨や洪水などに起因する被害の低減策、地盤構造物の環境負荷の低減策	新設する地盤構造物の生産性の向上、既設の地盤構造物の災害に対するリスク評価
鋼構造及びコンクリート	熟練技術者の技術や技能の伝承と次世代の技術者の育成、省力化や働き方改革などに向けた業務の効率化	構造物の老朽化対策における優先順位の付け方、建設分野におけるサプライチェーンマネジメントの推進
都市及び地方計画	地方都市の中心市街地における空き家対策の強化、地球温暖化対策や都市緑地法に基づく「緑の基本計画」の改定	地方都市における「駅まち空間」の再構築、開発から長期間が経過したマンションを主とする大規模な住宅団地の再生
河川、砂防及び海岸・海洋	気候変動の影響と既存ストックを活用した水害や土砂災害への対策、デジタル技術を活用した災害情報の提供と共有	洪水などによる水災害リスクを踏まえた防災まちづくりの推進、水災害に対する防災関係事業における事業評価の手法
港湾及び空港	国内立地企業のグローバルサプライチェーンの最適化に向けた対応、港湾や空港の工事の特徴を踏まえた生産性の向上	アフターコロナを見据えた地方の経済振興に対する貢献策、港湾や海上空港において劣化が進む護岸などの耐震性の確保
電力土木	技術の維持と継承、電力事業を取り巻く環境の変化を踏まえたエネルギー問題	気候変動の影響を踏まえた維持管理、再生可能エネルギーの拡大と合意形成
道路	道路における交通安全、高速道路のサービスエリアやパーキングエリアの機能と対策	多様化している道路へのニーズと対応策、高速道路の機能を維持するための方策
鉄道	大都市圏中心部での鉄道建設、コンクリートやモルタル片の剥落による被害の防止	既存の河川橋梁の豪雨などへの防災・減災対策、鉄道工事におけるコスト削減
トンネル	完成後の外力に伴って山岳トンネルに発生する変状の抑制策や改修、開削トンネルまたはシールドトンネルの耐震性能の確保	山岳トンネルの工事における周辺環境への配慮、都市部の開削トンネルまたはシールドトンネルにおける「作用」の設定
施工計画、施工設備及び積算	構造物の整備から供用後までの各過程におけるカーボンニュートラルの推進、建設現場での週休2日の確保と質の向上	大規模・広域災害時における応急復旧工事、持続的で円滑な社会資本整備を実行していくための建設生産プロセス
建設環境	集約型の都市構造への転換と脱炭素型のまちづくり、河道掘削などの整備内容に応じた河川環境の保全や影響の緩和	河川を基軸とした生態系ネットワークの形成、コロナ禍が収束した後の人やモノの移動におけるCO_2の排出抑制策

らの出題は22年度に比べて減りましたが、地球温暖化対策や気候変動を背景とした設問が増えています。担い手の育成や働き方改革のほか、生産性の向上や業務の効率化に関するテーマも複数の科目が取り上げています。防災・減災や維持管理・更新も含め、これらは今後も重要な分野やテーマです。24年度も政策や施策の進展とともに時事性の高い出題は続くと思われます。なかでも防災・減災や維持管理は多くの科目で出題される可能性が高い分野です。同様に、DX（デジタルトランスフォーメーション）の進展を受けたテーマも押さえておきましょう。生産性の向上や働き方改革だけでなく、防災・減災や維持管理・更新などの多くの分野やテーマに役立ちます。DXを含め、自身の選択科目に関わる新技術の活用策や動向を理解しておいてください。

	Ⅲ（問題解決能力と課題遂行能力）	
	2021年度	2020年度
	環境問題に対応した新技術の導入、地盤構造物の災害リスクを踏まえた維持管理	ICTを活用した効率的で効果的な維持管理、想定外の大規模な自然災害への対応
	建設や維持管理における新材料や新工法の活用策、予防保全型メンテナンスの推進	BIM／CIMの活用による業務の生産性の向上、設計・施工における性能規定化の推進
	「新しい生活様式」を踏まえた今後の都市政策、指定管理者制度などを用いた地方都市における歴史的資産の管理や運営	グリーンインフラを活用したまちづくり、中心市街地の空閑地などを活用したコミュニティー組織による広場や歩行空間の整備
	水防災分野における施設の特性を踏まえた遠隔化の取り組み、被災状況を把握するための多様なセンシング情報の活用策	データプラットフォームの実現を前提とした調査と観測へのICTの活用、流砂系全体として持続可能な総合的な土砂管理
	農産品やその加工品の輸出拡大に向けた港湾や空港における取り組み、港湾や空港における脱炭素化の取り組み	訪日旅行の振興による経済的便益の増大策、港湾または空港の工事で取り組むべき安全性の向上策や安全管理
	電力土木技術者の育成、電力土木施設に近接して計画された事業の影響回避策	環境に及ぼす影響の低減策、安全性を確保できていない状況で運転する際の対策
	降雪に伴う大規模な車両滞留の防止策、高速道路の暫定2車線区間の抱える課題	自転車の活用を推進する方策、自然災害の発生時に貢献するための防災対策
	「働き方改革」と工事における作業時間の確保策、地域鉄道の脱線事故の防止策	水害に対する鉄道施設の強化、都市鉄道の定時性の低下に対応した施設の改良
	山岳トンネルにおける特殊地山への対策、開削トンネルまたはシールドトンネルの要求性能のうちの使用性の保持	施工計画における補助工法の要否の判断、供用開始後に地山や地下水の状態が変化することによって発生する変状の回避
	週休2日を前提とした多工種工事における週休2日の実現方法、公共工事の適正な額での応札・落札方法	過疎化が進行しつつある地域におけるインフラの維持管理・更新、担い手の育成と確保のための適正な下請契約の締結
	生態系ネットワーク（エコロジカル・ネットワーク）の形成、地方都市における低炭素型・脱炭素型のまちづくりの実現	ヒートアイランド現象への対策、社会資本整備や土地の利用などの検討プロセスにグリーンインフラを取り込むにあたっての方策

第2章

題意と施策の動向

時流を押さえる

1章でも述べたように、2023年度の試験では22年度までと同様に時事性の高いテーマがよく取り上げられていました。この傾向はこれからも変わらないと思われます。必須科目や選択科目の出題テーマを予測するとともに、論文に盛り込むべきキーワードを把握するうえで、最近の社会情勢や政策などの方向性を押さえておくことは欠かせません。自然災害や重大な事故を含め、社会や経済の情勢から社会資本整備の課題が

●2023年4月から1年間の主な動き

	2023年					
	4月	5月	6月	7月	8月	9月
社会や経済、予算	○日本の将来推計人口(2023年推計)を公表	○石川県で震度6強の地震 ○千葉県で震度5強の地震	○梅雨前線や台風2号で太平洋側を中心に大雨 ○梅雨前線などの影響で九州を中心に各地で大雨	○静岡市の静清バイパスの工事で橋桁が落下	○2024年度予算の概算要求を公表	
法律など	○改正「所有者不明土地の利用の円滑化等に関する特別措置法」が全面施行	○道路整備特別措置法などの改正法が成立 ○盛り土規制法が施行 ○気象業務法と水防法を改正して施行を開始	○改正「国土強靱化基本法」が成立			
中長期の計画や施策				○新たな国土形成計画(全国計画)と国土利用計画(同)を閣議決定 ○国土強靱化基本計画を変更		
ガイドラインや要領、中間取りまとめなど	○今後の都市政策の方向性について中間取りまとめ ○「柔らかい区画整理の手引き」を制定 ○ハザードマップのユニバーサルデザインに関する報告書を公表		○地域公共交通の「リ・デザイン」で最終取りまとめ ○建設業法令順守ガイドラインを改訂	○気候変動などを考慮した臨海部の強靱化のあり方について取りまとめ	○インフラ分野のDXアクションプラン(第2版)を制定	○道路におけるカーボンニュートラル推進戦略の中間取りまとめ ○グリーンインフラ推進戦略2023を制定 ○持続可能な建設業に向けて中間取りまとめ

(注)28～29ページも法律の名称などは一部、略している

明らかになり、それらを踏まえて施策などが進められていきますので、必須科目や選択科目の論文で記述する課題や解決策を理解するうえで参考になります。

下の図は23年4月～24年3月の主な話題をまとめたものです。28～29ページには、それらを防災・減災や建設産業などの分野ごとに整理しました。例えば、担い手不足や時間外労働の上限規制などを受けて、24年3月に建設業法などの改正案が閣議決定されました。23年9月の中間取りまとめなどにも目を通しておくとよいでしょう。7月に変更された「国土強靱化基本計画」も重要です。デジタルの活用や地域における防災力の強化などに向けて新たな施策を示しています。気候変動への適応策とともに、防災・減災の方向性を理解するようにしてください。気候変動への対策では、カーボンニュートラルなどの緩和策の動向も併せて押さえておきましょう。

				2024年		
	10月	11月	12月	1月	2月	3月
			○2024年度予算案を閣議決定。公共事業関係費は約6兆円 ○日本の地域別将来推計人口(2023年推計)を公表	○石川県で震度7の地震		○2024年度予算が成立
	○改正「地域公共交通活性化再生法」が全面施行		○空き家対策に関する特別措置法の改正法が施行		○流通業務総合効率化法などの改正案を閣議決定 ○都市緑地法などの改正案を閣議決定 ○公共工事の品確法の改正に向けた骨子案を公表	○建設業法などの改正案を閣議決定 ○技能実習法などの改正案を閣議決定 ○再エネ海域利用法の改正案を閣議決定
						○特定技能の受け入れ数の見直しなどを閣議決定
	○第6次環境基本計画の制定に向けて中間取りまとめ ○グリーンインフラ実践ガイドを公表 ○高規格道路ネットワークのあり方について中間取りまとめ	○全国都市交通特性調査結果を取りまとめ	○リニア中央新幹線の静岡工区に関する報告書(環境保全)を取りまとめ	○「道路の移動等円滑化に関するガイドライン」を改定	○新しい国際コンテナ戦略港湾の政策で最終取りまとめ	○「工期に関する基準」を改定 ○港湾における気候変動適応策の実装方針を取りまとめ

●2023年4月から1年間の分野別の主な動き

	2023年					
	4月	5月	6月	7月	8月	9月
社会資本整備	○「柔らかい区画整理の手引き」を制定 ○改正「所有者不明土地の利用の円滑化等に関する特別措置法」が全面施行 ○今後の都市政策の方向性について中間取りまとめ		○地域公共交通の「リ・デザイン」で最終取りまとめ ○貨客混載制度の実施区域を見直して施行 ○PPP／PFI推進アクションプランを改定	○新たな国土形成計画（全国計画）を閣議決定		
維持管理・運営		○道路整備特別措置法などの改正法が成立			○道路メンテナンス年報で2022年度までの点検や診断、措置の状況を公表 ○「地域インフラ群再生戦略マネジメント」の推進に向けて検討会を設置	
防災・減災	○ハザードマップのユニバーサルデザインに関する報告書を公表 ○「ハイブリッドダム」の2023年度の取り組みを公表	○盛り土規制法が施行 ○気象業務法と水防法を改正して施行を開始	○「2023年度 総力戦で挑む防災・減災プロジェクト」を決定 ○改正「国土強靭化基本法」が成立	○気候変動などを考慮した臨海部の強靭化のあり方について取りまとめ ○国土強靭化基本計画を変更	○気候変動を踏まえた河川や流域での対策の方向性を公表	
環境・エネルギー	○2021年度の温室効果ガス排出・吸収量の確報値を公表。前年度比2%増の11.2億トン ○基地港湾として新たに新潟港を指定					○道路におけるカーボンニュートラル推進戦略の中間取りまとめ ○グリーンインフラ推進戦略2023を制定
景観・観光					○インフラツーリズムの新たなモデル地区を選定	
建設産業		○適正な工期設定などに関する調査結果を公表	○「建設工事従事者の安全及び健康の確保に関する基本的な計画」を変更 ○建設業法令順守ガイドラインを改訂 ○建設キャリアアップシステムにおけるレベル別年収を公表 ○2023年版の「国土交通省インフラシステム海外展開行動計画」を決定 ○「インフラシステム海外展開戦略2025」の追補を決定		○2023年度の建設投資の見通しを公表。前年度比2.2%増の70.3兆円	○持続可能な建設業に向けて中間取りまとめ
入札・契約		○ダンピング対策の追加調査と分析の結果を公表				
技術	○国土交通データプラットフォームを全面リニューアル				○インフラ分野のDXアクションプランの第2版を制定	

				2024年		
	10月	11月	12月	1月	2月	3月
	○改正「地域公共交通活性化再生法」が全面施行 ○高規格道路ネットワークのあり方について中間取りまとめ	○全国都市交通特性調査結果を取りまとめ	○空き家対策に関する特別措置法の改正法が施行		○新しい国際コンテナ戦略港湾の政策で最終取りまとめ ○流通業務総合効率化法などの改正案を閣議決定	
		○土工の点検支援技術性能カタログを作成	○インフラ長寿命化計画のフォローアップの結果を公表 ○地域インフラ群再生戦略マネジメントのモデル地域を選定			
						○港湾における気候変動適応策の実装方針を取りまとめ
	○第6次環境基本計画の制定に向けて中間取りまとめ ○グリーンインフラ実践ガイドを公表		○秋田県男鹿市などでの洋上風力発電の事業者を選定 ○リニア中央新幹線の静岡工区に関する報告書（環境保全）を取りまとめ		○都市緑地法などの改正案を閣議決定	○再エネ海域利用法の改正案を閣議決定
	○「インフラツーリズム拡大の手引き」を改訂 ○オーバーツーリズムの未然防止と抑制に向けた対策を決定			○「道路の移動等円滑化に関するガイドライン」を改定		
						○建設業法などの改正案を閣議決定 ○監理技術者制度運用マニュアルを改正 ○技能実習法などの改正案を閣議決定 ○特定技能の受け入れ数の見直しなどを閣議決定
			○公共工事の工期の設定やスライド条項の運用、ダンピング対策などに関する調査結果を公表 ○業務に関する運用指針の2023年度の調査結果を公表		○公共工事の品確法の改正に向けた骨子案を公表 ○国土交通省の土木工事と業務の積算基準を改定	○「工期に関する基準」を改定
	○GX建設機械の認定制度を開始 ○建設機械施工の自動化・遠隔化技術に係る現場検証の実施者を決定		○GX建設機械の認定制度で初の認定			○自動施工の安全ルールを制定

出題テーマの背景

30～32ページの図は、2019～23年度の必須科目や選択科目の試験で、出題文の冒頭に示されたキーワードと出題テーマとの関係を整理したものです。多くが社会の情勢やニーズの変化、自然現象や災害、デジタルをはじめとする技術の進展などを受けて出題されています。22年度までに続いて23年度も、一部の科目を除いてⅡ−2やⅢ

●筆記試験の出題の背景とテーマ

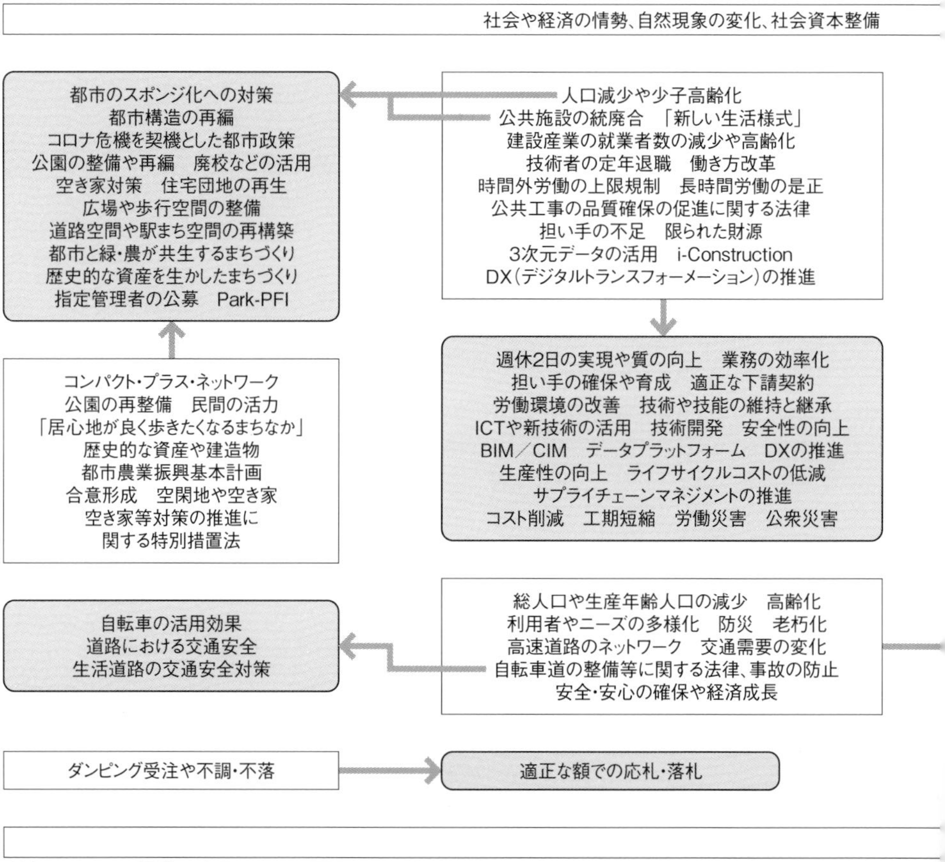

（注）32ページも▢は出題テーマ、□は出題文の冒頭で示された主なキーワード。2019～23年度のⅠやⅡ−2、Ⅲの出題内容を基に作成

の小問の内容はほぼ同じでした。出題文に記されたキーワードの意味などを理解し、出題の背景とテーマとの関係を押さえておくことはますます重要になってきます。

さらに、少子高齢化や人材不足、厳しい財政状況、社会資本の老朽化、豪雨や地震、地球温暖化や気候変動、技術の進展や社会のニーズの多様化など、出題の背景には共通するキーワードが多く見られます。これらは政策や施策を定める際の主要な背景でもあることから、背景とともに施策などの方針や方向性も理解しておけば、例えば問題解決能力や課題遂行能力が問われる必須科目や選択科目の論文で、課題や解決策を記述する際に役立ちます。論文に盛り込むべきキーワードの多くは、施策など

に対するニーズの多様化、ICTなどの技術の進展

社会資本の老朽化や経年劣化　巨大地震
建設後50年以上のインフラの増加
損傷や既存ストックの変状
コンクリート片の剥落　点検困難部
予算や人材の不足　限られた財源　過疎化
事後保全　定期点検要領　メンテナンスサイクル
予防保全　ICTや3次元データ、AIの活用

メンテナンスの「第2フェーズ」
老朽化対策の優先順位　健全性の評価
災害リスクや気候変動を踏まえた維持管理
2巡目の定期点検　状態監視保全
予防保全　効率的な維持管理
メンテナンスデータの一元管理
部材の再利用　耐震補強

持続的で円滑な社会資本の整備　地方鉄道
暫定2車線の4車線化　スマートインターチェンジ
高速道路の機能の維持　重要物流道路
サービスエリアやパーキングエリアの機能
多様になるニーズへの対応　事業評価
交通マネジメント　都市鉄道の整備

インフラシステムの海外展開
海外の事業におけるリスクへの対策
埠頭地区やターミナル地区の再編
サプライチェーンの最適化
物流などの「スマート化」
地方経済の活性化　輸出の拡大

インフラシステム輸出戦略　DXによる変革
新興国のインフラ市場の拡大　国際物流
質の高いインフラ整備　アフターコロナ
ニーズの変化　老朽化
「明日の日本を支える観光ビジョン」

訪日旅行の振興

品質の確保

の背景や方向性の中に示されているからです。出題のテーマを予測するとともに、出題の意図を誤解しないためにも、政策や施策の動向を把握しておくことは大切です。

なかでも施策などの方向性は、約5～10年ごとに国や政府が定める中長期の計画から読み取ることができます。本書の62～87ページなどを参考に、主な計画の動向やキーワードを押さえてください。さらに、品質の確保はほとんどの科目に通底するものです。出題テーマの背景や解答にあたっての条件として示されることがあります。昨今の品質不良や人材不足を背景に、今後の方向性について問われることも考えられます。品質確保のために国土交通省などが講じる政策や施策も理解しておきましょう。

●筆記試験の出題の背景とテーマ（続き）

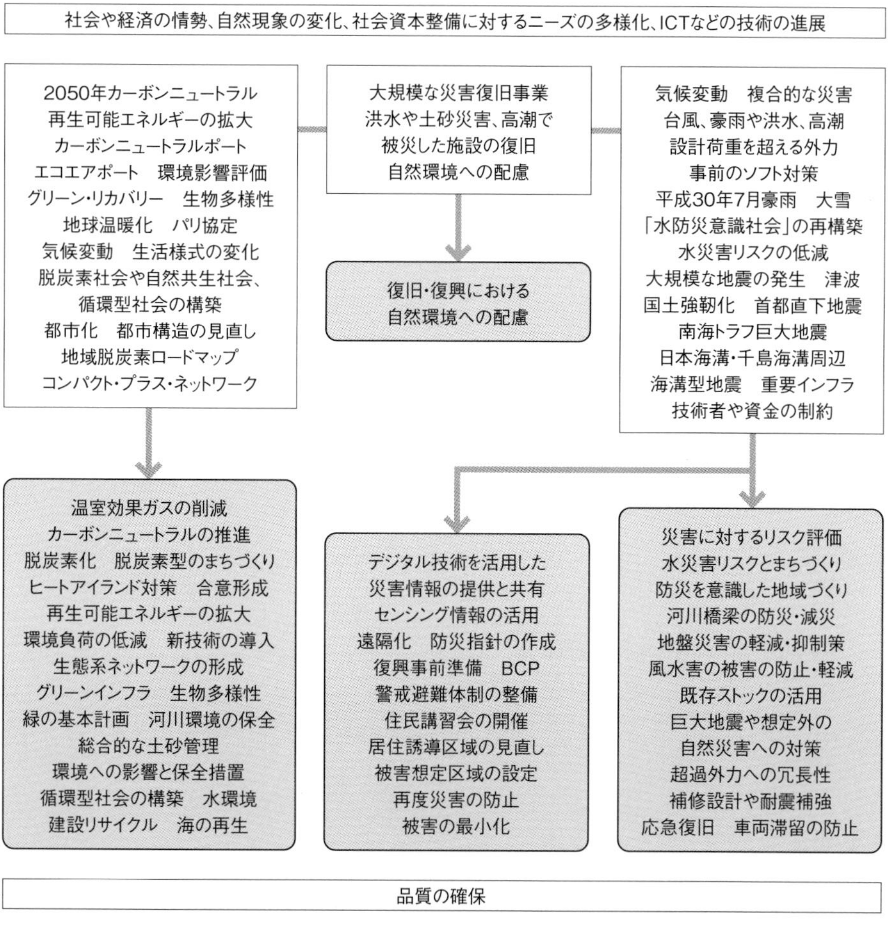

第2章

題意と施策の動向

背景や現状を理解

政策や施策の背景として示されるキーワードなどの中から、主なものを取り上げます。必須科目や選択科目の出題の背景に加え、問題解決能力などが問われる論文で出題テーマの現状や問題点を理解するうえでも欠かせません。

1 少子高齢化
2 建設産業の就業者数
3 建設投資
4 社会資本の老朽化
5 能登半島地震
6 切迫する巨大地震
7 2023年の梅雨前線による大雨
8 2023年の台風13号
9 熱海土石流
10 静清バイパス橋桁落下
11 地球温暖化
12 コロナ禍を経た変化
13 SDGs

重要なキーワードは本文中に色文字で示し、他の節や「関連キーワード」の欄などで改めて解説している。

キーワード
1

少子高齢化

出生率の低下によって子供の数が減るとともに、平均寿命の伸びが原因で高齢者の割合が高まること。総人口に占める65歳以上の割合（高齢化率）が7%を超えた社会のことを高齢化社会、14%を超えた社会を高齢社会、21%を超えた場合は超高齢社会と呼ぶ。日本は2007年に超高齢社会に突入した。22年10月時点で高齢化率は29.0%に達している。国立社会保障・人口問題研究所が23年4月に公表した「日本の将来推計人口」によれば、43年に3953万人が65歳以上になる。その後は減少に転じるものの、総人口が減ることから70年には38.7%に上昇すると推計している。

少子高齢化の進行によって日本の総人口は2050年に1億469万人となり、1970年ごろの水準に戻るが、年齢構成は大きく異なる。特に地方の減少が著しい。2000年に比べると、人口が1万人未満の市町村では50年に約6割減となる。地域交通の再構築による移動手段の確保や所有者不明土地への対策、施設のバリアフリー化など、人口の減少や高齢者の急増を背景とした社会資本整備や管理が欠かせなくなる。

●日本の人口の推移

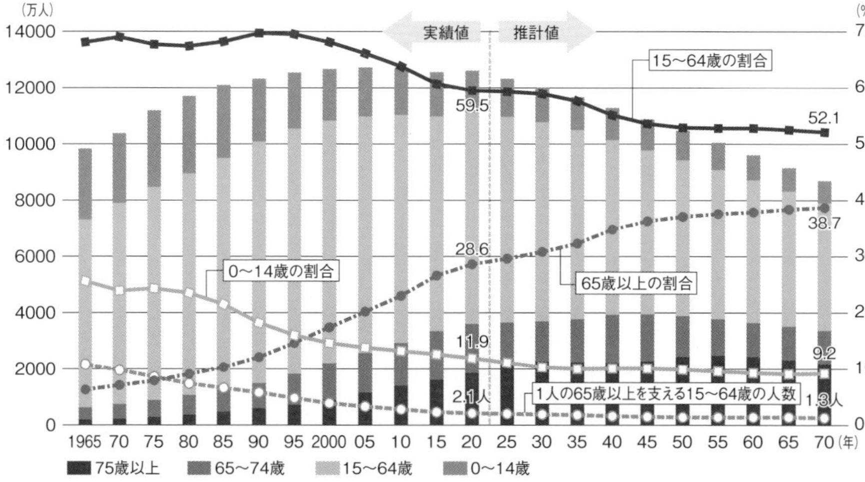

（注）2023年版の高齢社会白書や国立社会保障・人口問題研究所の「日本の将来推計人口」（2023年推計）の中位推計、総務省の「国勢調査」や「人口推計」を基に作成

●2050年時点の市区町村の規模別の人口

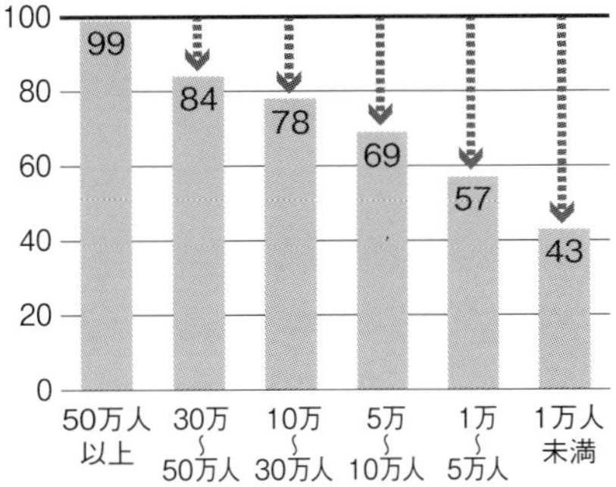

●人口構成の比較

		1970年	2050年
総人口		1億467万人	1億469万人
65歳以上	人口	739万人	3888万人
	割合	7.1%	37.1%
15〜64歳	人口	7212万人	5540万人
	割合	68.9%	52.9%
14歳以下	人口	2515万人	1041万人
	割合	24.0%	9.9%

（注）グラフは2000年時点を100とした場合の50年の人口。右の表も国土審議会の23年7月の資料を基に作成。元のデータは国土交通省の「メッシュ別将来人口推計（2018年推計）」や総務省の国勢調査、国立社会保障・人口問題研究所の「日本の将来推計人口」（2023年推計）

●まちづくりなどにおける高齢社会への対策

主な施策		概要
多世代への配慮		・バリアフリー法に基づき、移動等円滑化促進方針と基本構想を作成 ・地域のコミュニティー形成にデジタル技術を活用。SDGsも推進 ・中山間地域などにおける「小さな拠点」の形成を拡大し、質も向上
移動空間のバリアフリー化	公共交通機関	・バリアフリー法や第2次交通政策基本計画などに基づいて推進
	歩行空間の形成	・幅の広い歩道の整備に加え、段差などを改善。無電柱化も推進 ・歩行者と自転車を分離。生活道路において通過交通や速度を抑制
	道路交通環境	・付加車線や高齢運転者専用の駐車区間などを整備
	ソフト面	・ICTを活用して歩行者の移動を支援。データプラットフォームも構築
公共施設などのバリアフリー化		・都市公園の整備と併せて公園の施設をバリアフリー化 ・憩いと交流の場となる良好な水辺空間を整備
交通安全の確保		・「ゾーン30プラス」を設定。自転車通行空間の整備も促進
防災の推進		・要配慮者利用施設の保全に向けて土砂災害の防止施設を整備。避難確保計画の作成や訓練も実施。特別警戒区域の区域指定を促進

（注）2023年版の高齢社会白書を基に作成

［関連キーワード］

小さな拠点：山間部など集落が散在する地域で、周辺の集落の日常生活や地域活動を支える拠点。人やモノ、サービスなどの循環を図ることで、生活を支える新しい地域運営の仕組みをつくろうとする取り組みでもある。国土交通省では「多核連携型」の新たな国土づくりとして、昨今のリモートワークやワーケーションなどの新しい働き方に対応した「小さな拠点」の形成も進めている。

豪雪地帯：1962年に制定された「豪雪地帯対策特別措置法」によって、2023年4月時点で532市町村が豪雪地帯に、そのうちの201市町村が特別豪雪地帯に指定。豪雪地帯は国土の51%を占める。人口減少や高齢化が進行しており、特別豪雪地帯の高齢化率は20年時点で37%に達している。

国土形成計画（62ページ）　**コンパクト・プラス・ネットワーク**（100ページ）　**バリアフリー・ユニバーサルデザイン**（206ページ）　**地域交通の再構築**（98ページ）　**空き家対策**（104ページ）　**所有者不明土地**（102ページ）　**公共空間のオープン化**（138ページ）　**国土強靭化基本計画**（74ページ）

キーワード
2

建設産業の就業者数

建設産業全体の就業者数は、ピークだった1997年の約685万人から約20年後の2016年には495万人にまで減少した。その後は18年に505万人に増えるなど下げ止まりの兆しが見られたものの、20年以降は500万人を下回っている。23年は1997年に比べると約29%減の483万人となり、そのうち男性は2022年とほぼ同じ395万人だった。一方、女性は12年に70万人に落ち込んだ後、13年以降は増加する傾向にある。23年は22年から3万人増えて88万人となり、全体の約18%を占める。

なかでも技能労働者はピーク時の455万人に比べ、23年は約33%減少した。高齢化も深刻だ。22年時点で55歳以上の技能労働者は全体の約36%。60歳以上は26%を占めており、10年後には大半が引退するとみられる。一方、29歳以下は12%と少ない。就業者全体でも、23年の年齢構成は55歳以上が22年から0.7ポイント上昇して36.6%、29歳以下は前年を0.1ポイント下回る11.6%だった。多くの産業でも同様の傾向にあるものの、全産業に比べると建設産業ではいまも高齢化の度合いが高い。

若年層の確保が困難になってきたことに加え、改善してきたとはいえ、休みの取りづらさなどの**雇用・労働環境**の厳しさから、いまも離職する若手は少なくない。厚生労働

●建設産業の就業者数の推移

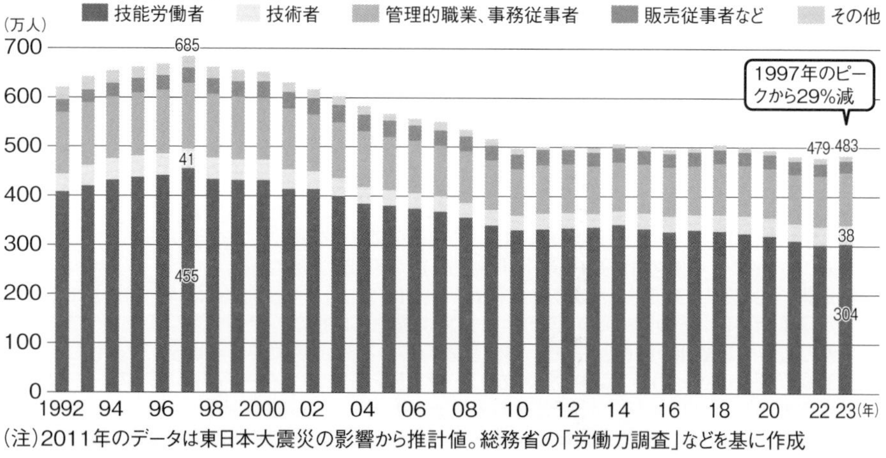

(注)2011年のデータは東日本大震災の影響から推計値。総務省の「労働力調査」などを基に作成

●技能労働者の年齢構成

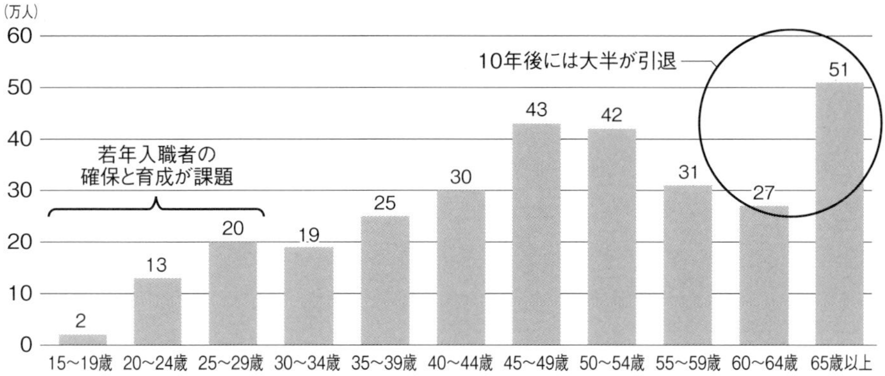

(注)2022年時点。国土交通省の資料から作成。元の資料は総務省の「労働力調査」

●就業者の年齢構成の推移

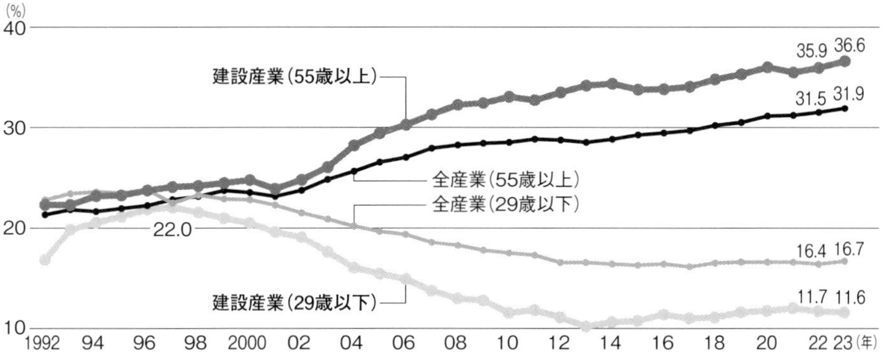

(注)総務省の「労働力調査」などを基に作成

省が23年10月に公表した新規学卒者の離職状況によれば、20年3月に高校を卒業した新卒者が3年以内に離職した割合は建設業では約42%だった。全産業の平均を5.4ポイント上回っている。DXなどによる生産性の向上とともに、増加する高齢者や外国人労働者の確保や育成、新規学卒者や女性の定着などに向けて、働きやすい職場づくりは欠かせない。イメージアップに向けた取り組みもますます重要になる。

[関連キーワード]

担い手の確保や育成（212ページ）　**雇用・労働環境**（210ページ）　**働き方改革実行計画**（84ページ）　**建設業法の改正**（218ページ）　**育成就労法**（213ページ）　**インフラ分野のDX**（242ページ）　**i-Construction**（244ページ）　**建設機械施工の自動化**（252ページ）　**地域インフラ群の再生**（122ページ）　**維持管理への住民参画**（142ページ）　**少子高齢化**（34ページ）

キーワード
3

建設投資

日本の国内総生産に占める建設投資の割合は、高度経済成長期の末期だった1973年度の24.6%がピーク。その後は減少傾向が続き、86年度から90年度にかけて増加したものの、近年は10～12%程度で推移してきた。2023年度は12.3%の見通しだ。

建設投資全体では1992年度の約84兆円がピークで、2010年度に約42兆円と半減した。その後は相次ぐ自然災害からの復興需要や景気の回復などで政府投資、民間投資ともに伸び、17年度に建築補修（改装・改修）を含めて61兆円に増加。18年度以降も60兆円を下回ることはなく、国土交通省が23年8月に公表した建設投資の推計によれば、23年度は前年度比2.2%増の70.3兆円の見通しだ。政府・民間別では政府投資が前年度から4.5%増えるとともに、民間投資も同1.0%増加するとみている。

公共事業関係費も堅調で、24年度の当初予算は23年度とほぼ同等の約6兆円。国交省は、「国民の安全・安心の確保」や「持続的な経済成長の実現」などの3つの分野を設定。安全・安心の確保では**流域治水**に関わる施策をさらに強化するほか、**切迫す**

●建設投資の推移

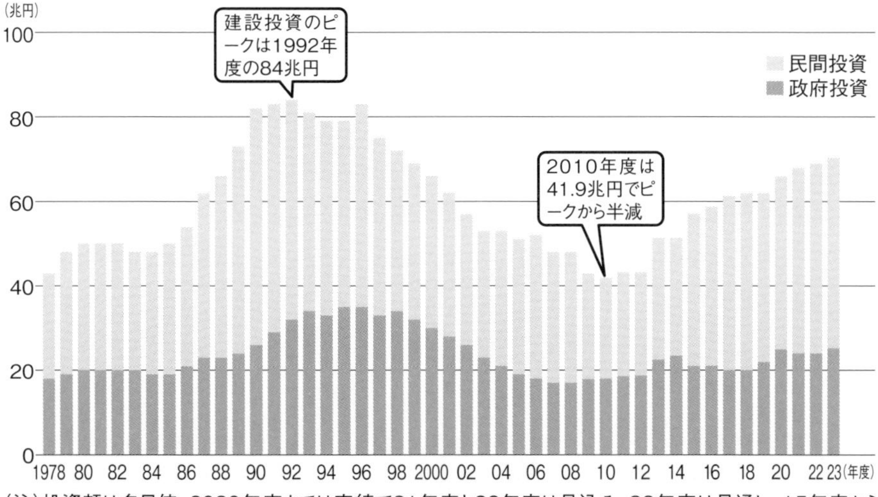

（注）投資額は名目値。2020年度までは実績で21年度と22年度は見込み、23年度は見通し。15年度から建築補修（改装・改修）を計上。国土交通省の「令和5年度 建設投資見通し」を基に作成

●2024年度予算で示した主な施策

安全・安心の確保

- 防災や減災、国土強靭化の推進
- 持続可能なインフラメンテナンスの実現
- 交通の安全と安心の確保

→
- 「流域治水」の加速と強化
- 南海トラフ巨大地震や首都直下地震、日本海溝・千島海溝周辺の海溝型地震への対策
- 密集市街地への対策や建築物の耐震化
- 線状降水帯などに関する防災情報の高度化
- 災害時における物流や人の流れの確保
- 盛り土の安全確保に向けた対策

→
- 「地域インフラ群再生戦略マネジメント」の推進
- 予防保全への本格的な転換、集約や再編
- 新技術の活用や官民連携の促進

→
- 通学路の合同点検の結果を踏まえて対策
- 「ゾーン30プラス」などで生活道路に対策
- 無電柱化の推進や自転車利用環境の整備
- 立体交差化なども含めた総合的な踏切対策
- 高速道路の暫定2車線区間の4車線化
- 地域鉄道の設備の更新などへの支援

持続的な経済成長の実現

- ストック効果を重視した社会資本整備
- 脱炭素社会の実現に向けたGXの推進
- DXや技術開発、働き方改革の推進
- 民間の投資やビジネスの機会の拡大
- 物流の革新や持続可能な建設業の実現
- 持続可能な観光の推進

→
- 住宅や建築物の省エネルギー対策の強化
- グリーンインフラや「まちづくりGX」の推進
- カーボンニュートラルポートの形成

→
- 「インフラ分野のDXアクションプラン」の推進

→
- 担い手の確保や育成、生産性の向上
- 適正な工期設定、ICTやCCUSの活用
- 取引環境の適正化や外国人材の活用

→
- インフラツーリズムの拡大や景観資源の活用
- 観光地の面的な渋滞対策の導入
- 道路空間の活用や無電柱化
- にぎわいのある水辺空間の創出

個性を生かした地域づくりと分散型の国づくり

- バリアフリー社会の形成と活力ある地方創り
- 分散型の国づくりや持続可能な地域の活性化
- 地域の公共交通のリ・デザイン（再構築）

→
- ユニバーサルデザインのまちづくり
- 空き家や所有者不明土地への対策

→
- 新たな国土形成計画の推進
- コンパクトでゆとりとにぎわいのあるまちづくり
- スマートシティーの社会実装の加速
- 道路ネットワークの整備

（注）GXはグリーントランスフォーメーションの、DXはデジタルトランスフォーメーションの、CCUSは建設キャリアアップシステムの略。国土交通省が2024年1月に公表した24年度予算の概要を基に作成

る巨大地震への対策を進める。地域インフラ群の再生によって持続可能なメンテナンスの実現も図る。経済成長の実現ではDXアクションプランやGXの推進を重要な施策として挙げている。新たな国土形成計画などを通じて地域の活性化にも取り組む。

［関連キーワード］

建設業の売上高利益率：財務省の「法人企業統計調査」によれば、建設投資の増加などを受けて、建設業の2018～22年度の売上高営業利益率は21年度を除けば4%以上で推移。22年度は前年度から0.1ポイント増の4.0%となり、全産業の平均と同じだった。一方、18年度以降の売上高経常利益率は5%前後で推移しており、22年度は5.2%だった。全産業の平均を0.8ポイント下回っている。

流域治水（160ページ）　**切迫する巨大地震**（44ページ）　**盛り土対策**（166ページ）　**GX**（178ページ）　**グリーンインフラ**（188ページ）　**インフラ分野のDX**（242ページ）　**担い手の確保や育成**（212ページ）　**地域インフラ群の再生**（122ページ）　**国土形成計画**（62ページ）

キーワード 4

社会資本の老朽化

高度経済成長期に建設された社会資本の老朽化が進み、建設してから50年以上になる割合が急激に高まる点が指摘されている。国土交通省が2021年6月に公表した**インフラ長寿命化計画**（行動計画）によれば、例えば道路橋では75%が2040年に建設後50年以上を経過する。砂防堰堤《えんてい》なども、国や都道府県が管理する約12万基のうち、40年に建設後50年以上となる施設は71%を占める。ほかにも、港湾施設が20年の21%から40年には66%に高まるなど、多くの施設で老朽化が進行する。

下水道管きょの場合は21年度末時点で延長約49万kmのうち、約3万kmが標準耐用年数の50年を経ている。約10年後には18%に、20年後には40%に高まる見込みだ。下水処理場も21年度末時点で合計約2200カ所の処理場のうち、約9割が機械や電気設備の標準的な耐用年数である15年を経過した。管路の老朽化などが原因で発生した道路陥没の件数は減少傾向にあるとはいえ、21年度は約2700件に上る。陥没

●建設後50年以上が経過する社会資本の割合

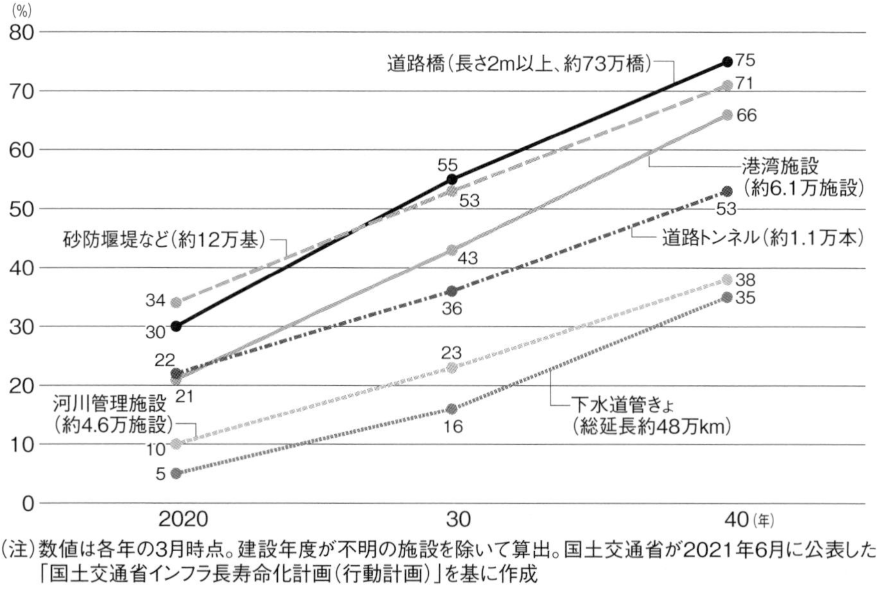

（注）数値は各年の3月時点。建設年度が不明の施設を除いて算出。国土交通省が2021年6月に公表した「国土交通省インフラ長寿命化計画（行動計画）」を基に作成

●地方自治体における財政や人材の状況

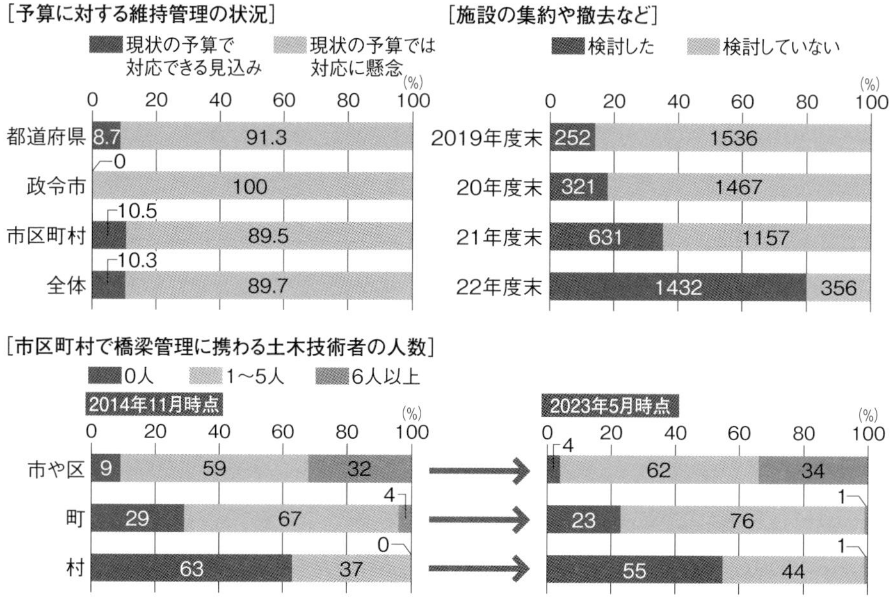

（注）いずれも道路施設が対象で、左上のグラフは2019年6月時点。左上と下のグラフの各数値は%、右上は自治体数。国土交通省が23年4月にまとめた「道路橋の集約・撤去事例集」や8月に公表した道路メンテナンス年報を基に作成

の深さは50cm以下が9割近くを占めているが、全体の3%は1m以上だった。

老朽化が進み、対処すべき施設が増えるとともに、維持管理や修繕を担う人材や財源の確保が課題となっている。例えば道路の維持や更新では、約9割の地方自治体が現状の予算では既存の道路施設を維持管理しきれなくなると懸念。橋の管理に携わる土木技術者も十分に確保できていない。この約10年でやや緩和されたとはいえ、23年5月時点で町では約2割、村では約5割で土木技術者がいない。施設の集約や再編も避けられなくなり、集約などを検討する自治体は19年度の14%から22年度は80%に急増している。小規模な業務や工事が多いことから、**包括的民間委託**や複数の自治体による連携が求められている。**予防保全**への転換も欠かせない。

[関連キーワード]

地域インフラ群の再生（122ページ）　**包括的民間委託**（124ページ）　**担い手の確保や育成**（212ページ）　**インフラ長寿命化計画**（72ページ）　**予防保全**（132ページ）　**新技術の活用**（128ページ）　**インフラ分野のDX**（242ページ）　**点検・診断**（126ページ）　**xROAD**（130ページ）　**高速道路の更新や改良**（134ページ）　**メンテナンスサイクル**（133ページ）

キーワード
5

能登半島地震

2024年1月1日午後4時10分に石川県能登地方で発生したマグニチュード7.6の地震。石川県輪島市や志賀町で最大震度7を、能登地方の広い範囲で震度6強や6弱の揺れを観測した。地震に伴う津波によって石川県能登町や珠洲市では浸水深が約4mに達したほか、新潟県上越市では5m以上の遡上高を観測した。能登半島を中心に大きな地殻変動が見られたのも特徴で、輪島市の西部では最大4m程度の、珠洲市の北部では同2m程度の隆起が生じた。能登半島北岸の広範囲で海域の地盤が隆起している。

インフラも大きな被害を受けた。国道249号の大谷トンネルなどで覆工コンクリートが崩落し、中能登農道橋（ツインブリッジのと）では支承部のコンクリートが損壊した。住宅や道路などのストックの損壊額は最大2.6兆円に上るとみられている。

津波の遡上によって建物が流出、倒壊した石川県珠洲市宝立町の鵜飼集落（写真:次ページも特記以外は日経クロステック）

石川県輪島市の黒島漁港。海岸が隆起して、写真手前の消波ブロックの海側に地盤が見える。2024年1月7日撮影

震度5弱を観測した石川県内灘町では、液状化によって道路が隆起したり住宅が傾いたりした

中能登農道橋（ツインブリッジのと）の箱桁部。PC桁の支承部のコンクリートが損壊している

覆工コンクリートが崩落した国道249号の大谷トンネルの坑内（写真：国土交通省）

石川県輪島市では大規模な火災が発生した。焼失面積は約4.9万m^2（速報値）に及ぶとみられる

●地震による主な被害

施設など	概要
道路	•国道249号で土砂崩れや法面の崩壊、路面の亀裂や沈下、段差が発生。大谷トンネルなどで覆工コンクリートが崩落した。国道359号や471号などでも道路が損壊 •能越自動車道の、のと三井インターチェンジ（IC）ー穴水IC間で道路が崩落 •全長620mの中能登農道橋（ツインブリッジのと）で支承や橋桁に大規模な損傷
鉄道	•JR西日本の七尾線でホームやレールが損傷。のと鉄道でもレールや路盤が損傷
河川や海岸	•河川の堤防に沈下やひび割れが発生したほか、護岸が損傷。土砂崩れによる「河道閉塞」で家屋などが浸水。2月19日時点で6河川の14カ所で河道閉塞を確認 •海沿いの地盤が隆起。輪島市の西部では最大約4m、珠洲市の北部では同2mに
ダム	•点検対象の96ダムのうち、石川県が管理する2つのダムが損傷。小屋ダムではダム天端の舗装にクラック、堤体の表面被覆の一部が変状。応急対策は実施済み
砂防	•4月26日時点で石川県と新潟県、富山県の土砂災害は合計440件
空港	•能登空港の滑走路で段差が10cm以上のひび割れや15cm程度のくぼみ
津波	•石川県珠洲市や能登町、志賀町で津波による合計約190haの浸水を確認。浸水範囲が広い珠洲市では、浸水深が約4mに達したと想定。堤防護岸の損壊も •津波が内陸へ駆け上がった「遡上高」の最大は新潟県上越市の船見公園で5.8m
建物などの火災	•石川県輪島市の火災による焼失面積は約4万9000m^2、焼損棟数は約240棟
ストックの損壊額	•住宅や道路などの損壊額は石川県と富山県、新潟県の合計で1.1兆～2.6兆円

（注）数値は速報値や暫定値。国土交通省や気象庁、政府の地震調査研究推進本部や内閣府、消防庁の資料を基に作成

［関連キーワード］

大規模災害からの復興に関する法律：政府が指定した「非常災害」からの復旧事業を、被災した自治体からの要請を受けて国などが代行できることを定めた法律。2013年に施行した後、16年の熊本地震や19年の東日本台風、令和2年7月豪雨に続いて24年の能登半島地震による災害にも適用した。

液状化：地下水位の高い砂地盤が地震時の振動によって流動しやすくなる現象。埋め立て地のほか、河川や水田の跡地といった地下水位の高い場所で生じやすい。結果、比重の大きい構造物が倒れたり、下水管など比重の小さい構造物が浮き上がったりする。対策としては締め固めによる地盤の密度の増大、固結や固化、置換、間隙水圧の抑制や消散、せん断変形の抑制などがある。

切迫する巨大地震（44ページ）　**日本海溝・千島海溝沿いの巨大地震**（152ページ）　**南海トラフ巨大地震**（154ページ）　**首都直下地震**（150ページ）　**国土強靭化基本計画**（74ページ）　**復興事前準備**（148ページ）　**緊急輸送道路**（155ページ）　**津波防災地域づくりに関する法律**（153ページ）　**総力戦で挑む防災・減災プロジェクト**（146ページ）　**防災道の駅**（157ページ）

キーワード
6

切迫する巨大地震

政府の地震調査研究推進本部が2024年1月に公表した海溝型地震などの評価結果によれば、マグニチュード（M）8～9クラスの**南海トラフ地震**の30年以内の発生確率は70～80%。**日本海溝・千島海溝沿いの地震**の場合は、根室沖のM7.8～8.5程度の発生確率が80%程度、宮城県沖のM7.0～7.5程度が90%程度などと算定している。

ここ1～2年でも人的な被害や建物の損壊に至る地震は各地で頻発しており、例えば宮城県や福島県では22年3月に発生した震度6強の地震で東北新幹線が脱線した。30年以内の発生確率が70%程度とされる**首都直下地震**も含め、巨大地震への対策は急務だ。河川や堤防のかさ上げや耐震化のほか、「粘り強い」海岸堤防や防波堤の整備などによって被害の防止や軽減に備えるだけでなく、**緊急輸送道路**の電柱の占用制限を拡大するなど、災害時の人の流れや物流を確保しておくことも必要になる。

●主な海溝型地震の30年以内の発生確率

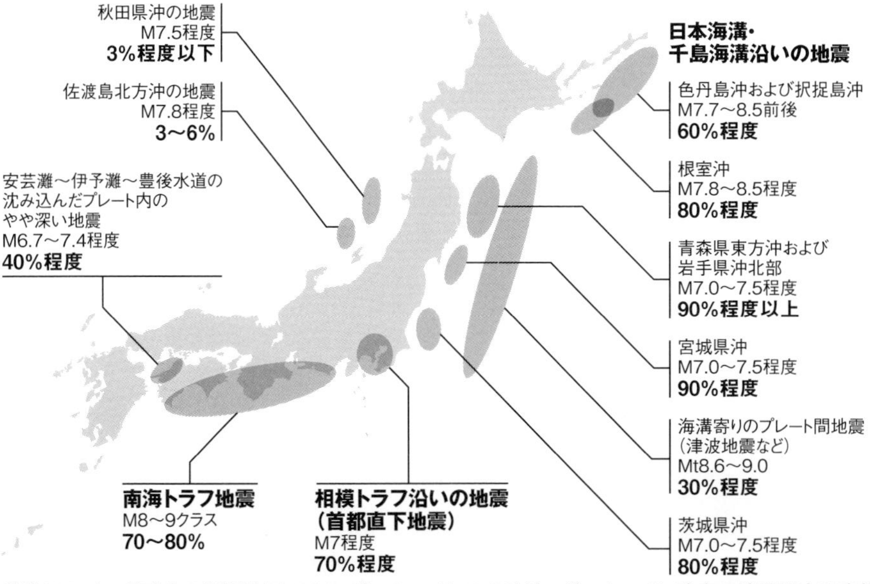

（注）2024年1月時点の評価結果。Mはマグニチュード、Mtは津波マグニチュード。政府の地震調査研究推進本部や国土交通省の資料を基に作成

●最近の主な地震

2022年
- 1月　大分県や宮崎県で震度5強の地震
- 3月　宮城県や福島県で震度6強の地震
- 6月　石川県で震度6弱の地震
- 8月　北海道で震度5強の地震
- 11月　茨城県で震度5強の地震

2023年
- 5月　石川県で震度6強の地震／千葉県で震度5強の地震

2024年
- 1月　石川県で震度7の地震

（注）2022年から24年にかけて発生した主な地震。震度は最大震度

●巨大地震で想定される被害と対策

［被害想定］

	南海トラフ地震	首都直下地震	日本海溝・千島海溝沿いの地震	
			日本海溝沿い	千島海溝沿い
死者数	23.1万人	2.3万人	19.9万人	10.0万人
全壊・焼失棟数	209.4万棟	61.0万棟	22.0万棟	8.4万棟
経済的な被害	214兆円	95兆円	31兆円	17兆円

［主な対策］

被害の防止や軽減に向けた耐震化など
- 河川や堤防などのかさ上げ、水門の自動化など
- 「ネットワークインフラ」などの土砂災害対策
- 粘り強い海岸堤防や防波堤の整備、耐震化
- 帰宅困難者を受け入れるための施設の整備
- 下水道施設の耐震化やマンホールトイレの設置
- 地理空間情報の整備や津波避難体制の強化

密集市街地への対策や建築物の耐震化
- 密集市街地での建て替えや改修、無電柱化
- 住宅や建築物の耐震改修、耐震診断への支援

応急対応のための救助・救急ルートの確保
- デジタル技術を活用したTEC-FORCEの強化
- 道路啓開に必要な体制の整備や資機材の充実
- 地盤災害情報の推計精度の向上

災害時における人の流れや物流の確保
- 高規格道路のミッシングリンクの解消や4車線化、直轄国道とのダブルネットワーク化
- 緊急輸送道路の電柱の占用制限の拡大や届け出対象区域の指定による沿道の電柱の制限
- 駅や橋梁などの鉄道施設の耐震対策

（注）被害想定の値は概数で最大値。内閣府の資料を基に作成。対策は国土交通省の2024年度予算の概要から地震対策に関わる主な施策を抜粋

［関連キーワード］

粘り強い構造：設定した水位を超える大津波に襲われても直ちに全壊しないような構造。最大クラスの津波の到達時間を遅らせるほか、浸水域や浸水深さを減少させることで、後背地の被害を軽減できる。堤防と一体で整備した植栽に減災効果を見込む「緑の防潮堤」も粘り強い構造の一例。

首都直下地震（150ページ）　**日本海溝・千島海溝沿いの巨大地震**（152ページ）　**南海トラフ巨大地震**（154ページ）　**国土強靭化基本計画**（74ページ）　**復興事前準備**（148ページ）　**緊急輸送道路**（155ページ）　**無電柱化**（204ページ）　**総力戦で挑む防災・減災プロジェクト**（146ページ）

キーワード
7

2023年の梅雨前線による大雨

2023年6月1日から3日にかけて、台風2号とそれに伴う梅雨前線の活発化によって西日本から東日本の太平洋側を中心に大雨となり、三重県や愛知県、静岡県などの23カ所で24時間降水量が観測史上1位を記録した。国や都道府県が管理する44の河川が氾濫したほか、和歌山県や愛知県など全国で300件を超す土砂災害が発生した。

さらに、6月28日から7月16日にかけても梅雨前線の活動が活発になり、各地に大雨をもたらした。同期間の総降水量は大分県や佐賀県、福岡県で1200mmを超え、北海道や東北、山陰などでも7月の平年の月降水量の2倍以上となった地点があった。国や都道府県が管理する118の河川が氾濫し、佐賀県や山口県、島根県などの22県で7月24日までに397件の土砂災害が発生した。大気の状態が不安定になり、北日本や西日本では発達した積乱雲による突風の被害が発生した箇所もある。

熊本県山都町で7月3日に崩落した御船川に架かる金内橋。増水によって川の中の橋脚が流失したとみられる。山都町では同日、1時間降水量が82mmを記録した。金内橋は1962年に架設された長さ37mのプレストレストコンクリート橋（写真:山都町）

愛知県豊川市で発生した土砂災害。台風2号やそれに伴う梅雨前線の活発化によって、高知県や和歌山県、愛知県などでは線状降水帯が発生し、多くの地点で24時間降水量が観測史上1位を記録した（写真:国土交通省）

●2023年度の出水期に事前放流を実施したダム数

	2023年度の主な降雨						
	5月の大雨	台風2号	6月*の大雨	台風6号	台風7号	台風13号	合計
治水などの多目的ダム	2	29	12	16	28	0	87
利水ダム	7	26	12	32	10	7	94
合計	9	55	24	48	38	7	181

(注)6月29日からの大雨。重複分も含めた延べ数。国土交通省が2023年11月に公表した資料を基に作成

●事前放流のポイントと主な手順

開始基準の設定	•ダム上流の予測降雨量がダムごとに定めた基準降雨量以上のとき
貯水位低下量の設定方法	•予測総降雨量を基にダムの流入総量を算出し、事前放流で確保する容量を設定して貯水位に換算。予測降雨量は気象庁の「全球モデル」によるデータを利用
最大放流量	•ダム下流の河川の流下能力や河川の利用者の安全の確保などを考慮して設定
中止の基準	•容量が確保された場合や予測降雨量が基準降雨量に該当しなくなった場合など
留意事項	•河川やダムの管理者、利水関係者はあらかじめ協議して、水系ごとに締結した治水協定の内容など、事前放流の実施について関係する地方自治体に説明 •災害や事故の防止などのために必要なときは、事前放流の放流量を調整するなどの措置を取るよう国土交通省はダムの管理者に要請

[事前放流までの流れ]

気象台が「台風に関する全般気象情報」や「大雨に関する全般気象情報」を発表
→ 河川管理者がダムの管理者に左記の気象情報を提供し、事前放流を実施する態勢に入るよう伝える
→ 予測降雨量が基準降雨量を上回り、ダムの管理者が事前放流の実施を決定
→ 事前放流を開始

(注)国土交通省が2021年7月に公表した「事前放流ガイドラインについて」を基に作成

台風2号などによる大雨では55のダムで事前放流を実施し、26の利水ダムを含めて1億5500万m^3の容量を、6月29日からの大雨では24のダムの事前放流によって5100万m^3の容量をそれぞれ確保した。気象庁では**地球温暖化**に伴って水蒸気の量が増加傾向にあり、その影響で雨量が増えた可能性を指摘している。

[関連キーワード]

複合災害：地震や水害、土砂災害などが重なって生じる災害。震災後に、台風による高潮など別の災害によって被害が拡大した例は珍しくない。2021年10月に閣議決定した気候変動適応計画では、複数の要素が相互に影響し合うことで、単一で起こる場合と比較して広域かつ甚大な被害をもたらす「複合的な災害影響」に着目。例えば17年の九州北部豪雨では、流出した土砂による河床の上昇が甚大な洪水氾濫を招いたうえ、多量の流木が下流域の被害を拡大したと指摘した。18年の西日本豪雨では土砂・洪水氾濫に加え、洪水氾濫と内水氾濫が同時に発生したことを挙げている。

流域治水（160ページ）　**気候変動適応計画**（76ページ）　**気候変動を踏まえた治水計画**（158ページ）　**ハイブリッドダム**（164ページ）　**土砂・洪水氾濫**（168ページ）　**国土強靭化基本計画**（74ページ）　**地球温暖化**（54ページ）　**総力戦で挑む防災・減災プロジェクト**（146ページ）

キーワード
8

2023年の台風13号

2023年9月7日から9日にかけて、関東甲信地方や東北の太平洋側に記録的な大雨をもたらした台風。8日の午後9時には熱帯低気圧に変わったものの、南から暖かく湿った空気が流入し、台風の中心から離れた場所で雨雲が発達。特に伊豆諸島や千葉県、茨城県、福島県では1時間に80mm以上の猛烈な雨が降り、気象庁は「記録的短時間大雨情報」を発表した。線状降水帯の発生によって、伊豆諸島など上記の地域では1時間降水量や日降水量が観測史上1位の値を記録。7日から9日にかけての総降水量が400mmを超えた地点や9月の平年の月降水量を上回った地点もあった。

福島県や茨城県、千葉県では県が管理する39の河川が氾濫したほか、合計303件の土砂災害が発生した。そのうちの257件を千葉県が占めており、一つの台風による単一の県での件数としては過去最多になる。北日本や西日本でも、暖かく湿った空気の影響で大気の状態が不安定になり、局地的に激しい雨や非常に激しい雨が降った。

台風や熱帯低気圧などによる大雨も含め、昨今は雨の降り方が変化している。気象

●1時間降水量50mm以上の年間発生回数の推移

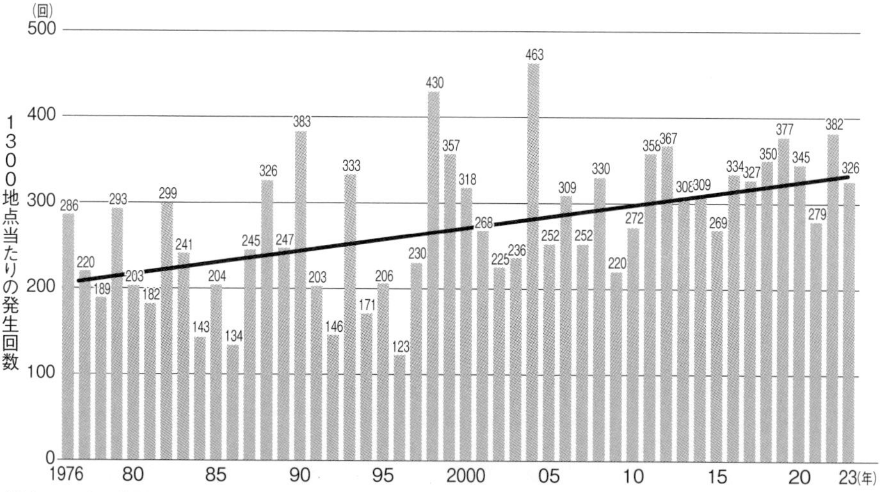

(注)アメダスが観測した1時間降水量が50mm以上となった年間の発生回数を1300地点当たりに換算。太い直線は長期変化の傾向を示している。気象庁の資料を基に作成

●最近の主な豪雨災害と関連する施策

豪雨と時期	概要	主な施策や対策
東日本台風 2019年10月	10月10日からの総雨量は神奈川県箱根町で1000mmに達するなど、多くの地点で観測史上1位の雨量を記録。大雨特別警報が過去最多となる1都12県で発令された。内水氾濫が相次いだほか、「土砂・洪水氾濫」も含めると土砂災害は一つの台風では過去最多の952件に上った	気候変動を踏まえた治水対策への転換やグリーンインフラも含めたまちづくりとの連携を提言。2019年12月には既存ダムの有効貯水容量を洪水調節に活用する方針を定めた。港湾では施設の設計に用いる波浪を更新し、港湾BCPも改訂した。臨港道路のかさ上げなど多重防御も推進
令和2年7月豪雨 2020年7月	7月3日～14日の総降水量は九州を中心に7月の月間降水量の3倍を超えるなど、7月上旬の総降水量や1時間降水量が50mm以上の発生回数は1982年以降で最多。土砂災害が確認された都道府県は過去最多の37府県（速報値）に	2020年5月の道路法の改正を受けて、国の権限代行による県道などの災害復旧を7月に決定。21年1月には最上川と球磨川で、再度災害防止のための「緊急治水対策プロジェクト」に着手した。河道の掘削や堤防の整備のほか、宅地のかさ上げなども実施
令和3年8月の大雨 2021年8月	8月11日から26日までの期間降水量は九州の南部と四国地方で1400mmを超えた。月間降水量は1946年の統計開始以降、1位の値を更新。特に8月12日～14日は線状降水帯が発生し、複数の地点で観測史上最大の値を記録した	西日本を中心とする69のダムで事前放流を実施し、洪水調節のために約7600万m^3の容量を確保した。住民の適切な避難行動を促すため、防災教育による意識の向上やデジタル技術の活用のほか、市町村による避難情報の適切な発令も重要に
令和4年8月の大雨 2022年8月	8月3日から4日にかけて複数の地点で24時間降水量が観測史上1位の値を更新するなど、北海道や東北、北陸地方を中心に甚大な被害をもたらした。全壊や半壊、床上・床下浸水などの被害は2022年11月時点で約7000件に上る	再度災害の防止に向けて「緊急治水対策プロジェクト」に着手。大きな浸水被害が生じた水系を対象に、河川の改修や下水道の整備、貯留浸透機能の確保に加え、土地の利用規制や災害リスクの小さい地域への居住の誘導などに取り組んでいる
台風14号と15号 2022年9月	9月17日から24日にかけて各地に記録的な大雨をもたらした。台風14号では九州や近畿など多くの地点で最大瞬間風速の観測史上1位の値を更新したほか、静岡県では台風15号によって複数の地点で24時間降水量が400mmを超えた	台風14号では過去最多となる延べ129のダムで事前放流を実施し、合計4.3億m^3の容量を確保した。河川に隣接する道路の被災や橋の流失などを受けて、今後は河川整備と連携して対応する。改定した道路土工構造物点検要領に基づく点検も重要に

庁によれば、1時間降水量が50mm以上の「非常に激しい雨」の最近10年間の発生回数は1980年ごろの約1.5倍に、同80mm以上の「猛烈な雨」は1.7倍に、同100mm以上では1.8倍に増加するなど、強度の強い雨ほど増加率が高い傾向にある。

［関連キーワード］

バックウオーター現象：河川や用水路などで、下流側の水位の変化の影響が上流側に及ぶ現象。東日本台風や2018年の西日本豪雨では本川から支川への逆流で水位が上昇し、氾濫が続発した。

流域治水（160ページ）　**気候変動適応計画**（76ページ）　**道路防災とリスクアセスメント**（156ページ）　**土砂・洪水氾濫**（168ページ）　**ハイブリッドダム**（164ページ）　**内水氾濫**（162ページ）　**ハザードマップ**（174ページ）　**BCP**（149ページ）　**国土強靭化基本計画**（74ページ）　**複合災害**（47ページ）　**2023年の梅雨前線による大雨**（46ページ）　**地球温暖化**（54ページ）

キーワード
9

熱海土石流

梅雨前線による大雨に伴って、静岡県熱海市で2021年7月3日に発生した大規模な**土石流**。22年3月時点で死者は26人に上り、住宅などの被害は136戸に及んだ。災害が発生するまでの1時間当たりの降雨量は最大でも30mm以下だったが、6月30日から7月3日午前10時までの累積雨量は450mm以上に達していた。静岡県が22年9月に公表した最終報告書によれば、崩落した土砂の量は約5万5000m^3。そのうち、砂防堰《えん》堤《てい》で捕捉されなかった4万8000m^3が下流の市街地に流下したとみている。

崩落の起点となったのは、盛り土が造成されていた逢初川《あいぞめがわ》の源頭部。同報告書によれば、盛り土は県の条例に違反して造成しており、高さが15mを超えるにもかかわらず、排水対策や締め固め、土留めなどが不十分だった。さらに、源頭部は周辺から地下水が流入しやすい場所であり、盛り土には常時、地下水が供給され、常に湿潤度が高い状態だった。地下水の「基底流量」に加えて6月30日からの大雨が地下に浸透した結果、盛り土の底面への地下水の供給量が増えて盛り土が崩落した。

2021年7月3日に撮影した源頭部の崩壊状況。土砂が崩れ、地肌をさらしている。起点の違法な盛り土が被害を拡大させたといわれる（写真：静岡県）

土石流の被災地に新設する砂防堰堤の工事の様子。2次災害の恐れがあるため、無人化施工やクラウドカメラといった先端技術を活用している。2022年5月30日に撮影（写真：国土交通省中部地方整備局）

●土石流の発生原因

主な原因	概要
逢初川源頭部の地形の特性	・逢初川の源頭部の谷部は、周囲の鳴沢川などより渓床の標高が低い。周辺から地下水が流入しやすく、雨が降らなくても水の流れ（基底流量）があった ・渓床に非常に水を通しやすい渓流堆積物の層が存在
盛り土の造成と状態	・県の条例に基づいて提出された届け出とは異なる内容で造成された ・高さが15mを超える盛り土にもかかわらず、排水対策や土留めが不十分で、土も十分に締め固められていないなど、不適切な工法で造成された ・盛り土には常時、地下水が供給。盛り土の透水係数が小さいことから、常に湿潤度（飽和度）が高く、土中の間隙の多くが水で満たされている状態だった
降雨の状況	・2021年6月30日の降り始めから盛り土の崩落直前までの降雨量は461mm。72時間雨量は盛り土の造成後で最大で、20年に一度は発生する程度の雨だった
盛り土への水の流入状況	・崩落時には、逢初川流域と鳴沢川流域からの地下水の基底流量に加えて、降雨が広域で地下に浸透。結果、盛り土底面への地下水の供給量が増えた

（注）静岡県が2022年9月に公表した最終報告書を基に作成

●土石流発生前後の降雨量

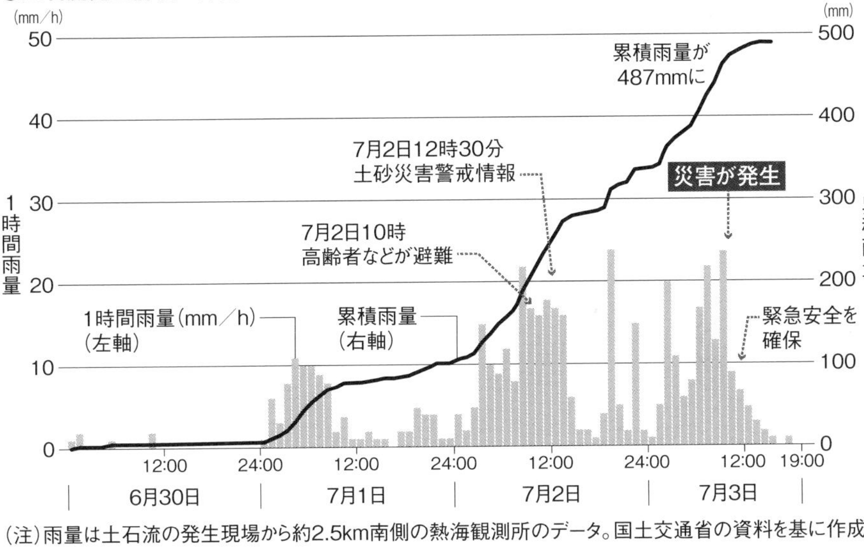

（注）雨量は土石流の発生現場から約2.5km南側の熱海観測所のデータ。国土交通省の資料を基に作成

［関連キーワード］

土石流：山腹や川底の石や土砂が、長雨や集中豪雨などによって一気に下流へと押し流される現象。規模によって異なるものの、時速20～40kmで一瞬のうちに人家や畑などを壊滅させる。主な対策としては、渓流の上流に砂防堰堤を設けて土砂をため、土砂の生産や流出を抑制するほか、谷の出口に砂防堰堤を築造して、発生した土石流を直接、受け止める方法などがある。

盛り土対策（166ページ）　**土砂・洪水氾濫**（168ページ）　**流域治水**（160ページ）　**国土強靭化基本計画**（74ページ）　**総力戦で挑む防災・減災プロジェクト**（146ページ）　**気候変動適応計画**（76ページ）　**地球温暖化**（54ページ）　**深層崩壊**（169ページ）　**崩壊性地すべり**（169ページ）　**建設リサイクル**（194ページ）　**ハザードマップ**（174ページ）　**土砂災害防止法**（169ページ）

キーワード
10

静清バイパス橋桁落下

2023年7月6日午前3時ごろ、静岡市内の国道1号静清バイパスの尾羽第2高架橋で架設中の橋桁が落下。作業員ら8人が死傷した。落下したのはP3橋脚とP4橋脚との間に架ける長さ63m、重さ約140tの鋼製の箱桁。一般的な施工方法である送り出し架設を採用し、横取りや降下の作業の際は夜間の通行を規制していた。橋桁を組み立てた後、横方向に移動させたうえで支承の高さまで降下させる。P4橋脚側は、既設桁の上から横取りや降下を行うために「セッティングビーム」を利用。セッティングビームは架台やジャッキなどで支えていた。事故は、降下中に判明した橋桁の変位を調整する作業中に発生した。セッティングビームが架台から外れ、取り付け金具のボルトが破断。P4橋脚側の橋桁に引きずられてP3橋脚側も落下したとみられている。

事故の調査委員会が23年9月に公表した中間取りまとめによれば、架台の底面やサンドル材の固定、取り付け金具の接合のほか、作業手順書や計測管理などの不備が

●橋桁の落下状況と工事概要

［想定される落下状況］
①降下作業の過程で橋桁が海側に変位。セッティングビームを調整装置で押したが、動かなかった

②セッティングビームがジャッキの受け架台から外れた。圧縮点の架台に大きな圧縮力が作用、取り付け金具のボルトが破断

③P4側の橋桁が地面に落下。引きずられてP3側も落下

（注）次ページも国土交通省の事故調査委員会が2023年9月に公表した中間取りまとめを基に作成

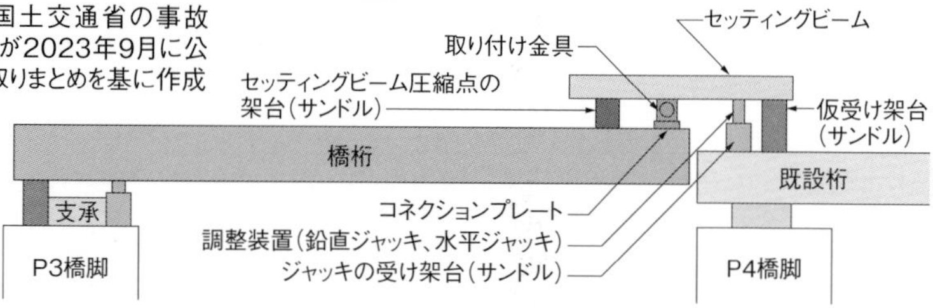

●橋桁落下の主な要因

対象		概要
P3橋脚	架台	・架台の底面やサンドル材が堅固に固定されていなかった
P4橋脚	橋桁	・降下作業の過程で橋桁が海側に変位していたと考えられるが、事故の直前まで作業計画などを見直さず、降下作業を継続していた
	ジャッキなどの調整装置	・架台から調整装置がはみ出しており、不安定だった可能性がある ・調整のためにジャッキで押しても橋桁は動かなかったことから、他の箇所に変形などが生じたり、内部応力が残存したりしていた可能性がある
	架台	・既設の桁からはみ出して設置されており、不安定だった可能性がある ・架台の底面やサンドル材が堅固に固定されていなかった
セッティングビーム	取り付け金具	・道路橋示方書に規定されているような信頼性の高い接合ではなかった
	圧縮点	・圧縮点の架台が支持面である橋桁に堅固に固定されていなかった
施工管理	作業手順書	・実際の架設方法や手順を考慮した作業手順書になっていない
	計測管理	・作業の進捗ごとに反力などの管理値を設定して計測管理していなかった

●再発防止に向けた提言の骨子

対象		安全対策の概要や例
降下作業	架台	・安定かつ十分な強度を有する水平面に設置するなど、偏心や傾斜の荷重も想定して対策。サンドル同士はずれや浮きが生じないようにボルトで固定
	調整装置	・支点の位置での変位量や反力を管理し、鉛直や水平反力の不均等や傾斜を考慮した調整方法や監視方法に。複数の調整装置の適切な連携も図る
セッティングビームの使用時		・耐荷力の機構や信頼性の明らかな接合方法を用いることを基本とする ・架設桁と架台（サンドル）並びにセッティングビームと架台は相互に固定するなど、荷重の不均等や偏心が生じても架台が容易に外れないように固定
計測管理		・作業ごとに架設桁やセッティングビーム、サンドルなどの位置や形状、反力などの管理値を設定して適切な計測や監視、管理を行い、記録を残す ・記録方法とともに、計測結果が管理値を超えた場合の対策も事前に設定
作業手順書		・実際の方法や手順を反映するほか、手順や項目を作業員が共有して順守

落下の要因と指摘。再発防止策として、例えば計測管理では、計測結果が管理値を超えた場合の対策も事前に設定するよう求めた。併せて、安全の確保などに向けて、BIM／CIMやDXの活用も含めた効果的な計測や管理の確立が必要だとしている。

［関連キーワード］

労働安全衛生マネジメントシステム：事業者が「計画―実施―評価―改善」という一連のプロセスを定め、継続的な安全衛生管理を自主的に進めることで、事業場の安全衛生の水準を維持・向上させていくための仕組み（システム）。安全管理活動の目標や達成の手段、実施手順などを定めて文書化し、文書の内容に沿ってシステマチックに安全管理を行う。OSHMSと称されることもある。

労働災害（222ページ）　**建設工事公衆災害防止対策要綱**（223ページ）　**担い手の確保や育成**（212ページ）　**適正な施工確保と品質管理**（94ページ）　**監督・検査体制の確保と合理化**（92ページ）　**雇用・労働環境**（210ページ）　**BIM／CIM**（246ページ）　**インフラ分野のDX**（242ページ）

キーワード
11

地球温暖化

大気や海洋の平均温度が長期的にみて上昇する現象。2023年3月に公表された「気候変動に関する政府間パネル（IPCC）」の第6次評価報告書の統合報告書によれば、「1850～1900年」から「2011～20年」までの間に世界の平均気温は1.1℃上昇した。人為的な気候変動による影響は広範囲に及び、すでに世界中の地域で強い降水や極端な暑熱の増加、海面水位の上昇、複合的な洪水などの「極端現象」をもたらしている。

さらに、2030年代前半までに気温の上昇は1.5℃に到達するとみており、気温の上昇

●IPCCの第6次評価報告書のポイント

項目	概要
温暖化の状況と原因	・1850～1900年を基準とした世界の平均気温は2011～20年に1.1℃上昇 ・人間の活動が地球温暖化を引き起こしてきたことには疑う余地がない
変化と影響	・大気や海洋、雪氷圏、生物圏に広範かつ急速な変化が起こっている ・すでに世界中のすべての地域で強い降水や極端な暑熱の増加、海面水位の上昇、複合的な洪水などの「極端現象」に影響を及ぼしている ・約33億～36億人が気候変動に対する脆弱性の高い状況で生活しており、脆弱性の高い地域では洪水や暴風雨などによる死亡率が高い
緩和の進捗状況や課題	・NDCs*によって示唆される2030年の世界全体の温室効果ガス排出量では、21世紀の間に気温の上昇が1.5℃を超える可能性が高い ・政策の強化がなければ、2100年までに3.2℃の上昇が予測される
将来の気候変動	・考慮されたシナリオやモデル化された経路において、「最良推定値」が2040年までに、多くのシナリオでは30年代前半までに1.5℃に到達する ・地球温暖化が進行するにつれて、同時多発的なハザードが増大する
地球温暖化の抑制	・地球温暖化の抑制には、CO_2の排出量を正味ゼロとする必要がある ・気温の上昇を1.5℃または2℃に抑制できるか否かは、主にCO_2排出量の正味ゼロを達成する時期までの累積炭素排出量と、この10年の温室効果ガス排出削減の水準によって決まる。10年間の対策は数千年先まで影響

●求められる温室効果ガスの削減量

平均気温の上昇	対象	2019年の排出量に比べた削減率（％）			
		2030年	2035年	2040年	2050年
1.5℃に抑える	温室効果ガス	43	60	69	84
	CO_2	48	65	80	99
2℃に抑える	温室効果ガス	21	35	46	64
	CO_2	22	37	51	73

（注）＊は2021年10月までに発表されたNDCs（国が決定する貢献）に基づく。上も、IPCCの第6次評価報告書の統合報告書のSPM（政策決定者向けの要約）などを基に環境省が2023年4月や11月にまとめた資料から主な項目を抜粋

●地球温暖化が21世紀末の日本の気候に与える影響

	すでに観測されている変化		21世紀末の予測	2℃上昇	4℃上昇
気温	・都市化の影響が比較的小さい15地点での年平均気温は100年当たり1.24℃の割合で上昇 ・猛暑日は1990年代半ばを境に増加	→	年平均気温	1.4℃上昇	4.5℃上昇
			年間の猛暑日	2.8日増加	19.1日増加
			年間の熱帯夜	9.0日増加	40.6日増加
降水	・大雨や短時間強雨の発生頻度は増加し、雨の降る日数は減少している ・年間または季節ごとの降水量の合計には有意な長期変化の傾向は見られない	→	日降水量200mm以上の日数	1.5倍に	2.3倍に
			1時間降水量50mm以上の頻度	1.6倍に	2.3倍に
降雪や積雪	・1962年以降の日本海側の観測データから、年間の最深積雪量は減少傾向	→	積雪深の最大値や降雪量	30%減少*	70%減少*
台風	・台風の発生数や日本への接近数、上陸数に長期的な変化の傾向は見られない	→	強度や頻度	強度が強まるうえ、「猛烈な」台風の頻度は増す	
海面水温	・日本近海の平均海面水温は世界の平均を上回る100年当たり1.14℃の上昇	→	日本近海の平均海面水温	1.14℃上昇	3.58℃上昇
海面水位	・1980年以降は明瞭な上昇傾向に ・高波の波高が増加する傾向も	→	日本沿岸の平均海面水位	0.39m上昇	0.71m上昇

（注）2℃上昇とは、21世紀末の世界の平均気温が工業化以前と比べて0.9～2.3℃上昇する可能性の高いシナリオ。4℃上昇とは同様に3.2～5.4℃上昇するシナリオ。積雪深や降雪量は北海道など一部の地域を除いたもの。文部科学省と気象庁が2020年12月に公表した「日本の気候変動2020」を基に作成

を抑制できるか否かは、主にCO_2（二酸化炭素）の排出量を正味ゼロにする時期までの累積炭素排出量などによって決まるとした。例えば1.5℃に抑えるには、35年の温室効果ガスの排出量を19年に比べて60％削減する必要がある。文部科学省と気象庁が20年12月に公表した「日本の気候変動2020」によれば、大雨や短時間強雨の発生頻度はすでに増加している。**パリ協定**で定めた2℃の目標を達成した「2℃上昇のシナリオ」でも、1時間の降水量が50mm以上の頻度は21世紀末に1.6倍になる。降雨量の変化に伴って河川の流量は1.2倍に、洪水の発生頻度は2倍にそれぞれ高まる。

［関連キーワード］

パリ協定：気候変動の抑制に関する多国間の国際的な協定。国連の第21回気候変動枠組み条約締約国会議（COP21）が開催されたパリで2015年12月に採択された。世界共通の長期目標として産業革命前からの気温の上昇を2℃未満に抑制することを規定するとともに、1.5℃に抑える努力にも言及。主要な排出国を含めて同条約に加盟するすべての国が、削減目標を定めて5年ごとに提出する。

IPCC：世界気象機関（WMO）と国連環境計画（UNEP）によって1988年に設立された政府間組織。気候変動に関する政府間パネルと呼ばれる。2023年3月時点で195の国と地域が参加している。

地球温暖化対策計画（78ページ）　**国土交通省の環境行動計画**（80ページ）　**気候変動適応計画**（76ページ）　**気候変動を踏まえた治水計画**（158ページ）　**流域治水**（160ページ）　**港湾の気候変動適応策**（170ページ）　**GX**（178ページ）　**グリーンインフラ**（188ページ）　**2023年の梅雨前線による大雨**（46ページ）　**温室効果ガスの排出量**（183ページ）

キーワード
12

コロナ禍を経た変化

新型コロナウイルス感染症はデジタル化の進展をはじめ、暮らし方や働き方に少なからず影響を与えた。地方の乗り合いバスや鉄道の経営は悪化し、コロナ禍を経て回復しつつあるが、**地域交通**を取り巻く状況は依然として厳しい。一方、都市ではゆとりある屋外空間や回遊できる空間に対するニーズが引き続き高い割合にある。

●コロナ禍を経た暮らし方や働き方の変化

暮らし方や働き方の変化		概要
デジタル化の進展	インターネットのトラフィック	・ブロードバンドのダウンロードトラフィック（通信量）が新型コロナウイルス感染症の発生後に急増
	電子商取引*	・2021年はコロナ禍前の19年を上回り、約21兆円に
場所に縛られない暮らし方や働き方	テレワークの利用	・全国のテレワーク実施率は2023年3月時点で約3割となり、新型コロナウイルス感染症の拡大前に比べて3倍に
	テレワークによる新しい働き方	・時間や場所にとらわれない働き方が進展。通勤手段の制限などを緩和し、居住地の選択肢を全国に拡大した企業も
新たな地方・田園回帰の動き	転入や転出	・コロナ禍によって東京圏への転入者数は減少して転出者数が増えたが、22年からは転入者数が増加に転じている
	地方への移住	・東京圏在住者の地方移住への関心が高まっている ・2023年3月時点で、東京圏の20歳代は約45%が地方移住に関心を持っており、全年齢の平均を10ポイント程度上回る

（注）電子商取引はBtoC（消費者向け）の市場規模。国土交通省が2023年7月に開催した国土審議会の資料を基に作成。元のデータや資料は総務省や経済産業省、内閣府など

●乗り合いバス事業における経常収支率の推移

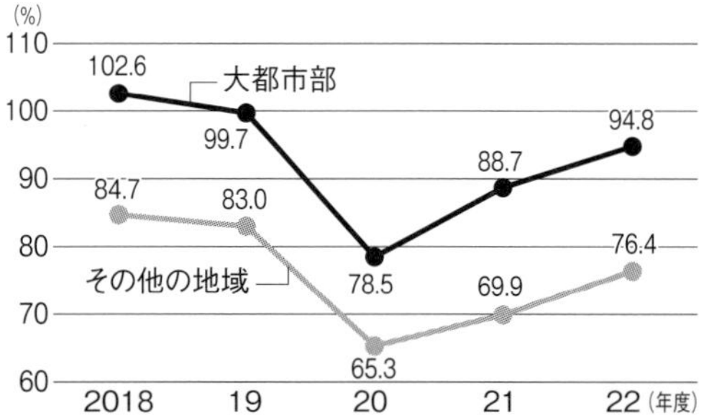

●地域鉄道の経常収支の変化

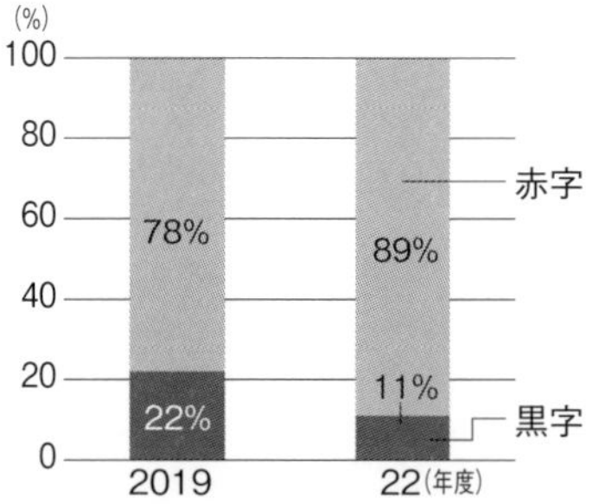

（注）乗り合いバスは保有車両が30両以上の事業者が対象。経常収支率とは収入を支出で除したもの。地域鉄道とは新幹線や在来幹線、都市鉄道に該当する路線以外の鉄軌道の路線で、2023年4月時点で95社。国土交通省の資料を基に作成

●都市に求める主な取り組み

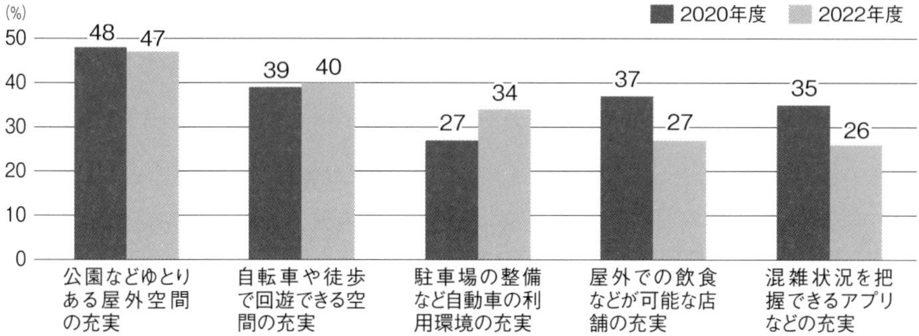

（注）2022年度は22年12月に調査。国土交通省が23年5月に公表した「新型コロナ感染症の影響下における生活行動調査（第3弾）」を基に作成

●「アフターコロナ時代」の地域交通の方向性と具体策

［方向性］

移動総量の維持と増加	地域交通の価値の可視化	魅力的な交通に
・潜在需要を喚起 ・新たな移動を創出 ・まちづくり全体を捉えて「地域公共交通計画」を制定	・「移動できること」以外の定量化されていない価値を認識 ・地域交通への注目度を向上。投資を呼び込んで「共創」を実現	・「共創」に向けて人材を育成 ・データやICTを活用 ・EV車両の普及を促進 ・関係者が主体的に情報を発信

［具体策や例］

法定協議会の運営	・法定協議会での活発な議論に向けてコーディネートを担う人材を育成
まちづくりとの連携	・「立地適正化計画」と「地域公共交通計画」が連携した取り組みに国が支援
オープンデータ化	・マーケティングやまちづくりなどでもデータを活用 ・自治体や協議会もデータを取得して活用するほか、官民で共有 ・交通のデータと他分野のデータとを相互に連携
地域交通による価値と成果	・価値の可視化によって投資先としての地域交通の認知度を向上 ・アンケート調査や利用者数、免許返納件数の分析などを組み合わせて測定
「共創人材」の育成	・人材の育成プログラムや交流の機会の場を設定 ・エリア一体をプロデュースできるような人材を育成して活用することも必要

（注）国土交通省の「アフターコロナ時代に向けた地域交通の共創に関する研究会」の2023年3月の提言から抜粋して要約

［関連キーワード］

ニューノーマル：時代における大きな転換期を指し、「新常態」と呼ばれることもある。新型コロナウイルス感染症によって従来の生活や働き方を見直す必要があり、「新しい生活様式」とほぼ同義で用いられる場合も多い。デジタル化の進展をはじめ、人の流れや物流、働き方も含めたライフスタイルの変化は、都市やインフラ、公共交通のあり方にも影響を与えている。

地域交通の再構築（98ページ）　**公共空間のオープン化**（138ページ）　**道路空間の再配分**（109ページ）　**自転車通行空間の整備**（108ページ）　**MaaS**（107ページ）　**コンパクト・プラス・ネットワーク**（100ページ）　**都市の緑化**（192ページ）　**インフラ分野のDX**（242ページ）

キーワード 13

SDGs

Sustainable Development Goalsの略で、「持続可能な開発目標」と呼ばれる。2015年9月の国連サミットで採択された「持続可能な開発のための2030アジェンダ」で掲げられた。2001年に定められたミレニアム開発目標（MDGs）の後継となる。30年を達成の年限とし、貧困や水・衛生、エネルギー、イノベーション、持続可能な都市、気候変動、海洋資源など17の目標（ゴール）と169のターゲットからなる。

日本は2030アジェンダに掲げられている5つのPを基に、達成に向けた取り組みの

●日本の8つの優先課題

[2015年の国連サミット]
持続可能な開発のための2030アジェンダ → SDGs

[2016～30年]
SDGs
17のゴールと169のターゲット

[2001～15年]
MDGs
8のゴールと21のターゲット → SDGs

[5つのPと日本の8つの優先課題]

People（人間）
①あらゆる人々が活躍する社会・ジェンダー平等の実現
②健康・長寿の達成

Prosperity（繁栄）
③成長市場の創出、地域活性化、科学技術イノベーション

Planet（地球）
④持続可能で強靭な国土と質の高いインフラの整備
⑤省・再生可能エネルギー、防災・気候変動対策、循環型社会
⑥生物多様性、森林、海洋などの環境の保全

Peace（平和）
⑦平和と安全・安心社会の実現

Partnership（パートナーシップ）
⑧SDGs実施推進の体制と手段

（注）次ページも政府の持続可能な開発目標（SDGs）推進本部や外務省の資料を基に作成

●SDGs実施指針の改定概要

重点事項	ポイント
持続可能な経済・社会システムの構築	・「人への投資」やGX・DXで新たな産業構造へ。ESG投資なども促進 ・デジタル田園都市国家構想も踏まえてインフラやサービスの水準を向上
「誰一人取り残さない」包摂社会の実現	・子どもに関する施策の強化や質の高い公教育の再生、女性の登用 ・企業活動における人権尊重の取り組みを促進。外国人との共生も重視
地球規模の課題への取り組み	・アジアの脱炭素化を主導。生物多様性の損失を食い止めて反転
国際社会との連携・協働	・「質の高いインフラ」の整備を推進。防災・減災分野における協力も
平和の持続と持続可能な開発	・「人間の尊厳」の原点に立ち返り、国際社会の分断と対立を乗り越える

（注）SDGs推進本部が2023年12月に公表した改定版から抜粋

●SDGsの達成に向けた事業や施策の例

課題	事業や施策	概要
①	公共交通機関などのバリアフリー化	・旅客施設などのほか、市町村によるバリアフリー基本構想またはマスタープランの作成を通じて駅周辺などを面的にバリアフリー化
③	i-Constructionによる生産性の向上	・働き方改革も進めるために調査・測量から設計、施工、検査、維持管理・更新までのすべてのプロセスでICTや3次元データを活用
	スマートシティーの推進	・先進技術やMaaS、官民のデータなどによって都市のマネジメントを最適化 ・基盤となる3D都市モデルの整備と活用、オープンデータ化を推進
④	交通に関する施策	・使いやすい交通の実現、旅客交通や物流ネットワークの構築、持続可能で安全・安心な交通に向けた基盤づくりなどの施策を計画的に
	コンパクト・プラス・ネットワーク	・まちなかや公共交通の沿線に都市の機能や居住を誘導し、それらと連携した持続可能な地域の公共交通のネットワークを形成
	水の安定供給	・既存施設の活用やハードとソフトの施策の連携によって、災害や渇水に対応した「リスク管理型」の水の安定供給を図る
	グリーンインフラの推進	・社会資本整備や土地利用のハードとソフトの両面において自然環境の有する多様な機能を活用し、持続可能な地域づくりを推進
	水防災対策	・「流域治水」を推進。ダム再生などの治水のノウハウを海外に展開
	ダム再生など	・気候変動の適応策と緩和策を両立するハイブリッドの技術を活用
	土砂災害への対策	・砂防関係施設の整備とハザードマップの作成などを一体で
⑤	航空分野の脱炭素化	・新技術や持続可能な航空燃料(SAF)の導入、運航の改善などを推進 ・空港を再生可能エネルギーの拠点とする方策を、官民連携で推進
	CNP*の形成	・港湾の脱炭素化を進め、水素などの受け入れ環境も整備
⑥	海洋汚染の防止	・船舶に起因する油や有害な液体物質、廃棄物や排気ガスなどによる汚染のほか、水生生物の越境移動による生態系の破壊を防止
⑧	地理空間情報	・国内外のパートナーシップを通じて防災など多分野で地理空間情報を活用

(注)CNPはカーボンニュートラルポートの略。「課題」の欄の丸数字は前ページの各優先課題に対応。SDGsアクションプラン2023から国土交通省の主な事業や施策を抜粋して要約

柱として8つの優先課題を設定。例えば「Planet(地球)」では、「持続可能で強靭な国土と質の高いインフラの整備」などが対象になる。23年12月にはSDGs実施指針を改定した。脱炭素化や**GX**のほか、防災・減災も重要な施策として挙げている。

[関連キーワード]

Society5.0:サイバー空間(仮想の空間)とフィジカル空間(現実の空間)が高度に融合することによって、経済の発展と社会の課題の解決とを両立する社会。狩猟社会、農耕社会、工業社会、情報社会に続く新たな社会を指す。人々に豊かさをもたらす「超スマート社会」の実現に向けた一連の取り組みでもある。第5期の科学技術基本計画で、日本が目指すべき社会の姿として提唱された。
ESG投資:環境(Environment)、社会(Social)、企業統治(Governance)に関する情報を考慮した投資。二酸化炭素の排出量の削減や情報開示などに配慮している企業を重視する。
GX(178ページ)　**生物多様性**(190ページ)　**グリーンインフラ**(188ページ)　**コンパクト・プラス・ネットワーク**(100ページ)　**i-Construction**(244ページ)　**流域治水**(160ページ)

第2章

題意と施策の動向

政策や施策の方針

必須科目や選択科目で問われる解決策を論述するには、政策や施策の方向性を押さえておくことが基本になります。以下では、最近の主な中長期の計画などについて概説します。題意の把握や出題テーマの予測にも役立ててください。

重要なキーワードは本文中に色文字で示し、他の節や「関連キーワード」の欄などで改めて解説している。

キーワード
14

国土形成計画

国土形成計画法に基づいて作成する、長期的な国土のあり方を示す計画。おおむね10年間を対象に、全国計画で国全体の国土づくりの方向性を示し、広域地方計画で地域のグランドデザインをそれぞれまとめる。2023年7月に閣議決定した新たな国土形成計画（全国計画）では、デジタルとリアルの融合や巨大災害への対応などを基本的な方向性とし、コンパクト・プラス・ネットワークや事前復興の観点からの地域づく

●新たな国土形成計画の概要

［直面するリスクと変化］

地域の持続性や安全・安心	コロナ禍を経た変化	日本の立ち位置の変化
・人口減少や少子高齢化 ・巨大災害のリスクの切迫 ・気候危機の深刻化 ・生物多様性の損失	・テレワークの進展による場所に縛られない暮らし方や働き方 ・新たな地方や田園への回帰の動き、地方での暮らしの魅力	・DXやGXなど、激化する国際競争の中での競争力の低下 ・エネルギーや食糧の海外依存リスクの高まり

［国土づくりの基本的な方向性］

デジタルとリアルの融合による活力ある国土づくり	巨大災害などに対応する安全・安心な国土づくり	自然と多彩な文化を育む個性豊かな国土づくり
・ウェルビーイングを向上 ・コンパクト・プラス・ネットワークによる持続可能な地域づくり ・成長産業へ構造転換、投資やイノベーションを促進 ・リニア中央新幹線によって形成される新たな交流圏域を活用	・事前防災や事前復興の観点からの地域づくり、防災DXも推進 ・災害ハザードエリアでの開発抑制と安全な地域への居住誘導 ・予防保全型のメンテナンスに ・地球温暖化の緩和策や気候変動への適応策を推進	・30by30の実現や広域的な生態系ネットワークの形成 ・グリーンインフラやEco-DRR ・森林の適正な管理と利用 ・自然や文化を生かした観光振興 ・インバウンドの回復と国内旅行における需要の喚起

［国土構造の基本構想］

シームレスな拠点連結型国土	デジタルの活用によって場所や時間の制約を克服した国土構造へ転換
広域的な機能の分散と連結の強化	・中枢都市などを核とした広域圏の自立的な発展を図る ・交通やデジタルのネットワークを通じて日本海側と太平洋側の2面を効果的に活用しつつ、連結を図る「全国的な回廊ネットワーク」を形成 ・リニア中央新幹線や新東名高速道路などで三大都市圏を結ぶ「日本中央回廊」の形成によって地方を活性化。国際競争力も強化
持続可能な生活圏の再構築	・「小さな拠点」を核とした生活圏を形成。都市のコミュニティーも再生 ・「市町村界」にとらわれず、官民のパートナーシップによってデジタルを活用しながら暮らしに必要なサービスを提供する地域生活圏を形成

（注）DXはデジタルトランスフォーメーションの、GXはグリーントランスフォーメーションの略。次ページも2023年7月に閣議決定した新たな国土形成計画（全国計画）を基に作成

●国土の刷新に向けた重点テーマ

デジタルとリアルが融合した地域生活圏の形成

・生活圏内の人口が約10万人以上を一つの目安と想定して地域づくり。生活や経済の実態に即した、「市町村界」にとらわれない柔軟なエリアをベースに、地域が連携して補完
・地域を共につくる発想から、主体や事業、地域の境界を越えて連携・協調する仕組みを構築
・デジタルインフラやデータの連携基盤などの整備、自動運転やドローン物流、新技術を活用したメンテナンスなどの実装を加速
・地域交通の再構築やコンパクトで多くの世代が交流するまちづくり、中山間地域の活性化、テレワークの普及による転職なき移住や二地域居住など、デジタルの活用によってリアルな空間での利便性を向上。民間の力も最大限に活用し、官民のパートナーシップで

連携 ⟷

持続可能な産業への構造転換

・成長産業を全国に分散して立地
・洋上風力発電の導入と関連産業の集積

「グリーン国土」の創造

・30by30の実現や生態系ネットワークの形成
・地域共生型の再生可能エネルギーの導入、まちづくりや交通の「グリーン化」、グリーンインフラ、ハイブリッドダムなどを推進

人口減少下の国土の利用と管理

・「地域管理構想」などによる利用と管理
・所有者不明土地や空き家の予防と活用
・流域治水や災害リスクを踏まえた住まい方
・地理空間情報の活用などDXの実装を推進

横断的な重点テーマ	国土基盤の機能や役割の発揮	安全・安心	・流域治水など、国土強靱化基本計画に基づく防災・減災
		生活の質の向上	・コンパクトシティーや「居心地が良く歩きたくなる」空間の形成、バリアフリー化、自転車の利用環境の向上
		経済活動の下支え	・ミッシングリンクの解消や暫定2車線区間の4車線化などで物流ネットワークを強化。港湾や空港の機能も強化
	戦略的なマネジメントの徹底	機能の高度化	・インフラ分野のDXの推進やカーボンニュートラルの実現、リダンダンシーの確保、グリーンインフラ、PPPやPFIの活用
		複合化や多機能化	・ハイブリッドダム、道路などを活用した再生可能エネルギーの導入、災害時における防災・減災機能の発揮
		持続的な機能の発揮	・予防保全型のメンテナンスや地域インフラ群再生戦略マネジメントの推進、新技術や官民連携、集約や再編

り、予防保全型のメンテナンス、**グリーンインフラ**といった施策を挙げている。

国土強靱化基本計画に基づく防災・減災や物流ネットワークの強化、**インフラ分野のDX**、**ハイブリッドダム**、地域インフラ群再生戦略マネジメントなども推進する。

［関連キーワード］

地域生活圏：通勤や通学をはじめ、住民の日常的な行動がほぼ完結する圏域。医療や交通などの提供が可能なおおむね10万人以上の人口を目安としている。暮らしの中でデジタル技術に取り組みやすい規模でもあり、デジタルとリアルの融合によって生活に関連する様々なサービスを提供するほか、効率的で質の高い医療や教育の実現、最適なエネルギーの需給、地域間交流の充実なども図る。

スーパー・メガリージョン：リニア中央新幹線によって東京と名古屋、大阪の三大都市圏がそれぞれの特色を発揮しつつ、一体化することで形成される巨大な都市圏。

国土利用計画（64ページ）　**コンパクト・プラス・ネットワーク**（100ページ）　**復興事前準備**（148ページ）　**国土強靱化基本計画**（74ページ）　**地域インフラ群の再生**（122ページ）　**グリーンインフラ**（188ページ）　**インフラ分野のDX**（242ページ）　**ハイブリッドダム**（164ページ）

キーワード
15

国土利用計画

1974年に制定された国土利用計画法に基づき、国土の利用に関する基本的な事項について定める計画。計画の範囲によって「全国計画」と「都道府県計画」、「市町村計画」があり、国土の利用に関する基本構想や区分ごとに目標とする規模などをそれぞれ定める。都道府県計画や市町村計画は、全国計画や都道府県計画を基本として作成する。都道府県の土地利用基本計画も同様に全国計画などに基づき、都市地域や農業地域、森林地域、自然公園地域、自然保全地域を定める。2005年の改正によって、国土形成計画法と国土利用計画法による措置が相まって国土の利用や整備、保全を推進することになり、**国土形成計画**（全国計画）と一体で制定するようになった。

23年7月に閣議決定した第6次国土利用計画（全国計画）は**人口減少や高齢化、カ**

●第6次国土利用計画の基本方針

[国土の利用をめぐる条件の変化や課題]

- 人口減少や高齢化による国土の管理水準の悪化と地域の衰退
- 大規模な自然災害に対する脆弱性の解消と危機への対応
- 自然環境や景観の悪化とカーボンニュートラルや30by30などの実現

- デジタルの徹底活用
- 多様な主体の参加と官民連携による地域の課題の解決

[基本方針]

地域全体の利益の実現	・土地の利用や管理の手法を定める「地域管理構想」を全国に展開 ・所有者不明土地や空き家を適正に管理して利用。これらの対策の連携も強化 ・荒廃農地の発生を予防。森林の整備や保全とともに水循環の維持や回復も図る ・産業集積の促進を図る土地利用の転換などでは関連する制度を弾力的に活用
災害のリスクを踏まえた利用と管理	・気候変動に伴う水害の激甚化や頻発化に対応する流域治水を推進 ・災害ハザードエリアにおける開発を抑制し、より安全な地域への居住を誘導 ・森林の整備や保全を通じて、水源のかん養などの機能を持続的かつ適切に発揮 ・事前防災や事前復興の観点から地域づくり。危険な盛り土も包括的に規制
健全な生態系の確保	・保護地域を拡充。保護地域以外で生物多様性の保全に資する地域（OECM）の設定なども促し、森や川などのつながりを確保した広域的な生態系ネットワークに ・グリーンインフラやEco-DRRなど、自然環境が有する多様な機能を活用 ・カーボンニュートラルに向けて地域共生型の再生可能エネルギーの施設を誘導
利用と管理のDX	・地理空間情報などのデータやリモートセンシングなどのデジタル技術を活用 ・各主体が所有するデータのオープン化や連携を促進
多様な主体の参加と官民連携	・多様な主体が連携して課題を解決する協議会などのコーディネート機能を確保 ・空き地や空き家バンクなどの官民連携の取り組みを推進

（注）次ページの上も2023年7月に閣議決定した第6次国土利用計画（全国計画）を基に作成

●国土の利用区分ごとの規模と関連する主な施策の例

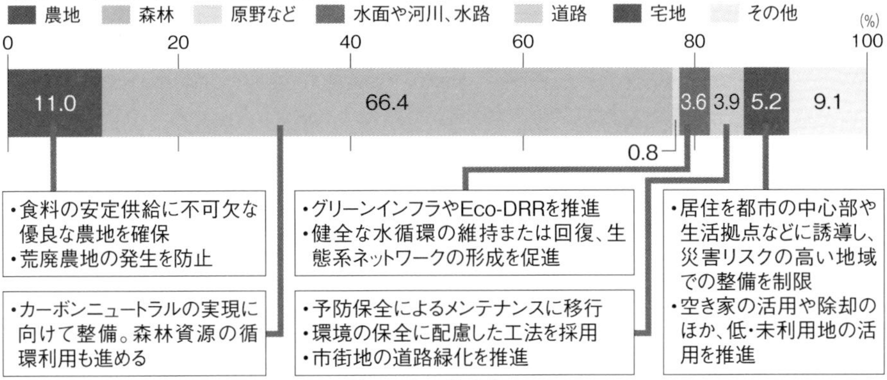

（注）グラフは2033年に目標とする国土の利用区分の構成比

●国土利用計画の位置付けと体系

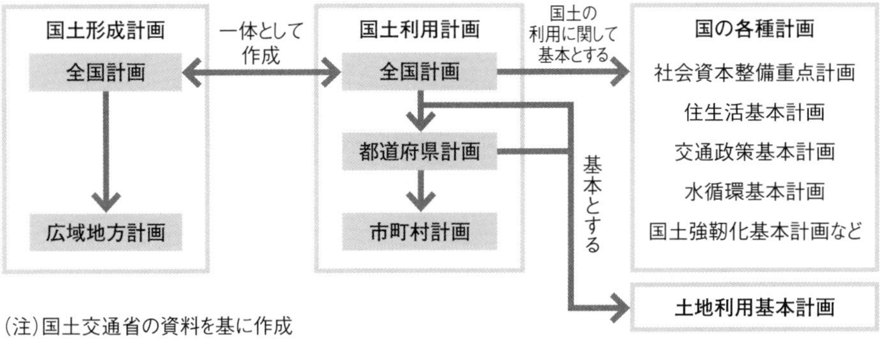

（注）国土交通省の資料を基に作成

ーボンニュートラルや30by30の実現、デジタルの徹底活用など、国土の利用をめぐる条件の変化や課題を踏まえて定めた。「災害のリスクを踏まえた利用と管理」や「健全な生態系の確保」、「利用と管理のDX」などを推進することで、「持続可能で自然と共生した国土の利用と管理」を目指す。併せて、33年に目標とする国土の利用区分とそれぞれの基本的な方向性も示した。グリーンインフラの推進や生態系ネットワークの形成、予防保全によるメンテナンス、空き家の活用などを挙げている。

［関連キーワード］
国土形成計画（62ページ）　**少子高齢化**（34ページ）　**空き家対策**（104ページ）　**所有者不明土地**（102ページ）　**コンパクト・プラス・ネットワーク**（100ページ）　**流域治水**（160ページ）　**復興事前準備**（148ページ）　**盛り土対策**（166ページ）　**グリーンインフラ**（188ページ）　**地球温暖化対策計画**（78ページ）　**カーボンニュートラル**（183ページ）　**30by30**（191ページ）

キーワード 16

国土交通省の技術基本計画

国土交通行政における技術政策の基本的な方針を示した計画。2022年4月に定めた新たな技術基本計画は、03年にまとめた第1期から数えて第5期の計画になる。

計画期間は22年度から26年度までの5年間。「強靱性の確保」と「持続可能性の確保」、「経済成長の実現」の3つの方向性を示したうえで、「防災・減災が主流となる社会」や「持続可能なインフラメンテナンス」、「**デジタルトランスフォーメーション**」など6つの重点分野ごとに、対象とする技術や施策などをそれぞれ挙げている。

例えば防災・減災の分野では、復旧しやすい構造や大規模な斜面崩壊を高精度で

●第5期技術基本計画のポイント

科学技術・イノベーション基本計画や社会資本整備重点計画、交通政策基本計画などの関連する計画を踏まえて技術政策の基本方針を示す

［背景や現状］

・自然災害やインフラの老朽化　・人口減少と超高齢社会　・グローバル化の加速
・デジタル化やDX（デジタルトランスフォーメーション）　・「2050年カーボンニュートラル」の実現
・新型コロナウイルス感染症を契機とした変化　・ライフスタイルの多様化

［技術政策の方向性］

社会資本や交通システムの「強靱性の確保」	多様な観点からの「持続可能性の確保」	グローバル社会での「経済成長の実現」

［重点分野］

①防災・減災が主流となる社会	②持続可能なインフラメンテナンス	③持続可能で暮らしやすい地域社会
④経済の好循環を支える基盤整備	⑤デジタルトランスフォーメーション	⑥脱炭素化とインフラ空間の多面的な活用

［技術政策を推進する主な仕組みや項目］

基盤の整備

・社会や現場のニーズの把握と要求水準の設定
・オープンイノベーションの活用と分野間などの連携
・データプラットフォームの構築やオープンデータ化
・助成制度や税制による支援、技術基準の制定
・新技術情報提供システム（NETIS）の充実と活用
・公共調達における新技術の積極的な活用
・研究開発の評価や地域の実情への対応

国際展開

・川上からの継続的な関与の強化
・日本の強みを生かした案件の形成

人材の育成

・データやデジタル技術を使って課題を解決
・人材の確保や育成ではARやVRなども導入
・人材の多様性の確保と流動化を促進

（注）次ページも国土交通省が2022年4月に制定した第5期の基本計画を基に作成

●重点分野における主な施策や技術

分野	施策や対策	対象とする技術開発や施策の例
①	地震や津波などのリスクの低減	・道路橋の「損傷誘導設計手法」の確立や復旧しやすい構造の開発で施設の機能を確保。大規模な斜面崩壊を事前に高精度で推定する技術や降灰による広域の土石流の影響を予測する技術も開発 ・発生した現象の推移を観測して解析する技術や津波などの高度な予測技術を開発。干渉SARによって面的な地盤変動を把握する技術も
	水害や土砂災害のリスクの低減	・数日先までの水位や本川と支川が一体となった洪水の予測モデルを構築。内水氾濫も組み込んだ「内外水一体氾濫解析モデル」も開発
②	予防保全への転換	・予防保全型のメンテナンスや長寿命化、流域の監視や管理の技術
	新技術の普及	・点検や診断、補修に関するデータベースやAI、ドローンや画像解析などを活用して効率化。衛星技術による観測やモニタリングの手法も
③	コンパクトシティーの形成	・集約型都市構造（コンパクト・プラス・ネットワーク）の実現に向けて郊外の住宅市街地を再生する技術。汚水処理システムの効率化も
	安全・安心な移動や生活空間の実現	・ETC2.0などのビッグデータを活用したTDM（交通需要マネジメント）の技術で効率的な渋滞対策や交通マネジメントを立案
④	サプライチェーン全体の強靱化	・物流のDXや標準化でサプライチェーン全体を最適化 ・輸配送などでAIやIoTを活用。ラストワンマイルの配送をドローンで
⑤	働き方改革や生産性の向上	・「国土交通データプラットフォーム」やxROAD（道路のデータプラットフォーム）の構築、情報の利用環境の高度化、i-Constructionの推進 ・サイバーポートや「ヒトを支援するAIターミナル」。無人化施工も
	新技術の社会実装	・渋滞の分析技術を高度化。自動運転を支援する路車協調システムも
⑥	グリーン社会の実現	・都市の緑化などによるCO_2吸収量の算定手法を向上 ・洋上風力を含む海洋再生可能エネルギーを利用した発電設備の技術 ・カーボンニュートラルポート（CNP）を早期に形成
	都市や地域のための社会基盤の実現	・気候変動の監視や地球温暖化の予測に関する技術を開発 ・生物多様性の維持に向けて水底質の改善を研究

（注）「分野」の欄の丸数字は前ページの各重点分野に対応

予測する技術を開発し、地震や津波などのリスクを低減する。メンテナンスでは、点検などに関するデータベースや画像解析などの新技術を活用して効率化を図るほか、衛星技術による観測やモニタリングの手法も取り入れる。さらに、これらの施策を推進するため、デジタル技術を使って課題を解決できる人材の育成に取り組む。

［関連キーワード］

データ駆動型：得られたビッグデータなどを分析して予測や企画の立案、意思決定に役立てること。データの可視化を図り、課題の解決に結び付ける。「データドリブン」と呼ばれる場合もある。

インフラ分野のDX（242ページ）　**GX**（178ページ）　**地域インフラ群の再生**（122ページ）　**予防保全**（132ページ）　**コンパクト・プラス・ネットワーク**（100ページ）　**データマネジメント**（248ページ）　**xROAD**（130ページ）　**総力戦で挑む防災・減災プロジェクト**（146ページ）　**流域治水**（160ページ）　**内水氾濫**（162ページ）　**総合物流施策大綱**（112ページ）　**生物多様性**（190ページ）　**都市の緑化**（192ページ）　**働き方改革実行計画**（84ページ）

キーワード
17

社会資本整備重点計画

計画期間における社会資本整備の方向性を示すもの。第4次社会資本整備重点計画では、既存施設の戦略的なメンテナンスや活用、「選択と集中」を基本方針としてきた。

同計画を決定したのは2015年度。第5次の社会資本整備重点計画では、その後の自然災害の頻発や人口減少、インフラの老朽化の加速、ライフスタイルの多様化など

●重点目標と関連する主な施策の状況

重点目標	施策	ポイント
防災・減災が主流となる社会の実現	流域治水の推進	・気候変動による降雨量の増加を考慮した計画に見直し ・流域治水を加速・深化させるために「流域治水プロジェクト2.0」を展開。気候変動下においても、目標とする治水安全度を現行の河川整備計画と同じ完了時期までに達成する
持続可能なインフラメンテナンス	インフラ長寿命化計画	・長寿命化計画（行動計画）で予防保全への本格的な転換やメンテナンスの生産性の向上、ストックの適正化を推進
	地域インフラ群再生戦略マネジメント	・既存の行政区域にこだわらない広域的な視点で、道路や公園など複数かつ多分野のインフラを「群」としてマネジメント ・2023年12月にモデル地域として40自治体の11件を選定
	包括的民間委託	・地方自治体の、特に人員や予算に課題を抱える市区町村の担当者に向けて2023年3月、工夫や留意点を手引として整理
持続可能で暮らしやすい地域社会の実現	持続可能なまちづくり	・コンパクト・プラス・ネットワークを推進。2023年7月時点で424市町村が立地適正化計画と地域公共交通計画を併せて制定
	多極連携型	・都市の機能や居住の誘導と連動させながら、都市の骨格となる基幹的な公共交通の軸を形成。民間の投資も誘発
経済の好循環を支える基盤整備	道路ネットワークの強化	・環状道路や拠点間を結ぶ道路ネットワークの機能を強化 ・「WISENET」と呼ぶ次世代の高規格道路ネットワークも構築
	国際コンテナ戦略港湾	・2023年6月に中間取りまとめ。「集貨」や「創貨」、「競争力強化」を引き続き推進。国際コンテナ物流のDXやGXも加速
インフラ分野のDX	i-Construction	・i-Constructionを中核にインフラ分野のDXへ発展
	アクションプラン	・2023年8月に「インフラ分野のDXアクションプラン」の第2版を制定。インフラの造り方や使い方、データの生かし方を変革
インフラ分野の脱炭素化などによる生活の質の向上	GXの実現	・ZEHやZEB、「まちづくりGX」、グリーンインフラの実装を推進 ・カーボンニュートラルポートの形成、洋上風力発電やインフラ空間への太陽光発電施設の導入、施工の脱炭素化を促進
	グリーンインフラ	・2023年9月に「グリーンインフラ推進戦略2023」を制定
	サーキュラーエコノミー	・建設リサイクルや下水汚泥の利用、長く使える住宅ストックの形成、産業副産物を活用したブルーインフラの整備など

（注）重点目標の記載は一部、略した。DXはデジタルトランスフォーメーションの、GXはグリーントランスフォーメーションの略。国土交通省が2023年12月に開催した計画部会の資料を基に作成

●第5次社会資本整備重点計画の概要

［第4次社会資本整備重点計画からの変化］

自然災害の激甚・頻発化、人口減少、国内外の経済状況、インフラの老朽化の加速、デジタル革命、グリーン社会の実現に向けた動き、ライフスタイルや価値観の多様化

＋

新型コロナウイルス感染症による変化 → デジタル化や地方移住への関心の高まりなど

↓

［社会資本整備の方向性］

「真の豊かさ」を実感できる社会を構築

↓

中長期の目標	安全・安心の確保	持続可能な地域社会の形成	経済成長の実現
短期の重点目標	防災・減災が主流となる社会の実現	持続可能で暮らしやすい地域社会の実現	経済の好循環を支える基盤整備
	持続可能なインフラメンテナンス		
	インフラ分野のDX（デジタルトランスフォーメーション）		
	インフラ分野の脱炭素化とインフラ空間の多面的な活用による生活の質の向上		

ストック効果のさらなる拡大

↑ 安定かつ持続的な公共投資の確保

↑ 建設産業の担い手の確保と育成、生産性の向上

（注）2021年5月に閣議決定した第5次社会資本整備重点計画を基に作成

に加え、新型コロナウイルス感染症の影響といった第4次の計画からの変化を踏まえて21年5月に閣議決定。「安全・安心の確保」や「持続可能な地域社会の形成」、「経済成長の実現」を中長期の目標とし、それぞれに関連する短期の重点目標を示した。

なかでも、インフラのメンテナンスや**インフラ分野のDX**、脱炭素化は中長期の目標のすべてに関わる。例えば、持続可能なインフラメンテナンスの実現に向けて「地域インフラ群再生戦略マネジメント」を制定。23年12月にモデル地域を選定した。**包括的民間委託**の普及も図る。DXでは23年8月にアクションプランの第2版を定めた。脱炭素化などに向けて、**GX**や**グリーンインフラ**などの施策も推進する。

［関連キーワード］

流域治水（160ページ）　**総力戦で挑む防災・減災プロジェクト**（146ページ）　**地域インフラ群の再生**（122ページ）　**インフラ長寿命化計画**（72ページ）　**包括的民間委託**（124ページ）　**コンパクト・プラス・ネットワーク**（100ページ）　**i-Construction**（244ページ）　**インフラ分野のDX**（242ページ）　**GX**（178ページ）　**都市の緑化**（192ページ）　**グリーンインフラ**（188ページ）　**建設リサイクル**（194ページ）　**ストック効果の最大化**（136ページ）

キーワード
18

交通政策基本計画

2013年12月に施行した交通政策基本法に基づき、交通に関する基本的な方針や目標、政府が行うべき施策などについて定めた計画。21年5月に閣議決定した第2次の交通政策基本計画では、人口減少や超高齢社会への対応、国土強靭化、脱炭素社会の実現などの課題を踏まえ、**MaaS**やスマートシティー、「物流DX」や**カーボンニュートラルポート**の形成などを推進する。交通政策基本法では「交通政策白書」の提出も義務付けており、地域交通の「リ・デザイン」をテーマとした23年版を23年6月に公表した。**地域公共交通活性化再生法などの改正**を通して**地域交通の再構築**を図る。

●第2次交通政策基本計画の概要

[課題]

人口減少や超高齢社会への対応、デジタル化やDXの推進、防災や減災、国土強靭化、
「2050年カーボンニュートラル」の実現、新型コロナウイルス感染症への対策

↓

[交通が直面する「危機」]

・地域での需要の縮小 ・慢性的な混雑	・デジタル化の停滞 ・物流分野の労働力不足	・自然災害や老朽化、事故 ・地球温暖化対策の遅れ

＋

新型コロナウイルス感染症の影響
→ 旅客の輸送需要の大幅な減少、テレワークの普及、デジタル化やECの進展、防疫意識の浸透

↓

[基本的な方針と関連する主な政策や施策]

快適で容易に移動できる生活に不可欠な交通の維持	高機能で生産性の高い交通ネットワークやサービスの強化	安全・安心が確保された持続可能でグリーンな交通
・地域の輸送サービスを維持 ・公共交通指向型の都市開発 ・大都市の鉄道の混雑を緩和。ダイナミックプライシングなども ・MaaSやバリアフリー化を推進 ・多様なモビリティーを普及 ・コンパクト・プラス・ネットワーク ・まちづくりと公共交通を連携 ・スマートシティーを創出	・デジタル化やオープンデータ化 ・自動運転車を早期に実用化 ・物流DXや労働環境の改善 ・基幹的な高速交通網を形成 ・インフラシステムの海外展開 ・整備新幹線やリニア中央新幹線の整備を促進 ・道路網の整備や4車線化 ・国際コンテナ戦略港湾を推進	・災害時の交通マネジメント ・耐震化や津波などへの対策 ・船舶の走錨事故を防止 ・BCPの制定と防災訓練 ・メンテナンスを徹底 ・働き方改革を推進 ・公共交通の利用を促進 ・カーボンニュートラルポートの形成や「グリーン物流」の実現

(注)2021年5月に閣議決定した第2次交通政策基本計画を基に作成

●地域交通の現状や「リ・デザイン」（再構築）に向けた取り組み

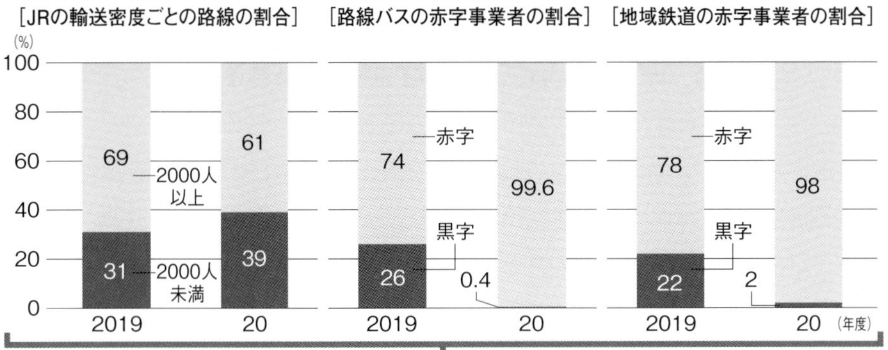

地域交通を「共創」で「リ・デザイン」して体質改善を進め、高齢化などに伴う地域の課題を解決

［地域公共交通活性化再生法などを改正］

主な施策	概要
地域の関係者の連携と協働を促進	•自治体や事業者などの「地域の関係者」の「連携と協働」を目的規定に追加 •連携に関する事項を「地域公共交通計画」への記載に努める事項として追加
ローカル鉄道を再構築	•自治体または鉄道事業者からの要請に基づき、関係する自治体の意見を聞いて国土交通大臣が組織する「再構築協議会」の制度を創設 •鉄道輸送の維持と高度化またはバスなどへの転換によって、利便性や持続可能性の向上を図る方策について協議が調ったときは再構築方針を作成
「エリア一括協定運行事業」を創設	•自治体とバスやタクシーなどの交通事業者が、一定の区域や期間について交通サービスの水準や費用負担などの協定を締結して行う事業を創設
バスやタクシーなどのDXやGXを推進	•AIオンデマンド交通やキャッシュレス決済、EVバスの導入を通じてDX（デジタルトランスフォーメーション）やGX（グリーントランスフォーメーション）を推進
鉄道やタクシーの協議運賃制度を創設	•地域の関係者の協議が調ったときは、国土交通大臣への届け出によって運賃の設定を可能とする協議運賃制度を創設。乗り合いバスは2006年に導入

（注）左上のグラフは新幹線を除くJR6社の旅客営業キロベースで、輸送密度とは1km当たりの1日の平均旅客輸送人員。地域公共交通活性化再生法とは2023年4月に成立した改正「地域公共交通の活性化及び再生に関する法律」。23年6月に公表された23年版の交通政策白書を基に作成。グラフの元のデータは国土交通省の自動車局や鉄道局など

［関連キーワード］

貨客混載：バスや鉄道を使って貨物と旅客を一緒に運ぶこと。例えば自動車運送業に対して2017年6月、乗り合いバスの場合は全国で、貸し切りバスやタクシー、トラックについては過疎地域で、それぞれ旅客運送と貨物運送の事業の「かけもち」が可能になった。19年4月からは鉄道とタクシーを組み合わせた初の貨客混載も始まった。23年5月には、それまで過疎地域に限っていた貸し切りバスやタクシー、トラックによる貨客混載が全国で実施できるよう対象区域を見直している。

デマンド交通：利用者の個別の需要に応じて提供する輸送サービス。乗り合い輸送とも呼ばれる。最近では、アプリなどによる利用者の予約に対してリアルタイムで配車を行う「オンデマンド交通」やAIを活用して最適な運行ルートを決定する「AIオンデマンド交通」を導入する地域も見られる。

ラストマイル自動運転：最寄りの駅などと最終目的地とを自動運転の移動サービスで結ぶこと。

地域交通の再構築（98ページ）　**地域公共交通活性化再生法の改正**（99ページ）　**MaaS**（107ページ）　**総合物流施策大綱**（112ページ）　**カーボンニュートラルポート**（187ページ）

キーワード
19

インフラ長寿命化計画

政府がインフラ全般の老朽化に対して2013年11月に決定した「**インフラ長寿命化基本計画**」を基に、中期的な維持管理や更新などの方向性を示した行動計画。国土交通省が21年6月に定めた第2次の計画では、**予防保全**への本格的な転換や生産性の向上の加速、ストックの適正化を重視。**新技術**や官民連携によって地方自治体の人材不

●第2次の「国土交通省インフラ長寿命化計画（行動計画）」のポイント

［これまでの主な取り組みと課題］

メンテナンスサイクルの構築	・個別施設計画の制定や「見える化」 ・点検による健全性の把握 ・点検要領の改定や法令などの整備	→ 地方自治体の管理施設も含めてメンテナンスサイクルを構築
将来の維持管理・更新費の抑制	・修繕などに対する財政支援 ・集約や再編の事例集の作成	→ 早期に措置が必要なインフラが多数、残存しており、機械設備をはじめ、耐用年数が到来
メンテナンスの生産性の向上	・地域一括発注など広域的な連携の促進 ・官民連携の促進や新技術の開発と導入 ・維持管理に関する資格制度の充実 ・維持管理情報のデータベース化と分野間などでのデータベースの連携 ・管理者のニーズとシーズのマッチング	→ 多くのインフラを管理する地方自治体ではメンテナンスに携わる人材が依然として不足

［目指すべき姿］

インフラの機能が将来にわたって発揮できるよう、持続可能なインフラメンテナンスを実現

［方向性］

予防保全に本格的に転換	生産性の向上を加速	ストックを適正化
予防保全の管理水準を下回っているインフラに集中して修繕などを実施し、機能を回復。予防保全型のメンテナンスサイクルに移行	多くのインフラを管理する一方で人材が不足している地方自治体が効率的にメンテナンスできるよう、新技術や官民連携の導入を促進	社会情勢の変化やニーズを踏まえてインフラを集約・再編。機械設備の耐用年数の到来に備えて「パラダイムシフト型更新」も検討

［取り組みの例］

個別施設計画の制定と充実	・計画の定期的な更新を促進。その際に将来の維持管理・更新費の見通しや費用の削減に向けた具体的な方針、優先順位の考え方などを踏まえて内容を充実
点検・診断や修繕・更新	・早期に措置が必要なインフラには交付金や個別補助制度を活用して集中的に ・「防災・減災、国土強靱化のための5カ年加速化対策」に基づいて対策
新技術の開発と導入	・円滑な現場展開を図るためにNETISなどを活用。研究開発も促進 ・インフラメンテナンス国民会議を通じて新技術のニーズとシーズをマッチング
情報基盤の整備と活用	・「国土交通データプラットフォーム」とスマートシティーとを連携し、横展開を図る ・2023年度までに小規模なものを除くすべての公共工事にBIM／CIMを適用

（注）国土交通省が2021年6月に制定した第2次の行動計画を基に作成

●インフラ長寿命化計画のフォローアップの結果や取り組み

項目		フォローアップの結果や取り組み
個別施設計画の制定	制定状況	・都市公園で制定を終えるなど、全33施設のうち、20施設で完了
	未制定への対応	・道路では、各県に設置している道路メンテナンス会議において助言するとともに優良事例を紹介。さらに「道路メンテナンス事業補助制度」の要件を改めて周知することによって、2023年度中の制定を促す ・河川やダムでは「全国河川維持管理会議」などで更新についても周知 ・港湾では補助制度を設けて2022年度から支援。優良事例などを参考資料として公表するとともに、支援メニューについても周知を図る
点検・診断や修繕・更新		・多くの分野や施設で点検や診断は順調に進捗 ・点検の結果を受けて修繕を終えたのは道路で2～3割、砂防で1割未満、港湾で1～2割程度にとどまる。都道府県や市区町村を中心に、予防保全型のメンテナンスへの転換に向けて早急な措置が必要
新技術の開発と導入		・直轄国道の橋とトンネルの定期点検の一部で2022年度から「点検支援技術性能カタログ」の掲載技術の活用を原則に。23年度からは舗装でも ・河川やダムの点検や監視、計測や巡視を対象に2023年3月に「点検技術カタログ」を作成し、現場へのデジタル技術の導入を支援
情報基盤の整備と活用		・2023年9月に新たな機能の追加や連携するデータの拡充と更新を実施し、国土交通データプラットフォームの利便性を向上
基準類の充実		・港湾での目視規制を見直すために2023年3月にガイドラインを改訂 ・2023年3月に「電子基準点現地調査作業要領」を改訂
地方自治体への支援策	技術面	・道路事業では直轄診断や修繕の代行のほか、「地域一括発注」を実施。新技術導入の手引(案)を作成。自治体の職員を対象に研修
	財政面	・各施設の老朽化対策やメンテナンス、更新や再編に補助

(注)進捗は2022年度末時点。国土交通省が23年12月に公表した「インフラ長寿命化計画(行動計画)のフォローアップの結果」を基に主要なものを抜粋して作成

足に対応するほか、インフラの集約と再編も進める。同計画では計画のフォローアップを行うことも定めており、国交省が23年12月に公表した結果によれば、点検が進捗してきた一方で、修繕を終えたのは2割程度にとどまる分野が少なくない。

[関連キーワード]

インフラ長寿命化基本計画：インフラの老朽化に対して2013年11月、政府が決定した計画。国や自治体などが定める長寿命化計画の基本になる。予防保全の考え方で維持管理する方針を示した。

道路メンテナンス年報：道路の点検の状況や結果をまとめた年報。2013年の道路法の改正などを受け、道路管理者は14年7月から橋やトンネルなどについて5年に1度、近接目視で点検し、診断することになった。23年8月に公表した年報では22年度までの点検の状況などについて掲載。2巡目の点検が着実に進捗している一方で、地方自治体では修繕などの完了率が低水準と指摘している。

下水道管路メンテナンス年報：管きょやマンホールの点検の状況や結果などをまとめた年報。下水道法に基づいて2015年に維持修繕の基準を創設。腐食のおそれが大きい管路について5年に1度以上の点検を義務付けた。24年3月に公表した同年報によれば、2巡目の点検の2年目となる22年度は対象とする管きょの16%に当たる523kmを点検。そのうち、99kmが「異状あり」と判定された。

予防保全（132ページ）　**点検・診断**（126ページ）　**地域インフラ群の再生**（122ページ）　**新技術の活用**（128ページ）　**データマネジメント**（248ページ）

キーワード
20

国土強靭化基本計画

国土強靭化基本法に基づく計画で、強靭化について国が定める他の計画の指針となる。最初の計画を閣議決定したのは2014年6月。その後の相次ぐ災害から得られた教訓や対策を反映して18年12月に見直した後、23年7月に新たな国土強靭化基本計画を閣議決定した。気候変動の影響やGXの実現、SDGs、デジタルの活用といった社会情勢の変化や近年の災害から得られた教訓などを踏まえて施策の推進策を示した。

●新たな国土強靭化基本計画の背景と方針

[国土強靭化にあたって考慮すべき事項と情勢の変化]

国土強靭化の理念	社会情勢の変化
「自律・分散・協調」型社会の促進、事前復興の導入、地震後の洪水などの複合災害や南海トラフ地震などの巨大・広域災害への対応	気候変動の影響、GXの実現、エネルギーなどの安定供給、SDGsとの協調、デジタル技術の活用、パンデミック下における大規模な自然災害

分野を横断した対応	近年の災害からの知見
環境との調和、インフラの強靭化と老朽化への対策、横断的なリスクコミュニケーション	避難生活での疲労などによる災害関連死に関する対策、コロナ禍における自然災害への対応

[推進するうえでの基本的な方針]

基本的な方針	関連する主な施策
防災インフラの整備と管理	・河川などの計画的な事前防災や「ハイブリッドダム」、グリーンインフラの活用 ・予防保全型のメンテナンスへの転換や広域的・戦略的なインフラのマネジメント ・ダムの事前放流など、既存の防災インフラにおける操作の高度化や効率化
ライフラインの強靭化	・構造物の補強や代替経路の整備、携帯端末用の通信施設の自家発電の完備 ・「全国的な回廊ネットワーク」や三大都市圏を結ぶ「日本中央回廊」の形成 ・ライフサイクルコストの低減や広域的・戦略的なインフラのマネジメント
デジタルなど新技術の活用	・線状降水帯の予測精度のほか、防災に必要な情報の確度を向上 ・被災者の救援や救護、災害時の情報共有にロボットやドローン、AIなどを活用 ・デジタルを活用して地方の安全・安心や交通・物流のネットワークを確保
官民連携の強化	・民間施設のライフラインの確保に支援。災害に強い産業構造に転換 ・防災への投資や民間資金の活用、インフラの維持管理などで連携を強化
地域における防災力の強化	・地域一体となった人とコミュニティーのレジリエンスを向上 ・地元企業やNPOなどの多様な市民セクターの参画によって防災力を向上 ・幅広い年齢層における防災教育や要配慮者を含めた双方向のコミュニケーション ・国土強靭化地域計画の再チェックとハード・ソフト両面の内容の充実

(注)GXはグリーントランスフォーメーションの略。次ページも2023年7月に閣議決定した国土強靭化基本計画から、新たに追加した施策や取り組みを中心に主な項目を抜粋

●各分野の主な施策の推進方針

分野		概要
個別の施策	住宅・都市	・各施設の耐震化や地下街の防災対策、密集市街地の解消を進める ・宅地の被害を防ぐために大規模な盛り土造成地や盛り土の安全性を把握
	交通・物流	・道路や鉄道など幹線交通ネットワークの機能や港湾などの耐災害性を強化 ・緊急輸送道路の道路橋の耐震補強や無電柱化、液状化対策を推進 ・道路の法面や盛り土の災害リスクを把握、リスクアセスメントも活用して対策 ・河川の橋梁や隣接斜面の崩壊への対策など貨物鉄道のネットワークを強化
	国土保全	・ハードとソフトが一体となった流域治水の取り組みを強化。水門や排水機場、ダムなどの操作の自動化や遠隔化を進めるほか、ハイブリッドダムを推進 ・線状降水帯の予測精度を向上。サイバー空間上のオープンな実証実験の基盤(デジタルテストベッド)や「火山噴火リアルタイムハザードマップ」を整備
	環境	・自然公園の荒廃を防止。グリーンインフラやEco-DRRの実装を推進 ・仮置き場のリストアップなど、実効性のある災害廃棄物の処理計画を制定
	土地利用	・「所有者不明土地の利用の円滑化等に関する特別措置法」に基づいて対応 ・事前復興まちづくり計画の制定や災害リスクの高いエリアからの移転を促進
横断的	リスクコミュニケーション	・防災教育や訓練、啓発などによる双方向のコミュニケーションを推進 ・気象防災アドバイザーや地域防災マネジャーを全国に拡充
	老朽化対策	・予防保全型の維持管理に転換。複数の分野のインフラを群として捉え、広域的で戦略的なマネジメントを進める。官民連携や新技術によって効率化も図る ・ドローンやAI、IoTによるリモートセンシングやレーダーなどを活用
	デジタル	・デジタルツインやデジタルプラットフォームの構築など、「防災DX」に取り組む ・ロボットやドローン、AIの活用、ICT施工や遠隔監視、データの連携を進める

防災インフラの整備と管理、デジタルなどの新技術の活用、地域における防災力の強化などを基本的な方針とし、例えば新技術の活用では被災者の救援や災害時の情報共有にロボットやドローン、AIを活用する。新たな**国土形成計画**とも連動する形で地域の防災力を強化する。交通・物流や国土保全、老朽化対策などの分野ごとに、**リスクアセスメント**や**ハイブリッドダム**などの関連する施策もそれぞれ挙げている。

[関連キーワード]

国土強靭化基本法：正式な名称は「強くしなやかな国民生活の実現を図るための防災・減災等に資する国土強靭化基本法」。巨大地震や火山噴火などの大規模な災害に備え、公共施設の耐震化や避難路の整備などを推進する。2013年12月に成立した。事前防災や減災に重点を置いている。23年6月に施行した改正法では、計画期間や期間内に実施すべき施策の内容、推進すべき施策の事業規模などをまとめた中期の計画を、「国土強靭化実施中期計画」として政府が定めるよう求めている。

減災：災害を完全に防ぐのではなく、発生を想定したうえでソフトやハードの対策を組み合わせて被害を最小限に抑える考え。例えば河川の場合は、「洪水による被害を完全には防げなくても、人命だけは守る」と考え、人家のある場所とそれ以外の場所とで異なる安全度を設定する。

総力戦で挑む防災・減災プロジェクト（146ページ） **復興事前準備**（148ページ） **流域治水**（160ページ） **盛り土対策**（166ページ） **ハイブリッドダム**（164ページ） **地域インフラ群の再生**（122ページ） **所有者不明土地**（102ページ） **グリーンインフラ**（188ページ） **インフラ分野のDX**（242ページ） **道路防災とリスクアセスメント**（156ページ） **国土形成計画**（62ページ）

キーワード
21

気候変動適応計画

2018年6月に公布、12月に施行した**気候変動適応法**に基づき、気候変動の適応策に関する施策を推進するために定めた計画。18年11月に制定した計画を近年の災害や最新の知見などを踏まえて拡充し、21年10月に新たな計画を閣議決定した。自然災害や水環境・水資源、国民生活・都市生活などの分野ごとに気候変動の影響と適応策をそれぞれ整理。例えば洪水や内水への適応策として、**流域治水**の推進や**グリーンインフラ**の活用を挙げている。**土砂・洪水氾濫**などの土砂災害の増加に対しては、リスクの高い流域に砂防堰堤《えんてい》などを整備するだけでなく、ハザードマップを通じた警戒避難体制の強化や災害リスクを考慮した住まい方などのソフト面の対策も示した。都市公園の整備や**緑化**、省エネルギー化などによって**ヒートアイランド現象**に対応する。

熱中症対策を強化するため、23年5月に気候変動適応法などを改正して公布。改正

●気候変動が自然災害に与える影響と適応策

分野		適応策の考え方や主な施策の概要	
自然災害	洪水や内水	影響	・短時間強雨や大雨の頻度と強度、総雨量が増加。平均海面水位が上昇し、潮位偏差や波高の極値が増大。水害の激甚・頻発化に加え、土砂・洪水氾濫や高潮・洪水氾濫など複合的な要因による新たな形態の大規模災害が発生
		適応策	・気候変動の影響を踏まえた治水計画に見直すとともに、「流域治水」を推進 ・発生頻度が比較的高い外力には、施設の着実な整備や既存施設の機能向上、ICTを活用した維持管理や水門などの操作の遠隔化、総合的な土砂管理で対策 ・現況の施設の能力を上回る外力には、施設の運用や構造などの工夫、災害リスクを考慮したまちづくり、流域治水におけるグリーンインフラの活用などで防災・減災
	高潮や高波など	影響	・海面水位の上昇によって高潮の浸水リスクが高まる。海岸の浸食にも影響 ・台風の強度や経路の変化などによって高波のリスクも増大
		適応策	・港湾では気象や海象のモニタリングや気候変動の影響の評価、情報提供を実施。防波堤を粘り強い構造で整備。堤外地では「フェーズ別高潮対応計画」を実行 ・海岸では粘り強い構造の堤防などで超過外力に対応。「一線防御」から「多重防御」に転換。海岸浸食にはモニタリングや「予測を重視した順応的砂浜管理」で対策
	土砂災害	影響	・集中的な崩壊やがけ崩れ、土石流などが頻発。土砂・洪水氾濫も増加 ・既存の土砂災害警戒区域以外に被害が拡大。流木被害も増加
		適応策	・効果の高い箇所での施設整備を推進するとともに避難場所や公共施設も整備 ・ハザードマップなどを通じて警戒避難体制を強化。ソーシャルメディアも活用 ・「土砂・洪水氾濫対策計画」に基づいて重要度や優先度の高い箇所から対策 ・災害リスクを考慮した土地利用や住まい方、ハザードエリアからの移転を推進

(注)次ページも2021年10月に閣議決定した気候変動適応計画から抜粋して要約

●気候変動が水環境や国民生活などに与える影響と適応策

分野			適応策の考え方や主な施策の概要
水環境・水資源	水環境	影響	・水温や水質、DO（溶存酸素量）などが変化。富栄養湖や浮遊砂量が増加
		適応策	・水質のモニタリングや保全対策を推進。科学的知見の集積も必要
	水資源	影響	・無降雨や少雨が続くことで各地で渇水が発生。融雪の時期や量が変化 ・海面水位の上昇によって海水が遡上。地下水の塩水化や取水にも影響
		適応策	・渇水リスクの情報を共有。併せて、「渇水対応タイムライン」の作成を促進 ・発生頻度が比較的高い渇水には、水資源開発を進めるとともに、ダムのかさ上げや貯水池の堆積土砂の掘削・浚渫によって既存施設の機能を向上 ・老朽化対策を着実に実施して機能を維持。複数のダムの統合運用も検討 ・雨水を利用するための施設の設置を促進。下水処理水などの再生水も活用 ・施設の能力を上回る渇水には、「渇水対応タイムライン」に示した渇水による影響や想定被害を基に取水制限の実施などを検討 ・地下水マネジメントを推進。地下水の挙動や採取量と地盤沈下などとの関係を把握
国民生活・都市生活	インフラ	影響	・大雨による交通網の寸断や孤立集落の発生、ライフラインの寸断 ・道路や港湾などの交通インフラのメンテナンスや復旧の費用が増加
		適応策	・ICTを活用して迅速に情報を収集して提供。「道の駅」の防災機能を強化 ・高規格道路ネットワークの整備や老朽化対策、河川に隣接する構造物の流失防止、盛り土対策、無電柱化を推進。高架区間などを緊急避難場所として活用 ・グリーンインフラの社会実装や技術開発、地域への導入を推進
	ヒートアイランド	影響	・ヒートアイランド現象に気候変動の影響が加わり、気温は引き続き上昇
		適応策	・都市公園の整備や道路などの公共空間の緑化、都市農地の保全、下水処理水の活用、雨水貯留浸透施設の設置などによって地表面被覆を改善 ・渋滞対策やモーダルシフト、建築物の省エネルギー化で人工排熱を低減 ・緑地や水面からの風の通り道を確保するなど都市の形態を改善

法に基づき、気候変動適応計画も5月に変更した。法定計画に位置付けられた「熱中症対策実行計画」の目標や関係者の役割、具体的な施策や推進体制などを定める。

地球温暖化には、CO_2の排出削減などの「緩和策」と「適応策」を車の両輪として実施することになるが、緩和策でも避けられない影響を適応策によって軽減する。

［関連キーワード］

気候変動適応法：気候変動の影響による被害を回避または軽減するための「適応策」について定めた法律。2018年12月に施行した。温室効果ガスの排出削減を図る「地球温暖化対策の推進に関する法律」とは車の両輪の関係になる。23年5月に公布した改正法では熱中症への対策を強化する。

EbA：Ecosystem-based Adaptationの略で、生態系を活用した適応策と呼ばれる。NbS（Nature-based Solutions、自然を活用した解決策）の一つであり、Eco-DRR（生態系を活用した防災・減災）もNbSに含まれる。いずれも気候変動への適応に関する新たな視点として重視される傾向にある。

Eco-DRR：Ecosystem-based Disaster Risk Reductionの略で、生態系を活用した防災・減災。生態系の保全と再生を図ることで自然災害に脆弱な土地の「暴露を回避」するとともに、生態系を緩衝材や緩衝帯として「脆弱性を低減」する。地域の防災・減災と生態系サービスの確保とを両立。

流域治水（160ページ）　**気候変動を踏まえた治水計画**（158ページ）　**グリーンインフラ**（188ページ）　**土砂・洪水氾濫**（168ページ）　**港湾の気候変動適応策**（170ページ）　**ヒートアイランド現象**（180ページ）　**地球温暖化対策計画**（78ページ）　**都市の緑化**（192ページ）

キーワード
22

地球温暖化対策計画

地球温暖化に関する日本で初めての総合計画。「**地球温暖化対策の推進に関する法律**」に基づいて定める計画で、日本が温暖化対策を進めていくうえでの基本になる。2030年度の温室効果ガスを13年度に比べて46%削減する目標や「2050年カーボンニュートラル」宣言の実現に向けて、それまでの計画を改定。21年度から30年度末まで

●温室効果ガスの排出削減や吸収に向けた施策

部門など	対策や施策	概要
産業部門	設備や機器の省エネルギー化	•短期的には燃費性能の優れた建設機械を普及 •長期的には動力源を抜本的に見直し、電気や水素、バイオマスなどを利用した建設機械の認定制度を創設して普及を促進 •中小建設業にもICT施工を普及するなど、i-Constructionを推進
業務その他部門	建築物の省エネルギー化	•「建築物のエネルギー消費性能の向上に関する法律」を改正。小規模建築物の省エネルギー基準への適合を2025年度までに義務化 •2030年度以降の新築建築物にZEBの水準の性能を確保
	ヒートアイランド対策	•人工排熱を低減。併せて、都市公園の整備による緑地の確保や公共空間などの緑化、農地の保全などで地表面被覆を改善 •水と緑のネットワークの形成や「多自然川づくり」で都市形態を改善
	上下水道の省エネルギー	•上下水道に省エネルギーの機器や設備を採用。小水力発電や太陽光発電などの再生可能エネルギーも導入
家庭部門	住宅の省エネルギー化	•「建築物のエネルギー消費性能の向上に関する法律」を改正し、住宅の省エネルギー基準への適合を2025年度までに義務化 •2030年度以降の新築住宅にZEHの水準の性能を確保
運輸部門	道路の交通流対策	•幹線道路のネットワークを強化。ETC2.0やビッグデータを活用して渋滞にピンポイントで対策。ICTやAIによる面的な渋滞対策も導入 •高度道路交通システム（ITS）やLED道路照明の整備を推進
	公共交通や自転車の利用	•LRTやBRT、MaaSの導入のほか、コンパクト・プラス・ネットワークやバリアフリー化、モーダルコネクトの強化を推進 •自転車通行空間のネットワークや駐輪場を整備。シェアサイクルも
	物流の脱炭素化	•トラック輸送の効率化や共同輸配送、モーダルシフトを推進
吸収源対策	森林の吸収源対策	•森林の整備のほか、保安林や自然公園などの管理や保全 •木材や木質バイオマスを利用
	都市緑化	•都市公園を整備。道路や河川の緑化、建築物の屋上緑化なども
	ブルーカーボンなど	•ブルーカーボンによる温室効果ガスの吸収・固定量の算定方法を確立。藻場や干潟の効果的な保全や創造、回復を推進 •CO_2吸収型コンクリートの販路を拡大し、2030年には既存コンクリートと同価格に。NETISへの登録と併せて地方自治体にも周知

（注）2021年10月に閣議決定した地球温暖化対策計画から主に社会資本整備に関わる施策を抜粋して要約

●「地球温暖化対策の推進に関する法律」の改正のポイント

［背景］

・パリ協定に定める目標を踏まえて2020年10月に「2050年カーボンニュートラル」を宣言 ・「2050年カーボンニュートラル」を目指す「ゼロカーボンシティー」を表明する自治体が増加 ・気候変動に関する情報開示や目標設定など、「脱炭素経営」に取り組む企業が増加

［2021年の改正概要］

基本理念の新設	・パリ協定を踏まえ、2050年までに脱炭素社会を実現すること（カーボンニュートラル）や国民をはじめとした関係者の連携などを法律の基本理念として規定
計画・認定制度の創設	・都道府県や政令市、中核市の実行計画に再生可能エネルギーに関する目標を追加 ・都道府県の実行計画において、脱炭素化に向けた促進区域の基準を定める ・脱炭素化の促進事業者は市町村が認定。認定を受ければ、特例として関係する行政手続きをワンストップ化。環境影響評価法に基づく配慮書の手続きも省略
デジタル化・オープンデータ化	・温室効果ガスの排出量に関する企業からの報告を、原則としてデジタル化。報告から公表までの期間をそれまでの約2年から1年未満に。 ・事業所ごとの排出量の情報などに係る開示請求制度を廃止

［2024年の改正案］

「地域脱炭素化促進事業」の拡充	・再生可能エネルギーの促進区域を都道府県と市町村が共同で定めることが可能に。その際は複数の市町村にわたる「地域脱炭素化促進事業計画」を都道府県が認定

（注）2021年に公布した改正法や24年3月に閣議決定した改正案を基に作成

を計画期間とする新たな地球温暖化対策計画を21年10月に閣議決定した。

同計画では、複数の部門で省エネルギー化を主要な施策として挙げており、例えば住宅や建築物の省エネルギー基準への適合を義務付ける。産業部門では建設機械の動力源を抜本的に見直すとともに、電気などを利用した建設機械の認定制度も創設する。中小規模の建設会社にもICT施工を普及するなど、i-Constructionを推進する。緑化やブルーカーボンの活用など、温室効果ガスの吸収源対策にも取り組む。さらに、地域での脱炭素化を進めるために24年3月、先述の法律の改正案を閣議決定した。

［関連キーワード］

地球温暖化対策の推進に関する法律：気候変動枠組み条約の第3回締約国会議（COP3）での京都議定書の採択を受け、1998年に成立した。地球温暖化の防止を目的とした初の法律であり、国や地方自治体、事業者、国民が一体となって温暖化対策に取り組むための枠組みを定めている。

再エネ促進区域：地域共生型の再生可能エネルギーの導入などを促進する区域。「地域脱炭素化促進事業」の対象として市町村が定めていたが、2024年3月に閣議決定した「地球温暖化対策の推進に関する法律」の改正案によって、都道府県と市町村が共同で促進区域を決めることが可能になる。

地域脱炭素化促進事業：地域の脱炭素化に向けて、再生可能エネルギーを利用した施設（地域脱炭素化促進施設）の整備と脱炭素化の取り組みを一体で行う事業。環境保全と併せて地域の発展に寄与。

GX（178ページ）　**道路のカーボンニュートラル**（182ページ）　**再生可能エネルギー**（184ページ）
ヒートアイランド現象（180ページ）　**都市の緑化**（192ページ）　**ブルーカーボン**（179ページ）
自転車通行空間の整備（108ページ）　**i-Construction**（244ページ）　**MaaS**（107ページ）

キーワード
23

国土交通省の環境行動計画

政府の**環境基本計画**を踏まえ、国土交通省が取り組む環境関連の施策を体系的にまとめた計画。2020年10月の「2050年カーボンニュートラル」宣言などを受け、国交省はそれまでの環境行動計画に同省の**気候変動適応計画**を統合して一体で改定。30年度までを計画期間とする新たな行動計画を21年12月に定めた。地球温暖化の緩和

●環境行動計画で定めた分野ごとの主な施策

分野やテーマ		施策の概要や例
地球温暖化の緩和策	住宅や建築物	•新築の断熱性能や省エネルギー性能を向上
	まちづくり	•コンパクト・プラス・ネットワークや「居心地が良く歩きたくなる」空間の形成を推進。スマートシティーを社会実装 •緑化などで都市の熱環境を改善。下水熱も利用
	インフラや建設	•道路橋の長寿命化やカーボンニュートラルポートの形成 •ICTを活用した効率的な施工を中小建設業に普及
	モビリティー	•自動車の脱炭素化に対応したインフラ整備や技術開発
	スマート交通	•ETC2.0の活用や道路交通ネットワークの構築などハードとソフトの両面から交通流対策。開かずの踏切にも対策 •公共交通や自転車を利用。モーダルコネクトを強化
	グリーン物流	•物流DXや共同輸配送、ダブル連結トラックなどで効率化 •トラック輸送から鉄道や海運へのモーダルシフトを推進
	再生可能エネルギー	•太陽光発電や洋上風力発電、バイオマス発電を推進 •小水力発電やダム再生によって水力エネルギーを利用
	吸収源対策	•グリーンインフラやブルーカーボン生態系を活用
気候変動への適応策	自然災害	•流域治水の推進や治水計画の見直しなど、気候変動を踏まえて水害対策を強化。グリーンインフラも活用 •海面水位の上昇による高潮などのリスクの増大に対応
	水資源・水環境	•無降水日数の増加など深刻化が懸念される渇水に対応
	国民生活・都市生活	•交通や物流のシステムを強化。ヒートアイランドにも対策
生態系の保全と活用	生態系ネットワーク	•都市の緑化や水辺空間の創出、広域的な生態系ネットワークの形成など、グリーンインフラを推進
	水循環	•流域の一体管理やダムの運用改善、総合的な土砂管理
3Rや資源の活用	建設リサイクル	•「建設リサイクル推進計画2020」に基づき、高い再資源化率を維持。リサイクル原則化ルールを改定。生産性も向上
	下水道資源	•下水熱や下水道バイオマスを利用
	静脈物流システム	•リサイクルポートによって循環資源の輸送を効率化

(注)国土交通省が2021年12月に改定した同省の環境行動計画を基に作成

●第6次環境基本計画（案）の概要

［ビジョン］

環境の収容力を守り、環境の質を上げることによって成長・発展できる「循環共生型社会」を構築

↓

［重点戦略］

- 持続可能な生産と消費を実現するグリーンな経済システムの構築
- 環境と経済、社会の統合的な向上の場としての地域づくり
- 科学技術とイノベーションの開発・実証と社会実装
- 自然資本を基盤とした国土のストックとしての価値の向上
- 安全・安心かつ健康で心豊かな暮らしの実現
- 環境を軸とした戦略的な外交と国際協調の推進

↓（自然資本を基盤とした国土のストックとしての価値の向上）

自然資本を維持、回復、充実させるための国土利用	・国立公園の拡充とOECMの設定による30by30の目標の達成 ・広域的な生態系ネットワークの形成、藻場や干潟の保全と活用 ・鳥獣や外来生物への対策、希少種の保全による生物多様性の回復 ・河川環境と水環境の保全、森林の整備と保全、汚染の防止
自立・分散型の国土構造の推進	・自立分散で地域共生型の再生可能エネルギーの導入。NbSの推進 ・里地里山や里海、森林、自然公園などでの「保護と利用の好循環」
「高い生活の質」が実感できる都市と地域の実現	・コンパクト・プラス・ネットワークの推進や地域の公共交通の「リ・デザイン」 ・中山間地域などにおける集落生活圏の維持、美しい景観の保全と創出 ・都市における自然資本の充実、熱中症対策としてのヒートアイランドの緩和 ・施設やインフラの防災・減災、国土強靭化、住宅や建築物の高付加価値化

（注）NbSとは自然を活用した解決策。項目などは一部、略した。環境省が2023年12月に開催した中央環境審議会の総合政策部会の資料（素案）や10月の中間取りまとめから主な項目や施策を抜粋

策や気候変動への適応策、生態系の保全と活用、3Rや資源の活用といった分野ごとに、**再生可能エネルギー**や吸収源対策、自然災害、生態系ネットワーク、**建設リサイクル**などのテーマを設定し、それぞれに関連する施策を示している。

［関連キーワード］

環境基本計画：1993年に施行した環境基本法に基づき、環境の保全に関する政府全体の総合的かつ長期的な施策の大綱を定めた計画。2018年4月に閣議決定した第5次の環境基本計画では、コンパクトシティーや「小さな拠点」の形成などを通して国土のストックとしての価値を高めるとした。

OECM：Other Effective area-based Conservation Measuresの略で、保護地域以外で生物多様性の保全に資する地域。民間企業などの取り組みによって保全が図られている地域や保全を目的としない管理が結果として自然環境を守ることにも貢献している地域で、保護地域との連結も重要になる。

水循環基本計画：水循環基本法に基づき、水循環に関する基本的な方針や施策、施策を推進するために必要な事項を示した計画。2015年7月に閣議決定した。20年6月に変更された新たな計画では、流域マネジメントのさらなる展開、気候変動などによるリスクへの対応、水循環に関する普及啓発などに重点的に取り組むとした。22年6月には地下水マネジメントの推進に向けて見直している。

グリーンスローモビリティー：時速20km未満で公道を走ることが可能な4人乗り以上の電動のモビリティー（移動手段）。低炭素型の交通を確立することに加え、過疎地域の住民や高齢者の足、観光客向けのモビリティーや短距離の輸送などへの活用に向けて国土交通省が普及を促している。

地球温暖化対策計画（78ページ）　**気候変動適応計画**（76ページ）　**30by30**（191ページ）　**生物多様性**（190ページ）　**建設リサイクル**（194ページ）　**再生可能エネルギー**（184ページ）

キーワード
24

エネルギー基本計画

2002年6月に施行したエネルギー政策基本法に基づき、エネルギー政策の基本的な方向性を示すために政府が定める計画。21年10月に閣議決定した新しいエネルギー基本計画は、最初に制定した03年から数えて第6次の計画になる。温室効果ガスの30年度の排出量を13年度に比べて46%削減するため、「徹底した省エネルギーを追求する」とし、例えば運輸部門では道路の交通流対策や物流の効率化を推進する。業務・家庭部門では、30年度以降に新築する住宅や建築物に**ZEH**や**ZEB**の水準の性能を確保するよう求める。併せて、「**再生可能エネルギー**の主力電源化を徹底し、最優先の原則で取り組む」考えを示した。**洋上風力発電**などの導入を拡大し、再生可能エネルギーが占める割合を19年度の18%程度から30年度には36～38%程度に高める。

●新たなエネルギー基本計画のポイント

・「2050年カーボンニュートラル」や30年度の46%削減に向けたエネルギー政策の道筋を示す

［2050年カーボンニュートラルの実現に向けた対応］

・温室効果ガスの排出量の8割以上を占めるエネルギー分野の取り組みが重要
・水素やアンモニア発電、炭素の貯蔵や再利用を前提とした火力発電などのイノベーションを追求
・再生可能エネルギーを主力電源として最優先の原則に。原子力は必要な規模を持続的に活用

［2030年に向けた対応］

対象	概要
需要サイド	・徹底した省エネルギーを追求
産業部門	・省エネルギー技術の開発や導入の支援を強化
業務・家庭部門	・2030年度以降に新築する住宅や建築物はZEHやZEBの水準の性能を確保
運輸部門	・貨物輸送全体の最適化に向けてAIやIoTなどを導入
再生可能エネルギー	・「再エネ促進区域」の設定によって太陽光や陸上風力の導入を拡大。「再エネ海域利用法」に基づき、洋上風力の案件形成も加速 ・風力発電の円滑な導入に向けて環境アセスメントを適正化 ・地熱発電では自然公園法や温泉法、森林法の規制を見直す ・浮体式洋上風力発電の要素技術や大深度の掘削技術を開発
原子力	・安全を最優先に再稼働。使用済み燃料への対策や核燃料サイクルも推進
火力	・安定供給を前提に、電源構成に占める比率をできる限り引き下げる
水素・アンモニア	・海外の安価な水素を活用するとともに、国内の水素製造基盤を確立 ・火力発電で石炭やガスと混焼。運輸部門では水素ステーションを整備

（注）2021年10月に閣議決定した第6次エネルギー基本計画を基に作成

●2030年度の省エネルギー量の目標値と主な部門の施策

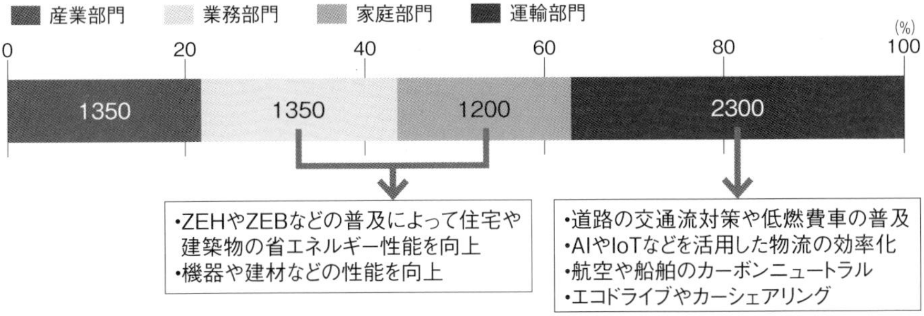

(注)グラフの数値は各部門で目標とする省エネルギー量の概数。単位は万kl。下も資源エネルギー庁が2021年10月に公表した「2030年度におけるエネルギー需給の見通し」などを基に作成

●2030年度の電源構成

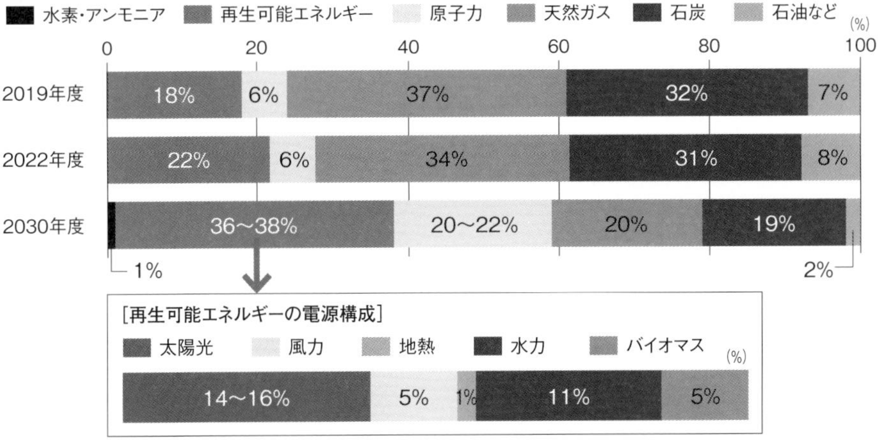

(注)グラフの各数値は概数。2022年度は速報値で、資源エネルギー庁の総合エネルギー統計から

[関連キーワード]

ZEH:ネット・ゼロ・エネルギーハウスの略。断熱性能を大幅に向上させるとともに、高効率の設備システムを導入することによって大幅な省エネルギーを実現。そのうえで、再生可能エネルギーなどを活用することで年間の一次エネルギー消費量の収支をゼロにすることを目指した住宅。

ZEB:ネット・ゼロ・エネルギー・ビルディングの略。エネルギー負荷の抑制や高効率の設備システムの導入などによって大幅な省エネルギーを実現。再生可能エネルギーも活用することでエネルギーの自立度を高め、年間の一次エネルギー消費量の収支をゼロにすることを目指した建築物。

ベースロード電源:発電コストが低廉で、昼夜を問わずに安定して継続的に稼動できる電源。地熱や流れ込み式の一般水力、原子力、石炭が該当する。電源としては、ほかにも天然ガスなどの「ミドル電源」、石油や揚水式水力などの「ピーク電源」があり、これらを組み合わせて需要に対応する。

再生可能エネルギー(184ページ) **洋上風力発電**(186ページ) **ハイブリッドダム**(164ページ) **地球温暖化対策計画**(78ページ) **国土交通省の環境行動計画**(80ページ)

キーワード 25

働き方改革実行計画

長時間労働の是正や生産性の向上、非正規雇用の処遇改善などに向けて、政府の「働き方改革実現会議」が2017年3月に決定した計画。「働き方改革を推進するための関係法律の整備に関する法律」（働き方改革関連法）が18年7月に公布。残業時間の規

●時間外労働の上限規制の概要

［イメージ］

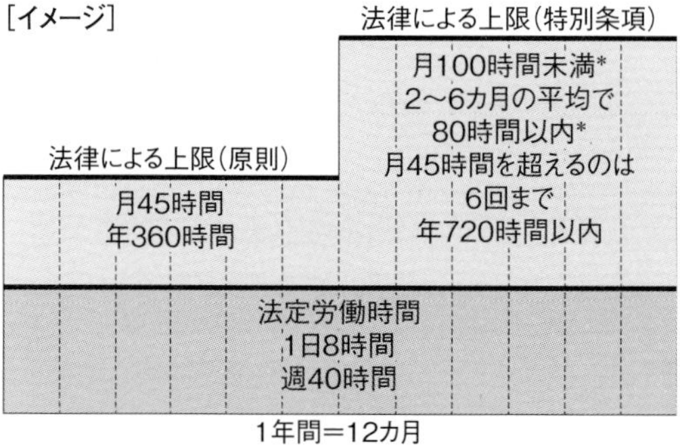

［ポイント］

- 1日8時間、週40時間の「法定労働時間」を超える場合や毎週少なくとも1回の「法定休日」に労働させる場合は36協定の締結と届け出が必要
- 「特別条項」の有無にかかわらず、1年を通して常に月100時間未満*、2～6カ月の平均は80時間以内*に
- 災害時における復旧や復興の事業に限り、上記の規定は適用されないが、年720時間以内や月45時間を超える時間外労働が6回までといった規定は適用

（注）特別条項とは臨時的な特別の事情があって労使が合意する場合。*は時間外労働と休日労働の合計。厚生労働省の資料を基に作成

●時間外労働の上限規制への対応策

対応策		概要
2023年度の発注方針		・全工事を発注者指定による閉所型や交代制の「週休2日工事」で
週休2日の「質の向上」	週休2日を標準に	・共通仕様書や監督・検査などの基準類を週休2日を標準とした内容に改正。工事成績評定では週休2日を順守項目に追加
	工期設定の適正化	・天候による作業不能日や猛暑日などを適正に工期に見込めるよう、「工期設定指針」と「工期設定支援システム」を改定
	柔軟な休日の設定	・工期の一部で、閉所型の週休2日から交代制への途中変更を試行
	経費補正の修正	・月単位で週休2日を達成した工事について、要した費用を2023年度に調査し、その結果を踏まえて新たな補正措置の立案を検討
	一斉閉所で連携	・各地の発注者協議会などを通じて他の公共事業の発注者と連携
周知や働きかけ	民間の発注者	・適正な工期設定について経済団体での講演などを通じて周知
	建設業団体	・労働基準法に対する懸念点のほか、週休2日の好事例集も周知
	地方自治体	・週休2日を考慮した工期の設定や予定価格への反映を要請

（注）周知や働きかけを除き、国土交通省の直轄の土木工事が対象。各施策は2023年度から適用や試行または検討するもの。中央建設業審議会の23年4月や10月の資料を基に作成

●建設産業の働き方改革をめぐる主な施策

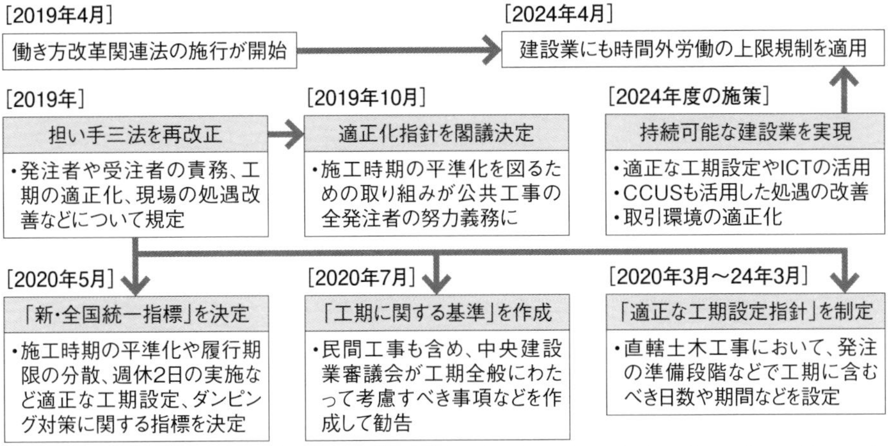

（注）CCUSは建設キャリアアップシステムの略。国土交通省の資料を基に作成。2024年度の施策は24年度予算の資料から主な項目を抜粋

●デジタルトランスフォーメーションによる働き方の変化に対する期待

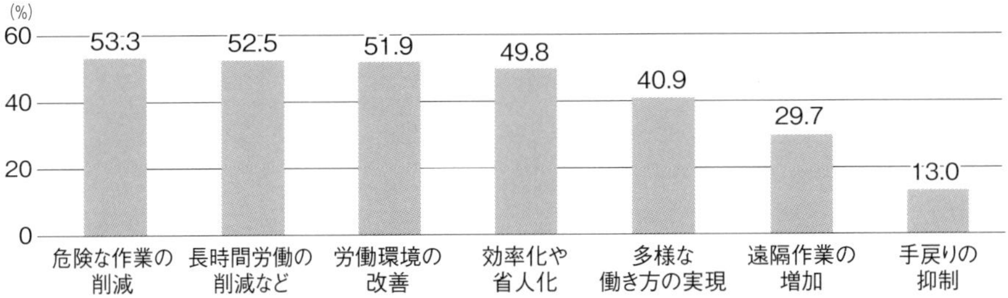

（注）項目名は一部、略した。国土交通白書2023を基に作成。元の資料は国土交通省の「国民意識調査」

制を柱とする改正労働基準法や改正労働安全衛生法などを19年4月に施行した。長時間労働の是正では、時間外労働の上限規制をそれまでの告示から法律に格上げしたうえで、罰則を設けた。建設業の場合は災害復旧や復興の事業を除き、24年4月から他の産業と同様に上限規制の適用が始まった。国土交通省は月単位での週休2日の確保に向けて仕様書を改正するなど、上限規制への対応を進めている。

[関連キーワード]
雇用・労働環境（210ページ）　**担い手の確保や育成**（212ページ）　**建設業法の改正**（218ページ）　**施工時期の平準化**（232ページ）　**インフラ分野のDX**（242ページ）　**建設キャリアアップシステム**（214ページ）　**公共工事の品質確保の促進に関する法律**（230ページ）

キーワード
26

観光立国推進基本計画

2006年に成立した観光立国推進基本法に基づき、観光立国の実現に関して基本的な方針や目標、政府が講じるべき施策などを定めた計画。23年3月に閣議決定した新たな観光立国推進基本計画は、新型コロナウイルス感染症による変化やコロナ禍の前からの課題を踏まえ、日本の観光を持続可能な形で復活させるとした。23年度から25年度までを計画期間とし、訪日外国人旅行者の消費額はコロナ禍前の19年を超える5

●観光立国推進基本計画の基本的な方針と関連する主な施策

基本的な方針	主な施策	ポイント
持続可能な 観光地域づくり	良好な景観の 形成と活用	•「居心地が良く歩きたくなる」空間を形成。景観資源も活用 •「地域における歴史的風致の維持及び向上に関する法律」(歴史まちづくり法)に基づき、「歴史的風致維持向上計画」を制定 •「日本風景街道」やシーニックバイウェイを推進 •公募設置管理制度(Park-PFI)を活用して公園の魅力を向上 •歩道の緑化などの景観に配慮した道路整備や無電柱化 •道路空間を再編して歩道を拡幅。自転車の通行空間も確保 •「歩行者利便増進道路制度」によって道路空間を活用 •港湾協力団体との協働や「港湾環境整備計画制度」の活用 •「河川敷地占用許可準則」の緩和措置や「かわまちづくり」
	旅行者の 安全の確保	•監視体制を強化。併せて防災気象情報の精度を向上 •高速道路の付加車線の整備による渋滞対策やビッグデータによる外国人特有の危険箇所の把握など、道路交通の安全対策
インバウンドの 回復	地方への誘客	•古民家などの歴史的資源を観光まちづくりの核として活用 •サイクルツーリズムやインフラツーリズムを推進
	受け入れ 環境の整備	•新幹線や高規格幹線道路、国内航空などを活用。「モーダルコネクト」の強化などとも連動して観光地へのアクセス交通を充実 •首都圏の空港の機能を拡充。国管理空港の運営の民間委託も •首都圏の主な空港や関西国際空港などへのアクセスを向上 •既存のストックを活用してクルーズ船の受け入れ環境を整備 •「地域公共交通の活性化及び再生に関する法律」に基づき、観光の振興を踏まえた「地域公共交通計画」を作成 •集約交通ターミナルの整備などでモーダルコネクトを強化 •MaaSなどの新たなモビリティーサービスの基盤を整備 •「交通需要マネジメント」やETC2.0などで道路交通を円滑化 •「みなとオアシス」の登録などを通じて魅力ある地域づくりへ
国内交流の拡大	交流市場の開拓	•バリアフリー法を踏まえ、公共施設などのバリアフリー化を推進

(注)社会資本整備や建設分野に関連する施策を中心に抜粋して要約。持続可能な観光地域づくりの施策には、国内交流の拡大に向けたものも含まれる。2023年3月に閣議決定した観光立国推進基本計画を基に作成

●訪日外国人の旅行者数と旅行消費額の推移

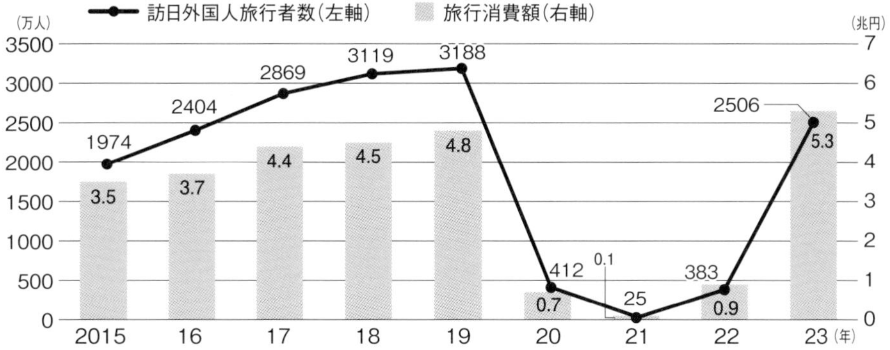

（注）2023年の旅行者数は日本政府観光局（JNTO）が24年1月に公表した推計値。20年と21年、22年の旅行消費額は試算値。23年の消費額は観光庁が24年3月に公表した確報値

兆円を、国内旅行の消費額は20兆円をそれぞれ早期に達成する。さらに25年までに、訪日外国人旅行者の1人当たりの消費額は19年を25%上回る20万円に増加させる。

基本的な方針として「持続可能な観光地域づくり」と「インバウンドの回復」、「国内交流の拡大」を掲げ、それぞれに推進する施策を示した。持続可能な観光地域づくりでは、良好な景観の活用などに向けて、例えば「居心地が良く歩きたくなる」空間の形成や**歴史まちづくり**、**無電柱化**などに取り組む。首都圏の空港の機能の拡充や観光地へのアクセス性の向上など、訪日外国人の受け入れ環境も整備する。

［関連キーワード］

明日の日本を支える観光ビジョン：観光先進国の実現に向けて、政府の「明日の日本を支える観光ビジョン構想会議」が2016年3月にまとめたビジョン。例えば、無電柱化と併せて美しい街並みづくりを実現する。公的施設やインフラの開放、国立公園のブランド化、高速交通ネットワークを活用した「地方創生回廊」の整備なども挙げている。地方創生回廊では、新幹線やコンセッション方式で運営する空港などとも連携し、観光地へのアクセスとなる交通を充実させる。

「かわまちづくり」支援制度：水辺を生かして地域のにぎわいを創出する「かわまちづくり」の取り組みを支援する制度。市町村や民間の事業者、住民などと河川管理者が連携し、地域が持つ景観や歴史などの資源や知恵を生かした良好な空間の形成を目指す。例えば国土交通省では、親水護岸などの整備のほか、河川空間の多様な利用が可能な「都市・地域再生等利用区域」の指定などによって支援している。2023年8月時点で、264カ所の「かわまちづくり計画」が登録されている。

日本風景街道：地域の住民やNPO、自治体などが主体となって固有の文化や風景などを生かした道路空間をつくり、地域外から人を呼び込むことで地域の再生を図ろうとする取り組み。道路だけでなく、周辺の公園や観光名所なども含めた広い範囲を捉える。22年12月時点で145ルートが登録。

MICE：企業の会議（Meeting）や報奨・研修旅行（Incentive）、国際機関や団体、学会などが行う国際会議（Convention）、展示会や見本市、イベント（Exhibition ／ Event）の総称。

オーバーツーリズム（200ページ）　**公共空間のオープン化**（138ページ）　**歴史まちづくり**（202ページ）　**無電柱化**（204ページ）　**Park-PFI**（139ページ）

第2章

題意と施策の動向

品質確保のポイント

問題解決能力や課題遂行能力が問われる論文を中心に、今後も品質の確保を意識した論述が求められると思われます。調査や設計、施工や検査の品質に対する国土交通省の方針や施策の方向性を確認しておきましょう。

重要なキーワードは本文中に色文字で示し、他の節や「関連キーワード」の欄などで改めて解説している。

キーワード
27

調査・設計分野における品質確保

建設事業や公共事業の品質を確保するうえで、重要な役割を果たしているのが事業の上流に位置する調査や設計の分野。国土交通省では設計業務などの品質確保に向けた重点方針を毎年度、定めている。**公共工事の品質確保の促進に関する法律**などの趣旨に基づき、2023年度は22年度などと同様に働き方改革などの課題を踏まえて定

●設計業務の品質確保などに向けた国土交通省の2023年度の重点方針

方針	概要
計画的な発注	・業務の時期や履行期間の平準化にも配慮しながら計画的に発注 ・履行期間が1年に満たない業務でも「平準化国債」を活用するなどして、発注や納品の時期が繁忙期と重ならないように工夫。「機動的国債」も積極的に活用
適切な入札・契約方式の選定	・プロポーザル方式や総合評価落札方式を選択する場合は、2023年3月に改定した両方式の運用ガイドラインを参考に手続きを実施。国土交通省登録資格の活用も
条件明示の徹底	・条件明示の徹底をすべての詳細設計業務で原則として実施 ・「条件明示ガイドライン（案）」に基づき、検討会などを開催して設計条件を確認 ・発注者は、予備設計の段階で作成された「条件明示チェックシート（案）」を詳細設計の発注前に確認し、必要な設計条件などを発注時に受注者に明示 ・入札公告時における資料として条件明示チェックシート（案）の提示を試行
適切な履行期間	・詳細設計業務と検討業務に「業務スケジュール管理表」を活用
業務スケジュール管理表の活用	・測量や地質調査、土木関係の建設コンサルタントの業務で作成 ・照査の実施時期や必要な期間などを明記し、適正な照査期間を確保
履行期限の平準化	・年度末に集中している業務の履行期限を働き方改革の観点も踏まえて平準化 ・当面は「第1四半期は15％以上」など、期限を迎える業務件数の比率の目標を四半期ごとに設定。中長期的には上半期50％、下半期50％の比率に ・年度内に適正な履行期間を確保できなくなった場合は適切に繰り越し
合同の現地踏査	・橋やトンネル、樋門や樋管などの河川構造物、ダムなどの大規模な構造物に関する詳細設計業務では原則として、合同の現地踏査を実施 ・現地踏査では設計条件や施工の留意点、関連事業の情報の確認と設計方針の明確化を行い、実施後は受注者と発注者の間で情報を共有 ・地質情報の不確実性が高い業務では、地質業務の受注者も参画
業務環境の改善	・「ワンデーレスポンス」を実施。情報共有システムも活用 ・「業務環境改善実施要領（案）」に基づき、「ウイークリースタンス」を実施
設計成果の品質確保	・すべての詳細設計業務を対象とし、「詳細設計照査要領」に基づいて照査 ・成果品のうち、照査報告書は照査した技術者自身による報告を原則に ・詳細設計における照査体制の強化として「赤黄チェック」を適切に運用 ・BIM／CIMの活用事業では「3次元モデル」を活用して設計図書を確認
災害時の対応	・当初の内容を見直す場合は繰越制度を活用するなどして履行期限を平準化

（注）国土交通省の「令和5年度『設計業務等の品質確保対策及び入札契約方式等の改善』重点方針」から、品質の確保に関わる箇所を中心に抜粋して要約

●2019年の改正品確法の「基本方針」で示された調査などの品質確保の概要

品質確保の項目		概要
発注関係事務	予定価格	•市場の取引価格や法定福利費などに加え、履行期を的確に反映して積算 •災害時で算定が困難な場合は入札参加者から見積もりを徴収して積算
	災害時	•応急対策に関する調査などでは随意契約を、それ以外の復旧工事では指名競争入札を活用するなど緊急性に応じて入札・契約の方法を選択 •調査を実施する企業などと事前に協定を締結。他の発注者とも連携
	ダンピング	•低入札価格調査基準または最低制限価格を適切に設定
	平準化	•「繰越明許費」や債務負担行為を活用して翌年度にわたる履行期を設定
	履行期	•休日や準備期間、天候などを考慮して履行期を設定。週休2日の確保も推進
受注者などの責務		•法定福利費などを的確に反映した適正な代金と履行期で下請け契約を締結 •情報通信技術を調査などに活用して生産性を向上 •国や自治体は情報通信技術の活用や新技術の導入を推進
入札や契約の方法		•調査の性格などに応じて総合評価落札方式やプロポーザル方式などを選択 •発注者は完了確認の検査で情報通信技術を活用

(注)2019年10月に閣議決定した「基本方針」(公共工事の品質確保の促進に関する施策を総合的に推進するための基本的な方針)から調査などの品質確保に関する内容を抜粋して作成

めた。例えば、履行期限の平準化を図るために、四半期ごとに期限を迎える業務件数の比率の目安を示した。19年に閣議決定した改正品確法の基本方針では、**繰越明許費**などの活用によって調査などを実施する時期の平準化を図るとともに、週休2日の確保も含めて適正に設定するよう促している。計画的な発注に向けて、23年度の重点方針では22年度に続いて「平準化国債」や「**機動的国債**」の活用を求めた。3次元モデルによる設計図書の確認や国交省の登録資格の活用を促す方針も示した。

[関連キーワード]

民間資格の登録制度：正式な名称は「公共工事に関する調査及び設計等の品質確保に資する技術者資格登録規定」。インフラの点検や診断などの業務の品質を確保するには、一定の技術レベルに達した資格保有者を配置する必要があることから、国土交通省が創設した制度。業務で必要とする知識や技術を登録要件として明確化し、要件に合った民間資格を登録する。総合評価落札方式で加点される。2014年に登録規定を告示し、公募を始めた。24年2月時点で389の資格が登録されている。
ウイークリースタンス：受注者と発注者の間で1週間における相互のルールや約束事などを目標として定める制度。計画的な履行によって業務などを円滑かつ効率的に進め、仕事の環境を改善する。
赤黄チェック：各設計図書の整合性を照査する際、修正箇所を赤字で訂正するだけでなく、確認した箇所にも黄色のマーカーでチェックを入れるなどして照査済みであることを「見える化」する手法。
機動的国債：実施計画の承認後に生じた要因によって、発注の遅れなど事業執行上の課題が生じた場合、年度をまたいだ契約の締結を可能にするもの。2021年度の予算から試行的に運用を開始。
繰越明許費：年度内に支出が終わらない見込みがある場合、翌年度に繰り越して使用する経費。
公共工事の品質確保の促進に関する法律（230ページ）　**施工時期の平準化**（232ページ）　**雇用・労働環境**（210ページ）　**BIM／CIM**（246ページ）　**ダンピング対策**（238ページ）

キーワード 28

監督・検査体制の確保と合理化

「遠隔臨場」を採用する建設現場が増えるなど、工事の監督や検査の効率化を図るうえでデジタルの活用は欠かせなくなってきた。国土交通省は遠隔臨場の実施要領（案）を2023年3月に改定したほか、カメラで撮影した画像を解析して配筋の出来形を

●監督・検査の現状や目指す姿

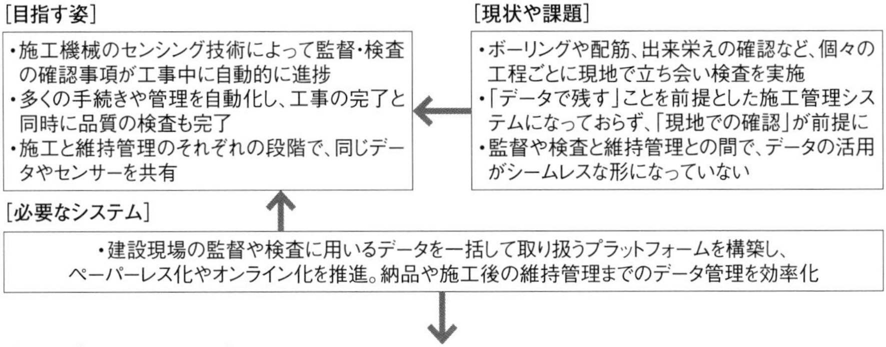

●ICTプラットフォームの概要

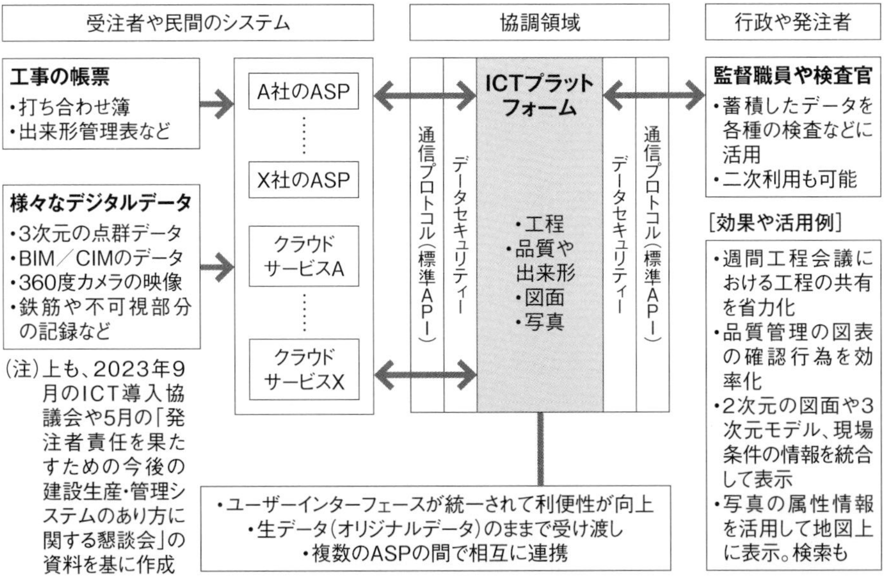

（注）上も、2023年9月のICT導入協議会や5月の「発注者責任を果たすための今後の建設生産・管理システムのあり方に関する懇談会」の資料を基に作成

●遠隔臨場に関する実施要領（案）の概要

対象工事		・遠隔臨場の対象工種がある工事は原則としてすべての工事に適用
	新規の発注	・発注時に遠隔臨場の実施を特記仕様書に記載
	特記仕様書に記載がない場合	・発注者が対象工事に合致すると判断した場合は設計変更によって実施 ・対象に合致しないと判断しても受注者から希望があれば協議して実施も
費用の負担		・遠隔臨場にかかる費用の全額を技術管理費に積み上げ計上
適用の範囲		・「段階確認」と「材料確認」、「立ち会い」を実施する場合に適用

［実施の手順と主な項目］

手順	受注者	監督職員など	検査職員
施工計画書	「段階確認」などの項目や実施方法、機器の構成と仕様を記載して施工計画書などを作成	「段階確認」などの項目のほか、機器の構成や仕様などを確認	「段階確認」などの項目を確認
↓		↓	↓
機器の準備	動画撮影用のカメラやウェブ会議システムなどの機器を準備		
↓			
遠隔臨場による「段階確認」などの実施	事前の準備に加え、撮影や段階確認などを実施	「段階確認書」や依頼書、「材料確認書」、撮影の記録などを受領	「段階確認書」や「材料確認書」などの授受の状況を確認

（注）2023年3月に改定した「建設現場における遠隔臨場に関する実施要領（案）」から抜粋。下も国土交通省の資料を基に作成

●2023年7月から本格的な運用を始めた配筋確認のイメージ

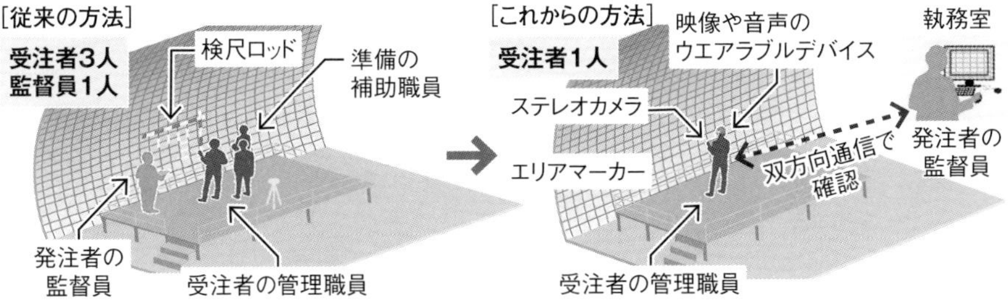

（注）i-Construction推進コンソーシアムの2023年12月の資料を基に作成

確認する取り組みを7月から本格的に始めた。検査などに用いるデータを一括して扱うプラットフォームの構築も進めており、施工後の維持管理も含めてデータの管理を効率化する。監督などの確認事項が工事中に自動的に進捗する姿を目指している。

［関連キーワード］
インフラ分野のDX（242ページ）　**BIM／CIM**（246ページ）　**i-Construction**（244ページ）
データマネジメント（248ページ）　**働き方改革実行計画**（84ページ）　**雇用・労働環境**（210ページ）　**建設業法の改正**（218ページ）　**適正な施工確保と品質管理**（94ページ）

キーワード
29

適正な施工確保と品質管理

品確法や入札契約適正化法などの改正を踏まえて2019年10月に変更した適正化指針では、公共工事の発注者が講じるべき措置として、施工に必要な工期の確保や施工時期の平準化などについて規定。適正な施工体制や品質の確保に向けて、休日なども含めて工期を設定するほか、繰越明許費や余裕期間制度などの活用に取り組むよう求めた。建設キャリアアップシステムによる労働環境の整備やICTを活用した施工状況の評価も挙げている。一方、現場の技術力の低下や人手不足、短工期のプレッシャーや品質管理体制の機能不全などから、大手企業も含めて施工不良が相次いでいる。

適正な施工の確保に向けて国土交通省が17年6月にまとめた方策では、良質な建設生産物の提供や各人の能力の向上といった目標を掲げ、高い能力を有する技術者の育

●2023年に発覚した施工不良の例と要因

分野	概要
トンネル	・コンクリートの品質試験について虚偽報告 ・覆工コンクリートの厚さが大幅に不足
橋	・仮設物の撤去を怠りコンクリート片が剥落
河川	・設計よりも通水幅を狭めて堤防が決壊 ・仮締め切りの土のうを勝手に撤去して越水
防潮堤	・基礎コンクリートが充填不足、鉄筋の変形も

←

考えられる主な背景や要因
・現場の技術力の低下や人手不足 ・短工期によるプレッシャー ・担当者の知識不足 ・社内の風通しの悪さ ・品質管理体制の機能不全 ・倫理観やコンプライアンス意識の欠如

(注)日経コンストラクション2023年12月号や日経クロステックの記事を基に作成

●「適正化指針」で求められる施工体制や品質の確保に関する方策

主な項目	概要
必要な工期の確保	・休日や準備期間、降雨日などの作業不能日数なども考慮して工期を設定
施工時期の平準化	・債務負担行為や繰越明許費、余裕期間制度の活用、積算の前倒しなどを図る
施工状況の評価	・工事成績評定では手抜きや粗雑工事に対して厳正に対処するとともに、受注者の技術力を生かした効率的な施工などについては積極的に評価 ・検査や施工状況の確認、評価にあたって情報通信技術を活用
対等性の確保	・発注者と受注者が対等な立場で責任関係を明確化 ・地盤の状況など工事に必要な情報は発注者と設計者、施工者の間で共有
技能労働者の育成と確保	・技能労働者の就業履歴などを蓄積する建設キャリアアップシステムを活用し、能力や経験に応じた適切な処遇が受けられるように労働環境を整備

(注)2019年10月に変更した「適正化指針」(公共工事の入札及び契約の適正化を図るための措置に関する指針)から施工体制や品質の確保に関する箇所を抜粋

●適正な施工確保に向けた施策の方向性や対応状況

[背景]

工事の品質確保に対する要請	建設生産システムの変化	担い手不足
•度重なる不正事案の発生によって信頼性に揺らぎ •施工における不確定要素が増大	•重層下請け構造の進展 •施工の規格化や工場製品の増加、施工方法の高度化	•高齢化の進行や入職者の減少、若手の高い離職率 •厳しい職場環境

[目標]

良質な建設生産物の提供　　地域の守り手などの役割を担う建設企業の存続

各人の能力の向上や継承　　生産性の高い施工体制の構築

[方向性と主な対応状況]

施策の方向性		主な対応状況
高い能力を有する技術者の育成	信頼性と専門性の高い資格保有者の輩出と現場への配置	•「登録基幹技能者」を主任技術者の資格要件として認定 •技士補の場合、関連する指定学科卒と同じ実務経験年数で技術者の要件を満たす制度を2023年7月に創設
	技術者の能力の向上	•2021年から経営事項審査でCPDを評価
	高い能力を有する者が評価される環境の整備	•公共工事の入札で技術者のCPDや工事成績、資格の評価を推奨。2024年度中に民間工事も含めた方策を整理 •建設キャリアアップシステムによって、2019年から技能者の能力と専門工事会社の施工能力の「見える化」を推進
適正な施工の徹底	適正な能力を有した技術者の配置の徹底	•主任技術者の確認について、第三者機関による統一した確認方法の方向性を2024年度中に整理
	法令で義務化された事項の運用	•2020年から、営業所の専任技術者の情報を既存のデータベースに結合して配置技術者の専任の確認を徹底
	不正行為による不良事案の根絶	•2021年から技術者の配置違反に対する行政処分を強化 •悪質な不正行為に対する罰則を2024年度中に整理
	建設企業以外の役割の明確化	•建設業法の改正によって、許可行政庁が工場製品の製造者に改善勧告や命令ができる規定を2020年に追加

(注)対応状況には予定も含む。国土交通省の「適正な施工確保のための技術者制度検討会(第2期)」の2023年12月の資料や前期の検討会が17年に公表した取りまとめから抜粋して要約

成や適正な施工の徹底などの方向性を示した。例えば、高い能力を有する者が評価される環境の整備に向けて、公共工事で推奨している技術者のCPDや工事成績、資格の評価を、24年度には民間工事でも検討する予定だ。適正な施工の徹底では、悪質な不正行為に対する技術者への罰則を24年度中に整理することも考えている。

[関連キーワード]

入札契約適正化法(219ページ)　**適正化指針**(231ページ)　**施工時期の平準化**(232ページ)　**建設キャリアアップシステム**(214ページ)　**公共工事の品質確保の促進に関する法律**(230ページ)　**建設業法の改正**(218ページ)　**i-Construction**(244ページ)　**働き方改革実行計画**(84ページ)　**繰越明許費**(91ページ)　**余裕期間制度**(233ページ)　**技術者倫理**(226ページ)

第3章

分野別解説

3.1 社会資本整備

30 地域交通の再構築
31 コンパクト・プラス・ネットワーク
32 所有者不明土地
33 空き家対策
34 まちづくりのDX
35 自転車通行空間の整備
36 道路の交通安全
37 総合物流施策大綱
38 PPP・PFI
39 公共事業の評価
40 合意形成

重要なキーワードは本文中に色文字で示し、他の節や「関連キーワード」の欄などで改めて解説している。

キーワード
30

地域交通の再構築

「地域公共交通の活性化及び再生に関する法律」（**地域公共交通活性化再生法**）が改正されたのは2014年11月。**コンパクト・プラス・ネットワーク**との連携を位置付けるなど、交通ネットワークの面的な再構築を図った。それでも地域の交通サービスを維持することは厳しく、再び同法律を改正して20年11月に施行。「地域公共交通計画」の作成を自治体の努力義務としたほか、地域の交通資源を総動員する措置を設けた。その後も輸送需要は減少し、ニーズや移動手段も多様化してきたことから、ローカル

●地域交通の再構築に向けた施策の方向性

［地域交通を取り巻く環境］

- 日本の2050年の人口は、全国の居住地域の約半数で15年に比べて50%以上減少すると予測
- 買い物など日常生活での移動の問題が深刻化
- 高齢者の運転免許の自主返納の動きが進展
- インバウンドの回復やライフスタイルの変化

［交通事業者の現状］

- 利用者の減少などで経営環境は悪化
- 路線バスや地域鉄道の多くで赤字
- バスやタクシーの人手不足が深刻化
- 人手不足で路線バスなどが休廃止
- DXの取り組みに遅れ

［類型別の施策の視点や方向性］

類型	現況	連携や協働（共創）の方向性
主に中小の都市や交通の空白地	・人口減少による過疎化や高齢化が著しく、学校の統廃合や商店の廃業などによって日常生活における「足」の問題が深刻化 ・交通事業者によるサービスの提供が著しく不足または困難な地域では、行政やNPO法人などが移動サービスを補完または主導	・地域にある人材や車両などの資源を最大限に活用し、資源の「マルチタスク化」を図る ・自家用車による旅客サービスである「自家用有償旅客運送」をさらに活用 ・AIオンデマンド交通など、デジタルを活用したコンパクトな移動サービスを提供 ・免許を返納した高齢者が安心して利用できる新たなモビリティーの開発を推進
主に地方の中心都市	・住民の主な移動手段は自家用車 ・中心部ではバス事業者が過当競争、郊外では赤字路線を抱える ・地域の「足」の問題に対する関心が低い自治体も存在 ・一部の地域では多くの観光客が集中して住民の生活に影響	・交通事業者の連携と協働を図る ・自家用車を使用した病院などへの輸送に交通事業者を活用するなど、両者が連携・協働 ・交通結節点の機能強化も含め、コンパクト・プラス・ネットワークの考え方でまちづくり ・デジタルの活用によって輸送サービスの効率化と高質化の両立を図る
主に大都市	・多くのビジネス客や旅行者が訪問 ・複雑な交通ネットワークが形成 ・観光客が集中して移動サービスの質が低下しているケースも	・民間の事業者を中心としたサービスを提供 ・デジタルの活用をさらに推し進め、様々な利用者のニーズに対応し、利便性と快適性に優れたサービスの提供を質・量ともに拡充

（注）DXはデジタルトランスフォーメーションの略。国土交通省が2023年9月に開催した「地域の公共交通リ・デザイン実現会議」の資料を基に作成

●地域公共交通活性化再生法などの改正概要

主な項目や施策	改正法の概要
地域の関係者の 連携と協働の促進	•法律の目的規定に「地域の関係者」の「連携と協働」を追加 •国の努力義務として「関係者相互間の連携と協働の促進」を追加するとともに、「地域公共交通計画」への記載に努める事項に「地域の関係者相互間の連携に関する事項」を追加
ローカル鉄道の再構築	•自治体や鉄道事業者からの要請に基づき、国土交通大臣が組織する「再構築協議会」制度を創設し、同協議会が「再構築方針」を作成 •再構築方針などに基づいて実施する「鉄道事業再構築事業」を拡充し、路線の特性に応じて鉄道輸送を高度化。国が予算面で支援
バスやタクシーなど 地域交通の再構築	•自治体と交通事業者が一定の区域と期間について、交通サービスの水準や費用負担などの協定を締結して行う「エリア一括協定運行事業」を創設するなど、「地域公共交通利便増進事業」を拡充 •AIオンデマンドやキャッシュレス決済、EVバスなどを通じて交通分野におけるDXやGXを推進するために「道路運送高度化事業」を拡充
鉄道やタクシーにおける 「協議運賃制度」の創設	•地域の関係者間の協議が調えば、国土交通大臣への届け出によって運賃を設定できる協議運賃制度を創設

(注)2023年7月や10月に施行された地域公共交通活性化再生法などの改正法を基に作成

鉄道の再構築や交通と他分野との連携、DXの活用などの対応策を23年1月に公表。これらの方向性を踏まえ、同法律などを改正して23年7月と10月に施行した。

交通の現状や課題は都市の規模などによって異なることから、例えば中小の都市では自家用車による旅客サービスをさらに活用。AIオン**デマンド交通**などの提供も進める。地方の中心都市ではコンパクト・プラス・ネットワークの考え方を推進する。

[関連キーワード]

地域公共交通活性化再生法の改正：少子高齢化や人口減少などが地方の公共交通機関の運営を困難にしている実態を踏まえ、2014年11月の改正では地方自治体が中心となってコンパクトなまちづくりと連携し、面的な公共交通ネットワークを再構築することを掲げた。国はまちづくりとの連携を明確にした基本方針を示し、自治体が中心となって事業者と協議しながらマスタープランとなる「地域公共交通網形成計画」(20年11月の改正後は地域公共交通計画)を作成する。

地域公共交通確保維持改善事業：バスや離島航路などの生活交通の確保や維持を対象とした「地域公共交通確保維持事業」とバリアフリー化や利用環境の改善などを支援する「地域公共交通バリア解消促進等事業」、地域公共交通計画の制定などを後押しする「地域公共交通調査等事業」からなる。

BRT：Bus Rapid Transitの略で、バス高速輸送システムと呼ばれる。連節バスやPTPS(公共車両優先システム)、バスの専用道路や専用の通行帯などを組み合わせることで、定時性の確保や速達性の向上に加え、輸送能力の増大も可能。2023年4月時点で、国内の29カ所で導入されている。

LRT：Light Rail Transitの略で、軽量軌道交通とも呼ばれる次世代型の路面電車。低床式の車両(LRV)の活用や軌道と停留所のバリアフリー化などによって乗降が容易になり、環境に与える負荷も小さい。2022年4月時点で、路面電車も含めて国内では18社の軌道事業者が運営している。

コンパクト・プラス・ネットワーク(100ページ) **MaaS**(107ページ) **交通政策基本計画**(70ページ) **デマンド交通**(71ページ) **貨客混載**(71ページ) **国土形成計画**(62ページ) **観光立国推進基本計画**(86ページ) **コロナ禍を経た変化**(56ページ) **少子高齢化**(34ページ)

キーワード
31

コンパクト・プラス・ネットワーク

生活に必要な医療や福祉、商業などの機能を一定の地域にコンパクトに集約し、各地域を交通や情報通信などのネットワークで結ぶ考え。中心市街地の空洞化や空き家、都市のスポンジ化への対処が求められるなか、住宅や医療施設、商業施設などの立地の適正化を図るために2014年8月、改正「都市再生特別措置法」が施行。市町村が作成する「立地適正化計画」によって、一定の地域に居住を誘導する「居住誘導

●コンパクト・プラス・ネットワークの推進策

［背景や現状］

・立地適正化計画の居住誘導区域などの設定で考慮した鉄道やバスなどのサービスレベルが低下
・立地適正化計画の制定数は順調に伸びているが、居住や都市機能の誘導が実現していない事例も
・立地適正化計画と地域公共交通計画の連携を具体的に位置付けている市町村はわずか

↓

立地適正化計画の第2フェーズとして、量から質の向上へ

［対応の方向性］

↓

主な施策	概要
公共交通の軸の確保	・公共交通の形成と拠点整備を、一体的かつ具体的に立地適正化計画に位置付け ・国は地方自治体のまちづくり部局と交通部局との連携の促進に向けて支援
魅力的な空間の形成	・拠点内の回遊性や滞在性を向上させる際は、「居心地が良く歩きたくなる」歩行者中心の空間づくりをはじめ、周辺のまちづくりと駐車場の施策との連携なども重要
誘導区域や施設の設定	・日常生活を営む身近なエリアの「ネイバーフッド」にも、必要な機能が確保された地域の生活拠点を形成するとともに、各拠点の魅力を高めることが求められる
生活の質の向上	・新しいライフスタイルへの対応や自然と触れ合える空間の確保、公共空間の活用の促進などによって、居住誘導区域における生活の質と機能を向上
適切な目標設定	・都市経営の視点も踏まえ、人口や公共交通などの将来を見据えて目標を設定

［2024年度の主な取り組み］

↓

施策		概要
立地適正化計画の充実	デジタル技術を活用した調査	・各種のデータの重ね合わせによる解析などによって立地適正化計画の質を評価して改善策を検討。標準的な評価方法は国が提示 ・上記の情報を地方自治体に提供することで、立地適正化計画の見直しやコンパクト・プラス・ネットワークの取り組みの充実を図る
	効果の可視化	・立地適正化計画に定量的な目標を設定する地方自治体に支援
地域の公共交通との連携	モビリティーハブの整備	・地域の公共交通と連携し、カーシェアリングやシェアサイクルの拠点とパブリックスペースなどとを統合した「モビリティーハブ」を整備

（注）国土交通省の都市計画基本問題小委員会が2023年4月に公表した中間取りまとめや「コンパクトシティ形成支援チーム」の9月の資料、国交省の24年度予算の資料を基に作成

●コンパクト・プラス・ネットワークを推進する計画や制度のポイント

立地適正化計画

改正「都市再生特別措置法」に基づき、
市町村が作成

都市機能誘導区域

都市機能の立地の促進
・誘導する施設に税財政や金融面で支援
・医療施設の建て替えなどで容積率を緩和
・公的不動産や低・未利用地を有効に活用
歩いて暮らせるまちづくり
・歩行空間の整備を支援
都市機能の立地の緩やかなコントロール
・誘導したい機能の区域外での立地について、届け出や市町村による働きかけ
・誘導したい機能の区域内での休廃止について、届け出や市町村による働きかけ

居住誘導区域

区域内における居住環境の向上
・住宅事業者による都市計画などの提案制度
区域外の居住の緩やかなコントロール
・区域外における一定の規模以上の住宅開発について、届け出や市町村による働きかけ

地域公共交通計画

改正「地域公共交通活性化再生法」に基づき、
市町村や都道府県が作成

↓

まちづくりと連携し、
地方自治体が中心となって
地域の公共交通ネットワークを形成

地域公共交通利便増進実施計画

・路線などを見直す
・等間隔の運行や定額制で乗り放題の運賃を採用するなどしてサービスを改善

地域旅客運送サービス継続実施計画

・路線バスなどの維持が困難な場合、地方自治体が関係者と協議のうえ、公募によってコミュニティーバスやデマンド交通、タクシーなどの代替する輸送サービスを導入

連携

↓

都市の骨格となる公共交通の軸を確保
公共交通の軸と連携して拠点の魅力を向上

↑

[これからのまちづくりで考慮すべき社会の動向]

・複数の用途が融合した職住近接や住まいから近距離で生活機能の充足を求めるニーズの高まり
・地区内の交通における電動キックボードなどの新たなモビリティーへの対応
・荷さばきの施設や駐車場の適正な配置　・都市内の移動を支える自動運転技術の早期の実装

(注)国土交通省が2022年9月に開催した都市計画基本問題小委員会の資料を基に作成

区域」と商業施設などの生活サービス機能を配置する「都市機能誘導区域」を定める。公共交通については改正「**地域公共交通活性化再生法**」と連携していくことになる。

立地適正化計画とともに「地域公共交通計画」を定める市町村は増えてきたが、両計画の連携を具体的に位置付けているケースは少ないことから、公共交通の軸の確保や魅力的な空間の形成などに関わる施策を推進する。併せて、デジタル技術を活用して立地適正化計画の質を評価し、コンパクト・プラス・ネットワークの充実を図る。

[関連キーワード]

地域交通の再構築(98ページ)　**地域公共交通活性化再生法の改正**(99ページ)　**公共空間のオープン化**(138ページ)　**空き家対策**(104ページ)　**国土形成計画**(62ページ)　**国土利用計画**(64ページ)　**コロナ禍を経た変化**(56ページ)　**まちづくりのDX**(106ページ)

キーワード
32

所有者不明土地

不動産登記簿などの所有者台帳によって所有者が直ちに判明しない、または判明しても所有者に連絡がつかない土地。公共事業の円滑な実施などに支障が生じていることを踏まえ、2019年6月に「所有者不明土地の利用の円滑化等に関する特別措置法」が全面施行。都道府県知事が収用委員会に代わって裁定する仕組みなどを設けた。

その後も人口減少や**少子高齢化**が進むなか、土地の利用ニーズが低下。所有者不明土地のさらなる増加が見込まれることから先述の特別措置法を改正し、22年11月に

●「所有者不明土地の利用の円滑化等に関する特別措置法」の改正概要

［背景］

人口減少や少子高齢化が進むなか、相続件数が増加。土地の利用ニーズの低下と所有意識の希薄化が進行。所有者不明土地のさらなる増加が見込まれる

［課題］

所有者不明土地の「利用の円滑化の促進」と「管理の適正化」が課題。自然災害への対応も

［改正法の概要］

主な項目や施策			概要
利用の円滑化	地域福利増進事業の利用	対象事業の拡充	・現行の広場や公民館などに、備蓄倉庫などの災害関連施設や再生可能エネルギーの発電設備に関する事業を追加
		事業期間の延長	・再生可能エネルギーの発電設備などを民間の事業者が整備する場合、土地の使用権の上限を現行の10年から20年に
		対象とする土地の拡大	・老朽化などによって利用が困難で、引き続き利用されないと見込まれる空き家などがある土地でも、地域福利増進事業や土地収用法の特例手続きの対象として適用
管理の適正化	災害などの発生を防止	勧告や命令、代執行	・引き続き管理されないと見込まれる所有者不明土地について、市町村長による勧告や命令、代執行の制度を創設 ・併せて、民法上では利害関係人に限定されている「管理不全土地管理命令」の請求権を市町村長に付与
		所有者の探索	・勧告などの準備のため、土地の所有者の探索のために必要な公的情報の利用や提供を可能にする措置を導入
体制の強化	計画や協議会の制度		・市町村は「所有者不明土地対策計画」の作成や「所有者不明土地対策協議会」の設置が可能
	推進法人の指定制度		・市町村長は所有者不明土地などの活用に取り組む法人を「所有者不明土地利用円滑化等推進法人」として指定
	職員の派遣		・市町村長は、上記の計画の作成や所有者の探索を行ううえで、国土交通省の職員の派遣を要請できる

（注）2022年11月から施行が始まった改正法を基に作成

●所有者不明土地と空き家への対策を一体で推進する施策のポイント

［背景］

・空き家と所有者不明土地は人口減少などによって増加が見込まれ、それらが混在した地域も
・空き家と土地の活用や管理を通じて地域経済を活性化。子育て世帯向けの住まいなどにも活用

<table>
<tr><th>項目</th><th colspan="2">概要</th></tr>
<tr><td>推進の計画と体制</td><td colspan="2">・所有者不明土地や空き家への対策で、計画や協議会の運営を連携</td></tr>
<tr><td>所有者の探索</td><td colspan="2">・空き家の担当部局と土地の部局とが相互に情報を共有し、探索をより円滑に</td></tr>
<tr><td rowspan="3">利用や活用</td><td colspan="2">・空き家や土地の所有者の意識を啓発。所有者に早期の活用を促すほか、相続した空き家や低・未利用地の譲渡に向けて税制改正でインセンティブを拡大
・地方自治体に空き家と土地に係る一元的な相談窓口を設置
・行政を補完する民間を合同で指定。指定されたNPOなどが空き家や低・未利用地などの管理や活用に係る相談に対応するとともにマッチングなども担う
・空き家と空き地の「バンク」を一体で整備。空き家や低・未利用地を地域一帯で活用</td></tr>
<tr><td>空き家</td><td>・区域制度や子育て世帯向けなどへの活用を促進</td></tr>
<tr><td>所有者不明土地</td><td>・朽廃空き家のある土地も対象に地域福利増進事業を活用</td></tr>
<tr><td rowspan="3">適切な管理と除却</td><td colspan="2">・建物や土地の管理制度の創設など、管理不全の空き家や土地の管理を強化</td></tr>
<tr><td>空き家</td><td>・特定空き家となるおそれがある空き家に対して指導や勧告</td></tr>
<tr><td>所有者不明土地</td><td>・災害などの発生を防止するために勧告や命令、代執行</td></tr>
<tr><td>地方自治体や所有者への支援</td><td colspan="2">・空き家や所有者不明土地への各支援事業を連携させて採択し、重点配分
・空き家と所有者不明土地の問題に一体で取り組む優良な事例を横展開</td></tr>
</table>

（注）2023年2月に公表された「空き家対策と所有者不明土地等対策の一体的・総合的推進」を基に作成

一部を除いて施行した。「利用の円滑化の促進」と「管理の適正化」などの課題に対して**地域福利増進事業**の対象を拡充し、備蓄倉庫や貯水槽などの災害関連の施設のほか、**再生可能エネルギー**の設備を追加した。併せて路外駐車場や緑地、災害関連の施設や再生可能エネルギーの発電設備を整備する場合は、土地の使用権の上限期間を最長で20年に延長するなどして、円滑な利用を促していく。さらに、国交省は23年2月、**空き家対策**と所有者不明土地への対策を一体で推進する方針も示した。建物や土地の管理制度を創設して23年4月に施行したほか、所有者の探索などでも連携する。

［関連キーワード］

地域福利増進事業：所有者不明土地を、公園の整備など地域に役立つ事業に利用できる制度。地方自治体や民間企業、NPOなどが都道府県知事に裁定を申請し、使用権を取得して事業を行う。2019年に施行した「所有者不明土地の利用の円滑化等に関する特別措置法」で創設した。22年の改正によって利用の対象を拡大し、災害関連の施設や再生可能エネルギーの発電設備も追加した。

空き家対策（104ページ）　**コンパクト・プラス・ネットワーク**（100ページ）　**国土形成計画**（62ページ）　**特定空き家**（105ページ）　**エリアマネジメント**（140ページ）　**公共空間のオープン化**（138ページ）　**再生可能エネルギー**（184ページ）　**グリーンインフラ**（188ページ）　**小さな拠点**（35ページ）　**総力戦で挑む防災・減災プロジェクト**（146ページ）　**少子高齢化**（34ページ）

キーワード 33

空き家対策

　総務省が2019年9月に公表した「平成30年住宅・土地統計調査」によると、日本の住宅のストック数は2018年時点で約6240万戸。そのうちの約850万戸を空き家が占め、20年間で1.5倍に増えた。なかでも、居住目的のない「その他空き家」が1.9倍に増えており、2030年には1998年の182万戸から470万戸に増加する見込みだ。

●空き家対策の考え方

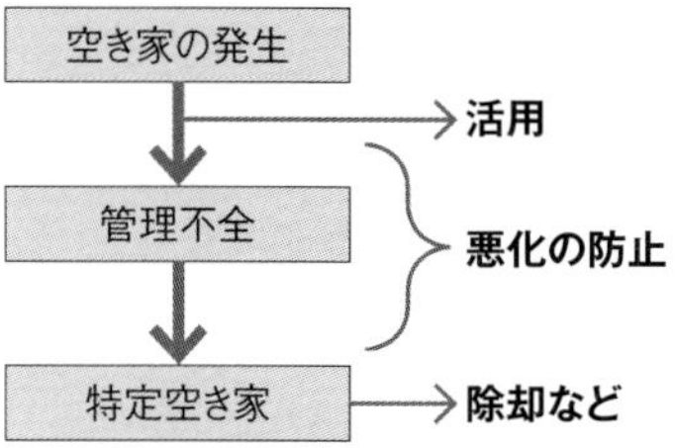

●居住目的のない「その他空き家」の推移

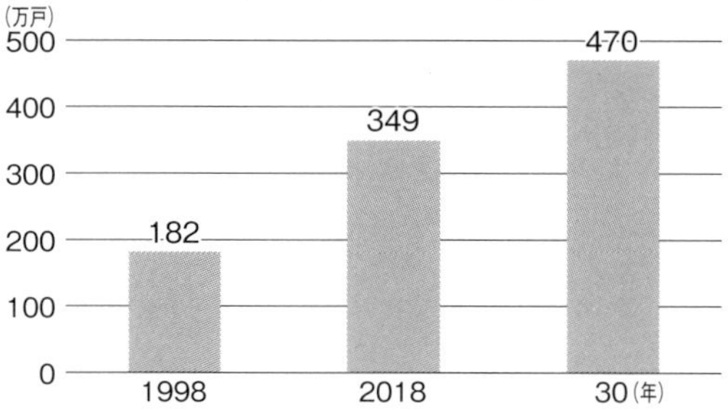

(注)2030年の空き家数は見込み。国土交通省や総務省の資料を基に作成

●「空き家等対策の推進に関する特別措置法」の改正概要

施策		概要
所有者の責務の強化		・現行の努力義務に、国や自治体に協力する努力義務を追加
活用の拡大	活用促進区域	・例えば中心市街地や地域の再生拠点、観光振興を図る区域など ・市区町村が「空き家等活用促進区域」や「空き家等活用促進指針」を定め、用途変更や建て替えなどを促進。接道に係る前面道路の幅員規制や用途変更を実施する場合の用途規制を合理化 ・市区町村から空き家の所有者に対し、指針に合った活用を要請
	支援法人制度	・空き家などの管理や活用に取り組むNPO法人や社団法人などを、市区町村が「空き家等管理活用支援法人」として指定
管理の確保	特定空き家の未然の防止	・放置すれば「特定空き家」になるおそれがある「管理不全空き家」に対し、市区町村が管理の指針に即した措置を指導・勧告 ・勧告を受けた空き家は固定資産税の「住宅用地特例」を解除
	所有者の把握	・市区町村から電力会社などに情報提供を要請
特定空き家の除却など	状態の把握	・市区町村に特定空き家の所有者に対する「報告徴収権」を付与
	代執行の円滑化	・特定空き家などに対する緊急時の代執行制度を創設
	財産管理人による管理や処分	・管理不全空き家などで、所有者に代わって財産を管理・処分 ・市区町村に財産管理人の選任請求権を付与。相続放棄に対応

(注)2023年12月に施行された改正法を基に作成

●空き家などの「活用促進区域」の設定方法

主な項目		概要
設定の基本的な考え方		・中心市街地の活性化など、関係する法令に基づく既存の区域設定や法定計画の内容などをベースに設定し、経済的・社会的な活動を促進 ・市区町村のニーズに応じて、既存の区域設定や法定計画などがある区域とは別に、新たに促進区域を設定することも可能
他の部局などとの検討体制の構築		・空き家などの活用需要は、中心市街地の活性化、移住や定住など様々な政策課題に関わることから、関係する部局の連携が不可欠
活用促進区域の検討	対象エリア	・中心市街地や地域再生拠点、地域住宅団地再生区域、歴史的風致の重点区域のほか、商店街活性化促進区域や滞在促進地区など ・上記以外にも、市区町村が地域の実情に応じて柔軟に設定できる
	レッドゾーンなど	・土砂災害特別警戒区域や災害危険区域での設定は望ましくない ・土砂災害警戒区域などの場合は防災の担当部局とも相談して検討
活用促進指針の検討	基本的な事項	・当該区域の課題のほか、課題を解決するために空き家や跡地の活用が必要な理由、活用によって期待される効果などを定める
	空き家の種類	・住宅と非住宅の別など、区域内で課題となっている空き家の種類を考慮し、活用が必要と考えられる具体的な空き家などの種類を特定
	誘導すべき用途	・上記を踏まえ、必要になる空き家の用途を「誘導用途」として定める ・市区町村長から空き家の所有者などに積極的に要請する場合は、規制の合理化の対象に限定せず、他の用途も含めて幅広く定める
都市計画などとの調和		・都道府県の都市計画区域マスタープランや市区町村の都市計画マスタープランとの調和を図る。立地適正化計画などの内容も考慮

（注）国土交通省が2023年12月にまとめた「空家等活用促進区域の設定に係るガイドライン」を基に作成

国土交通省では「壊すべきものは除却し、利用可能なものは活用する」との考え方に基づき、21年3月に閣議決定した新たな住生活基本計画では、空き家の多様な利用を推進するために、「二地域居住」や空き家と空き地との一体的な活用などの施策を示した。さらに、23年12月に改正「空き家等対策の推進に関する特別措置法」が施行。地域の再生拠点や観光振興を図る区域などを「空き家等活用促進区域」として用途変更や建て替えなどを促す。12月にまとめたガイドラインで同区域の設定方法を示した。併せて、**特定空き家**の除却や「管理不全空き家」への対策も強化する。

［関連キーワード］

特定空き家：倒壊など保安上著しく危険で衛生上も有害となるおそれがある状態の空き家。景観を著しく損なっているほか、放置することが周辺の生活環境の保全にとって不適正な状態も含まれる。
都市のスポンジ化：都市の内部で、孔が空くように空き家などが小さな敷地単位でランダムに発生すること。外から見た街並みは変わらないのに、都市の密度が低下していく。
都市の低密度化：人口減少に伴って、都市全体の人口や土地利用の密度が低下する現象。主に市町村や生活圏・都市圏の課題であるのに対し、スポンジ化は街区単位など、より狭いエリアが対象に。
所有者不明土地（102ページ）　**コンパクト・プラス・ネットワーク**（100ページ）　**地域福利増進事業**（103ページ）　**国土形成計画**（62ページ）　**国土利用計画**（64ページ）　**少子高齢化**（34ページ）　**歴史まちづくり**（202ページ）　**エリアマネジメント**（140ページ）　**地域交通の再構築**（98ページ）

キーワード
34

まちづくりのDX

国土交通省の「まちづくりのデジタル・トランスフォーメーション実現会議」によると、「基盤となるデータの整備やデジタル技術の活用を進め、まちづくりのあり方を変革することで、都市における新たな価値の創出または課題の解決を図ること」と定義。インターネットやAI、デジタルツインの技術などを活用することで空間や時間などに関わる

●まちづくりのDXに取り組む背景や重点テーマ

[背景や課題]

・少子高齢化　・生産性の向上　・国際競争力の強化　・都市と地方の格差
・新型コロナウイルス感染症　・災害の激甚化　・「ウェルビーイング志向」の高まり

[目的]

プロセスの効率化や利便性の向上を図るだけでなく、従来のまちづくりの仕組みそのものを変革

[目指す姿]

豊かな生活や多様な暮らし方と働き方を支える「人間中心のまちづくり」の実現

[ビジョン]

持続可能な都市経営	一人ひとりに寄り添うまち	機動的で柔軟な都市設計
将来を見据えた都市計画や都市開発、まちづくりの活動によって安定した都市経営を実現	住民のニーズを的確に捉え、その変化にも敏感に適応する「オンデマンド都市」を実現	社会情勢の変化や技術革新に柔軟に対応し、サービスを深化させ続ける都市を実現

[重点的に取り組むテーマ]

テーマ	主な施策	例やイメージ
都市空間DX	デジタル技術の活用	・スマートシティーの社会実装の加速
	データに基づく空間の再編	・人間中心のウオーカブルな空間への再編
	空間整備のDX	・自動運転などに対応したインフラの再構築
エリマネDX	まちづくり団体の体制の強化	・ガバナンスの強化や財源の確保
	高度なサービスの社会実装	・デジタル技術を活用したサービスの実装
	地域内のデータ循環の促進	・データ連携基盤の構築や利用状況の見える化
まちづくりデータの高度化とオープンデータ化	オープンデータ化の推進	・都市計画情報やパーソントリップ調査の高度化 ・大規模盛り土造成地マップのオープンデータ化
	データ連携の推進	・地籍調査などの多様なデータソースの活用
3D都市モデルの整備と活用、オープンデータ化	データ整備の高度化と効率化	・土木構造物などの標準仕様の拡張 ・BIMや点群などとの連携手法の確立
	「データ・カバレッジ」の拡大	・地方自治体によるデータ整備への支援

(注)国土交通省が2022年7月にまとめた「まちづくりのデジタル・トランスフォーメーション実現ビジョン(ver1.0)」などを基に作成

●スマートシティーの類型

類型	行政主導型	エリアマネジメント型
対象エリア	・都市や都市圏スケールのエリア	・特定の地区スケールのエリア
主な目的や概要	・市民の幸福度（ウェルビーイング）の向上 ・行政システムの効率化や各種の行政サービスの提供など	・地区の価値の向上 ・地区住民の生活や地区内の事業者の活動をサポートするサービスの提供
推進主体	・地方自治体が主導するコンソーシアムなど	・地域のまちづくり団体や地方自治体が主導するコンソーシアムなど
地方自治体の主な役割	・コンソーシアムの組成やルールづくり、計画の制定などを主導するほか、計画の進捗状況を調整 ・各種の行政サービスを提供	・地域のまちづくり団体と協働し、コンソーシアムの組成や計画の制定などをけん引 ・行政の計画や政策における地区の位置付けを明確化するほか、地域のまちづくり団体の活動をサポート
主な主体と提供するサービスの例	＜地方自治体や運営法人[*1]、民間＞ ・行政手続きや防災、防犯、医療や福祉、モビリティー、教育、産業、インフラの管理などに関わるサービスを提供 ・利用者は市域全体の住民や来街者	＜地域のまちづくり団体[*2]や自治体、民間＞ ・タウン情報の発信、インフラの管理や清掃、警備、物流、エネルギーなどの街区のマネジメントに関わるサービスを提供 ・利用者は地区の住民や事業者、来街者

（注）スマートシティーで典型的と考えられる主な類型。＊1の運営法人とはスマートシティーを運営するため、推進主体の下に特別に設置される法人。＊2のまちづくり団体とはエリアマネジメントの法人やTMO（タウンマネジメントの組織）など。2023年8月に公表された「スマートシティガイドブック」の第2版を基に作成。内閣府と総務省、経済産業省、国土交通省が合同でまとめた

制約を外し、従来の仕組みを変革する。実現に向けて「持続可能な都市経営」と「一人ひとりに寄り添うまち」、「機動的で柔軟な都市設計」の3つのビジョンを定め、これらを達成するために4つのテーマに重点的に取り組む方針を示した。

例えば、「都市空間DX」では**スマートシティー**の社会実装を加速する。自動運転に対応したインフラの再構築にも取り組む。「エリマネDX」では**エリアマネジメント**にもデジタル技術を導入し、公共空間の管理などで高度なサービスの提供を図る。

［関連キーワード］

スマートシティー：計画や整備、管理や運営などのマネジメントを通して全体最適を図る持続可能な都市または地域。ICTなどの新技術やデータを活用し、都市や地域が抱える様々な課題を解決する。防災や環境など対象とする分野は多岐にわたり、Society5.0の実現の場と定義されることもある。

MaaS：Mobility as a Service（モビリティー・アズ・ア・サービス）の略。頭文字から「マース」と呼ばれる。自動車などのモビリティーを単なる手段ではなく、利用者にとっての一元的なサービスとして捉える概念で、最適な移動手段をシームレスに提供する。例えば、スマートフォンのアプリを用いて出発地から目的地までの移動手段の検索や予約、決済を一括して行えるサービスが挙げられる。道路の混雑や公共交通の縮小・撤退など、都市や地方の交通が抱える課題を解決するだけでなく、ポストコロナの移動需要に対応するうえでも有効な手段になると期待されている。

エリアマネジメント（140ページ）　**国土形成計画**（62ページ）　**国土利用計画**（64ページ）　**公共空間のオープン化**（138ページ）　**国土交通データプラットフォーム**（249ページ）　**Society5.0**（59ページ）　**コロナ禍を経た変化**（56ページ）　**Project PLATEAU**（243ページ）

キーワード
35

自転車通行空間の整備

　地球温暖化への関心の高まりやライフスタイルの変化、サイクルツーリズムといった観光振興策などを背景に、自転車の通行空間を整備する動きが広がりつつある。さらに、自転車と歩行者との事故の割合が高まってきたことも整備を促している。警察庁が2024年3月に公表した「令和5年中の交通事故の発生状況」によると、自転車関連の事故は23年で約7.2万件。10年間で約4割減少したものの、歩行者との事故は増える傾向にあり、自転車関連の事故に占める割合は4.4%に上昇した。ルールの認識不足だけでなく、分離した通行空間の不足も事故の要因として挙げられている。

　自転車専用通行帯などの整備では幅員の確保を課題として挙げる声が多く、矢羽根

●自転車の通行空間における現状や課題

［事故］

- 「自転車対歩行者」と「自転車単独」の死傷事故が増加傾向
- 死傷事故は対4輪と対2輪が合計9割を占め、多くは交差点で発生。出合い頭の衝突が多い
- 単路の死傷事故は歩行者と分離されていない歩道などの空間で多く発生。「死亡事故率」は交差点より単路が高い

［自転車通行空間の内訳と延長］

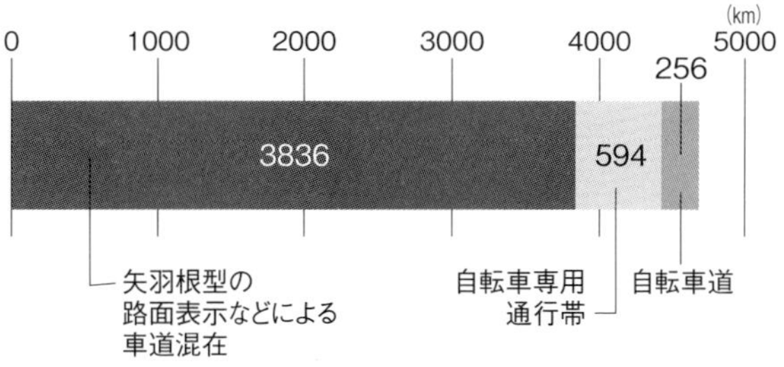

［自転車専用通行帯の整備上の課題］　［自転車道の整備上の課題］

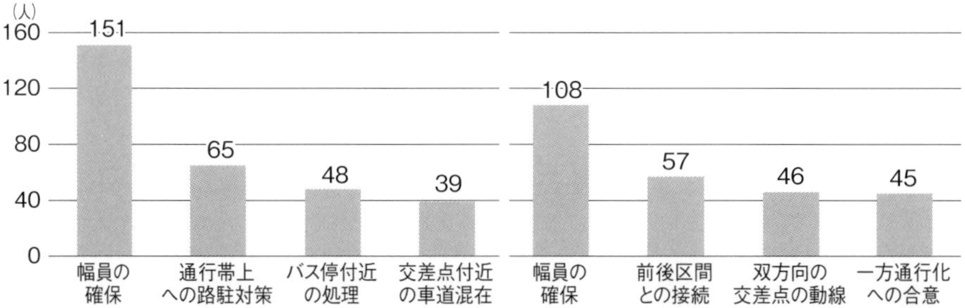

（注）上のグラフの数値は2021年の速報値で、車道走行を基本とした自転車通行空間の延長。自転車道には自転車専用道路も含む。下は自転車道などの設計や検討の経験がある道路管理者に対する国土交通省の22年12月の調査結果で、複数回答。国交省が23年3月に開催した道路分科会の基本政策部会の資料を基に作成

●自転車の利用環境の向上策

対応方針		ポイントや取り組みの例
検討手法の多様化や深化	データやICTの活用	•スマートフォンの移動履歴やシェアサービスのプローブデータを活用し、利用エリアの広がりや通行量の多い時間帯などを把握
	多様で柔軟な検討の促進	•パーソントリップ調査やアンケートも活用して利用状況を把握 •整備形態の選定の目安となる速度は実勢速度も含めて柔軟に •バイパスの開通によって現道の交通量が減少した場合は現道の車線を減らし、自転車の通行空間や歩行空間に再配分
	数値基準の見直し	•自転車の通行空間の選定を制限する数値基準の見直しへ
	PDCAサイクルの強化	•自治体などの関係者が連携し、継続してPDCAサイクルを実行 •公共交通や観光振興、まちづくり全体の観点からも議論
通行空間の整備の工夫	構造や基準の弾力的な運用	•ゴムポールなどを活用して自転車専用通行帯の安全性を向上 •バス専用の通行帯を自転車や軽車両の通行空間にも活用
	事例の充実	•用地を新たに取得せずに自転車の通行空間を創出する手法など •自転車通行空間の整備とともに車両の規制速度を抑制 •自転車専用通行帯の右に駐車方法を指定して停車空間を確保するなど、路上の駐停車と自転車通行空間とが共存する形に
整備の促進	他の事業との連携	•無電柱化などの事業に併せて自転車の通行空間も整備

「安全で快適な自転車利用環境創出ガイドライン」の改定に反映

（注）「安全で快適な自転車等利用環境の向上に関する委員会」の2023年4月の資料を基に作成

型の路面標示などによる車道混在が大半を占める。国土交通省は整備形態の選定が硬直化しているほか、客観的なデータが不足している点を指摘。データの活用を促すとともに、自転車通行空間を選定する際の数値基準を見直す。他の事業との連携も図る。

［関連キーワード］

安全で快適な自転車利用環境創出ガイドライン：「自転車は車両であり、車道通行が原則」との観点に基づき、面的な自転車ネットワーク計画の作成方法や自転車通行空間の設計の考え方などについて示したもの。国土交通省と警察庁が2012年に作成した。16年に改定した後、自転車活用推進法の施行や道路構造令の改正、自転車活用推進計画などを踏まえて24年に再び改定する予定だ。

自転車活用推進計画：自転車活用推進法に基づき、自転車の活用に関する施策を推進するうえで基本となる計画。2021年5月に閣議決定した現行の第2次推進計画では、自転車の利用環境を充実させるため、地方自治体でも同推進計画を定めるとともに、自転車通行空間の計画的な整備を促進するよう求めた。生活道路の安全対策や無電柱化との連携も、実施すべき施策として挙げている。

道路空間の再配分：現況の車道や歩道の幅を見直し、自転車の通行空間や歩行空間などを確保すること。例えば車線を減らして、その分を自転車やLRT、歩行者に充当する。限られた道路空間を自動車やバス、自転車などの多様な利用者が「共用」、「共存」する形になる。再配分にあたっては、道路構造や車両の交通量、沿道の状況、道路の占用物などを考慮して検討する必要がある。

モビリティーマネジメント：自動車の過度な利用から公共交通機関や自転車を利用する方向へ、自発的な変化を促す交通政策。教育や啓発によって、公共交通などの利用に誘導する。

道路の交通安全（110ページ）　**無電柱化**（204ページ）　**公共空間のオープン化**（138ページ）
観光立国推進基本計画（86ページ）　**地球温暖化対策計画**（78ページ）　**合意形成**（118ページ）

キーワード
36

道路の交通安全

2023年の交通事故による死者数は2678人。過去最少だった前年から2.6％増えたものの、長期的には減る傾向にある。一方、65歳以上の高齢者が占める割合は5割を超え続けており、23年は前年比1.7ポイント減の54.7％だった。さらに、かつては自動車の乗車中に死亡する事故が多かったが、08年からは歩行中の死亡事故が上回るようになり、警察庁の「令和5年中の交通事故の発生状況」によれば、自転車に乗車中の事故を含めると、23年も約50％が歩行中または自転車の乗車中に発生している。

幹線道路では死傷事故の発生区間が集中していることから、国土交通省などは潜在的な危険箇所も含めて「事故危険箇所」として指定。交差点の改良などを進めている。生活道路では歩行空間の整備などに加え、21年8月から「ゾーン30プラス」と呼ぶ区

●道路の交通安全に向けた対策

対象	施策など	対策の概要や例
幹線道路	危険箇所の指定	・交通事故が多発している箇所のほか、ETC2.0のプローブデータなどのビッグデータから判明した潜在的な事故の危険箇所を指定
	交差点の改良	・右折車線を延ばすとともに直進用の車線と分離。カラー舗装も実施
	車線の増設	・車両同士の追突や右折時の事故が多い箇所に直進用の車線を増設
	柵などの設置	・中央帯と横断防止柵を設け、横断する歩行者と車両との事故を防止
	注意喚起	・前方注意の路面表示や注意を喚起する看板を設置
生活道路	「ゾーン30プラス」の設定	・最高速度が30km／時の区域規制を実施 ・自動昇降する車止め（ライジングボラード）で通過交通の進入を排除 ・車道の方向はハンプ構造とすることで走行速度を抑制。ハンプと横断歩道を組み合わせて段差を減らした「スムーズ横断歩道」を設置 ・ETC2.0などのビッグデータを活用して速度超過の危険箇所を特定 ・ハンプや狭さく、クランクやスラロームで走行速度を抑制
	歩行空間の整備や確保	・防護柵やカラー舗装で歩行者の空間を確保するほか、自転車の通行空間などを設けて歩行者と自転車を分離。無電柱化も実施
	機能の分化	・交差点改良や道路の拡幅など幹線道路と生活道路の機能を分化
通学路など	合同点検と対策	・2021年6月に千葉県八街市で発生した事故を受け、文部科学省と国土交通省、警察庁が合同点検。道路管理者に関わる約3万9000カ所のうち、23年9月末時点で暫定的な対策を含めて91％で対策済み ・歩道の整備や交差点の改良、防護柵や狭さく、区画線の設置、路肩のカラー舗装の敷設、車線分離標による歩行空間の確保など

（注）次ページの上も国土交通省などの資料を基に作成

●「ゾーン30プラス」の手順

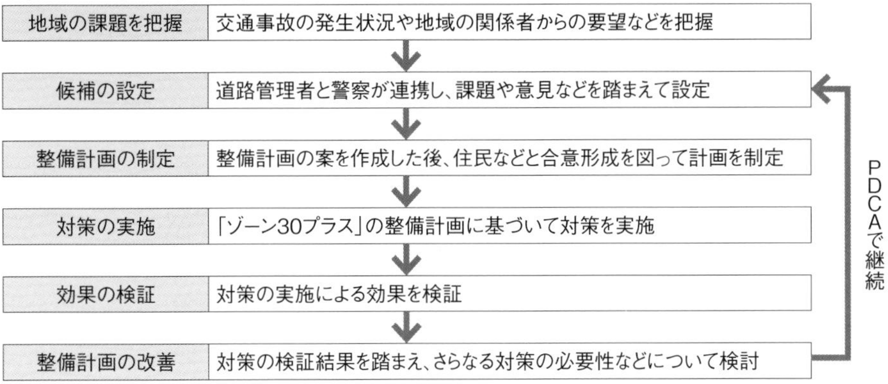

●交通事故による死者数の推移

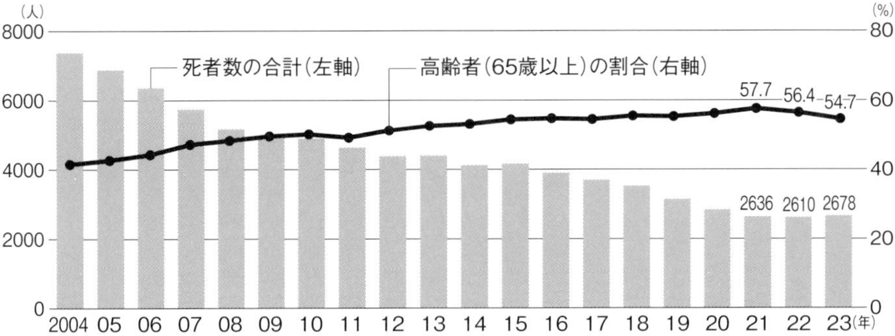

(注)警察庁が2024年1月に公表した「令和5年中の交通事故死者数について」を基に作成

域の設定を始めた。速度などを抑制するためのハンプや狭さくといった「物理的デバイス」と最高速度を30km／時に規制する区域とを組み合わせて安全性を高める。道路構造や交通の実態、沿道環境を踏まえ、住民との**合意形成**を図りながら整備する。通学路などでは、21年6月に千葉県八街市で発生した事故を受けて合同点検を実施。暫定的な対策も含めると、23年9月末時点で約9割の箇所で対策を終えている。

[関連キーワード]

トランジットモール：中心市街地のメーンストリートなどで一般車両の乗り入れを制限し、歩行者や自転車、バスや路面電車などの公共交通機関だけに開放している道路。

自転車通行空間の整備（108ページ）　**道路空間の再配分**（109ページ）　**公共空間のオープン化**（138ページ）　**無電柱化**（204ページ）　**観光立国推進基本計画**（86ページ）　**歩行者移動支援サービス**（207ページ）　**オーバーツーリズム**（200ページ）　**合意形成**（118ページ）

キーワード 37

総合物流施策大綱

政府における物流の施策や行政の指針を示したもの。最初の大綱は1997年4月に5年間を計画期間として定めた。現行の総合物流施策大綱（2021～25年度）は新型コロナウイルス感染症の拡大や昨今の物流に関わる課題を踏まえて2021年6月に閣議決定した。サプライチェーン（供給網）の最適化や労働力不足への対策、持続可能な物流ネットワークの構築の3つの方向性を示したうえで、これから取り組むべき施策をそれぞれ挙げている。例えば物流ネットワークの構築では、**重要物流道路**の指定などを通して道路ネットワークの機能の強化を図る。大規模な災害に対応するため、港湾や空港では岸壁の耐震化や施設のかさ上げ、**BCP**に基づく訓練などを実施している。

●物流ネットワークの構築に向けた主な施策の状況

施策		概要や取り組みの状況
道路ネットワークの構築と機能の強化	「新広域道路交通計画」	・各地域の「新広域道路交通計画」を踏まえて整備。都市間の速達性の確保や三大都市圏の環状道路の整備を進める
	重要物流道路	・国際海上コンテナ車（40ft背高）の特殊車両の通行許可が不要な区間を拡大。2022年7月時点で約3万1300kmを指定済み ・「パフォーマンス指標」に基づき、通行支障箇所の解消を推進
災害に強い物流システムの構築		・緊急支援物資の輸送に係るハンドブックを改訂 ・大規模な地震だけでなく、豪雨や大雪、パンデミックなどの多様な災害に対応した「BCP策定ガイドライン」を作成
港湾における防災・減災の推進	臨海部の防災拠点の形成	・緊急物資の受け入れ拠点として機能するよう岸壁を耐震化 ・緊急物資の輸送の中継拠点や支援部隊のベースキャンプとして機能する「基幹的広域防災拠点」を首都圏と京阪神に整備 ・平常時は緑地として市民に開放し、災害時は国が運用
	高潮や高波	・港湾施設のかさ上げや補強などの浸水対策を実施
	地震や津波	・ネットワークを意識して耐震強化岸壁を整備するとともに臨港道路などを耐震化。既存の耐震強化岸壁の老朽化対策も推進 ・「粘り強い構造」の防波堤を整備。避難計画の作成なども促進
	被災状況の把握	・被災状況を遠隔で調査できるリモートセンシングの技術を活用
空港の耐災害性の強化	空港BCP	・「A2-BCP」*に基づいて対応。訓練などで実効性を強化
	浸水対策	・護岸のかさ上げや排水機能の強化で浸水を防止
	滑走路の耐震	・液状化層の地盤改良などによって災害時の拠点機能を確保
海上交通安全法などの改正		・安全な海域への避難や走錨対策の強化などを勧告

（注）A2-BCPとはAdvanced（先進的）なAirport（空港）の事業継続計画。国土交通省が2023年8月に開催した総合物流施策大綱のフォローアップ会合の資料を基に作成

●総合物流施策大綱(2021〜25年度)のポイント

方向性	背景や課題	取り組むべき施策や例	
サプライチェーンの最適化	・労働力不足の深刻化 ・新しい生活様式に対応した非接触・非対面型の物流への転換	物流のデジタル化	・手続きの書面の電子化 ・サイバーポートによる生産性の向上 ・特殊車両の通行手続きの迅速化
		自動化や機械化	・物流施設などへのロボットの導入 ・トラックの隊列走行や自動運転
		データ基盤の構築	・物流などのデータ基盤や物流MaaS
		人材の育成と確保	・物流DXで求められるスキルの明確化
労働力不足への対策と構造改革	・生産年齢人口の減少 ・トラックドライバーの時間外労働の上限規制	労働環境の整備	・ダブル連結トラックの活用 ・デジタル機器による荷待ち時間の削減
		労働生産性の改善	・共同輸配送や倉庫のシェアリング
		過疎地域におけるラストワンマイル配送	・コミュニティーバスを用いた貨客混載 ・ドローン物流の実装や自動運転サービス
		労働力の確保	・多様な人材が活躍できる環境の整備
物流ネットワークの構築	・大規模な災害や感染症の流行などによるサプライチェーンの途絶 ・国際経済の不確実性やグリーン社会、カーボンニュートラル、SDGsへの対応	感染症や大規模災害など有事への対応	・基幹的な海上交通ネットワークの維持 ・「ヒトを支援するAIターミナル」の推進 ・自動運転や隊列走行を見据えた道路整備
		国際競争力の強化や持続可能な成長	・重要物流道路の拡充による機能強化 ・国際コンテナ戦略港湾の推進
		地球環境の持続可能性の確保	・モーダルシフトの推進 ・荷主の連携による物流の効率化 ・各輸送モードの脱炭素化の促進 ・カーボンニュートラルポートの形成

(注)2021年6月に閣議決定した総合物流施策大綱(2021〜25年度)などを基に作成

[関連キーワード]

物流総合効率化法:正式な名称は「流通業務の総合化及び効率化の促進に関する法律」。輸送や保管、荷さばきなどの流通業務を一体で実施するとともに、輸送網の集約やモーダルシフト、輸送や配送の共同化などによって効率化を図る事業に対し、計画の認定や支援措置を定めた法律。2024年2月には、荷主や物流事業者に対して物流の効率化に取り組むことを努力義務などとする改正案を閣議決定した。併せて、法律の名称を「物資の流通の効率化に関する法律」に変更している。

モーダルシフト:二酸化炭素(CO_2)の排出量の削減や物流の効率化に向けて、トラックなどの自動車から環境負荷の小さい鉄道や内航海運などの大量輸送機関に転換すること。

重要物流道路制度:物流で重要な役割を担う区間を指定する制度。平常時や災害時を問わずに安全で円滑な物流を確保するのがねらい。高規格幹線道路や地域高規格道路、直轄国道、空港や港湾へのアクセス道路などから国土交通大臣が指定し、機能の強化を図る。道路法の2018年の改正によって同制度を創設した。24年4月時点で約3.6万kmの供用区間を指定している。

モーダルコネクトの強化:バスと鉄道や航空など、多様な交通モード間の乗り継ぎや乗り換えといった接続を強化すること。渋滞の緩和などによって輸送の効率や生産性を高める。トラック輸送と空港や港湾などとの輸送モードを接続する「物流モーダルコネクト」も強化する。

ミッシングリンク:「失われた輪」から転じて、社会資本整備では分断された未整備の道路などのこと。

インフラ分野のDX(242ページ) **道路防災とリスクアセスメント**(156ページ) **港湾の気候変動適応策**(170ページ) **高速道路の更新や改良**(134ページ) **国土強靭化基本計画**(74ページ) **MaaS**(107ページ) **BCP**(149ページ) **コロナ禍を経た変化**(56ページ)

キーワード
38

PPP・PFI

PPPとはPublic Private Partnershipの略。官民連携や公民連携と呼ばれる場合もある。行政が担ってきた役割の一部を民間へ開放し、民間のノウハウを生かして行政と民間が共同で公共サービスの効率化や質の向上を図る。一方、PFIとはPrivate Finance Initiativeの略で、公共施設などの建設や維持管理に民間の資金調達や事業運営のノウハウを取り入れる手法。いずれも民間の資金やノウハウを活用する点では同じだが、PPPには**指定管理者制度**なども含まれ、PFIより広い概念と言える。

●PPP・PFIの推進策

［方向性］

地域での活用や対象の拡大　｜　手法の多様化　｜　創意工夫の最大化　｜　能力の強化と人材確保

↓

［施策］

多様なPPP・PFIの展開

地方自治体の機運の醸成や支援
・「ローカルPFI」や「優先的検討規定」の推進
・マニュアルや手引の周知、専門家の派遣や人材の育成

基盤の充実

PFI推進機構の活用

↓

具体的な取り組みやキーワード		概要
カーボンニュートラル	ハイブリッドダム	・治水機能の強化、設備の増強などによる水力発電の促進、ダムの立地地域の振興の3つを官民連携で実現
	グリーンインフラ	・民間の資金を活用したグリーンインフラの実装を推進
新たな活用モデルの形成	スモールコンセッション	・空き家などの小規模な既存ストックを活用して活性化
	みなと緑地PPP	・2022年11月成立の改正港湾法に基づき、港湾緑地などで民間が整備した施設の収益を緑地のリニューアルなどに還元
	RIVASITE	・河川の敷地で民間の投資を創出し、地域の活性化と河川管理の効率化を両立。制度の改正に向けた検討も実施
	包括的民間委託	・インフラの維持管理や修繕などで、広域かつ分野を横断した包括的民間委託やPFIの導入を促進。手引も周知
新分野の開拓	自衛隊の施設	・各駐屯地や基地などの集約や再配置の計画に活用
	漁港	・官民連携によって漁港施設と水面の活用を図る
	地域の公共交通	・関係者の「共創」を通じて交通ネットワークを「リ・デザイン」
公的不動産などでの推進	既存ストックの活用	・「居心地が良く歩きたくなる」まちなかの形成に向けて、公共空間などを活用。民間はオープンスペースを提供

（注）内閣府のPFI推進会議が2023年6月に決定した「PPP／PFI推進アクションプラン（令和5年改定版）」を基に作成

●「ローカルPFI」の概要

<table>
<tr><td>コンセプトや特徴</td><td colspan="2">•PFIの事業を通じて地域の経済や社会により多くのメリットをもたらすことを志向
•地域の企業の参画や事業機会の創出、地域の産材の活用や人材の育成を図る</td></tr>
<tr><td>推進策</td><td colspan="2">•地域の関係者が集う「地域プラットフォーム」で官民が対話し、案件の形成を促進
•地域プラットフォームの組成や導入可能性調査、専門家の派遣などで自治体を支援</td></tr>
<tr><td rowspan="3">ローカルPFIと捉えられる事例</td><td>道の駅</td><td>•地域の企業が代表となって地域のネットワークを活用し、町内の事業者や個人が農産品を出荷。雇用機会を創出し、利用者や売り上げも増加</td></tr>
<tr><td>歴史的建造物</td><td>•町屋群を観光拠点となる宿泊施設に改修する事業で、地域の企業が代表となって周辺の飲食店と連携。歴史的建造物の保存や活用にも貢献</td></tr>
<tr><td>スポーツ公園</td><td>•クラブハウスを中心に地域の交流拠点を配置。地域の企業が代表となって事業者グループを組成。地元の人材を活用するなど雇用機会も創出</td></tr>
</table>

(注)内閣府のPPP／PFI推進室が2023年6月に公表した資料を基に作成

2022年度から31年度までの10年間で事業規模を30兆円とする目標を掲げている。23年6月に改定した「PPP／PFI推進アクションプラン」では、目標の達成に向けて地域での活用や対象の拡大、手法の多様化などの方向性を踏まえたうえで、推進する施策をそれぞれ示している。例えば、多様なPPPやPFIの展開として新たな活用モデルの形成や新分野の開拓などに取り組む。新たな活用モデルとして、**スモールコンセッション**や**みなと緑地PPP**、**RIVASITE**、**包括的民間委託**などを挙げている。新分野の開拓では、自衛隊や漁港の施設、**地域の公共交通**も対象とした。多様な展開とともに、地方自治体の機運の醸成などに向けた支援も進める。地域の経済や社会に多くのメリットをもたらす「ローカルPFI」を推進し、PPPやPFIの活用地域を拡大する。

[関連キーワード]

スモールコンセッション：地方自治体が所有・取得する空き家や遊休不動産などの比較的小規模な既存ストックを活用したコンセッション（公共施設等運営事業）などのPPP・PFI事業。

コンセッション方式：国や地方自治体が、民間事業者に対して施設の所有権は移転せずにインフラの事業運営に関する権利を長期間にわたって付与する方式。2011年の改正PFI法で位置付けた。

PFIの事業数：2022年度末時点で実施方針を公表した事業数は累計で1004件、契約金額は約8.7兆円。単年度では、22年度の件数が前年度に比べて約2割増の69件。一方、コンセッション方式の活用を前提とした事業は前年度の5件から1件に減少した。累計では48件となっている。

指定管理者制度：公共施設の管理や運営を民間企業が代行できる制度。2003年9月に施行された改正地方自治法で導入された。総務省の2021年4月時点の調査によれば、指定期間は長期化の傾向にあり、72.7%が「5年」、「5年超」は7.6%だった。3年前の前回の調査からそれぞれ約1ポイント上昇した。選定の基準はサービスの向上が最多で、業務遂行能力や管理経費の節減が続いている。

SPC：Special Purpose Companyの略。ある特別の事業を行うために設立された事業会社のこと。

包括的民間委託（124ページ）　**公共空間のオープン化**（138ページ）　**みなと緑地PPP**（139ページ）　**RIVASITE**（139ページ）　**グリーンインフラ**（188ページ）　**ハイブリッドダム**（164ページ）　**地域交通の再構築**（98ページ）　**歴史まちづくり**（202ページ）　**Park-PFI**（139ページ）

キーワード
39

公共事業の評価

公共事業を評価する仕組みとして、国土交通省では新規事業採択時の評価や事業の途中段階で実施する再評価を1998年度から開始。事業完了後の評価も2003年度から始めた。新規事業の場合は主に費用便益比に着目しており、事業の完了後は事業の効果や環境への影響などを確認している。公共事業の評価や**費用便益分析**にあたっては、国交省が分野ごとにそれぞれまとめたマニュアルなどが基本になる。例えば、「治水経済調査マニュアル（案）」は河川やダムの事業を対象とし、近年の被害の実態などを基に便益の算定方法を見直したほか、新たな便益の項目を加えて20年4月に改定した。「港湾整備事業の費用対効果分析マニュアル」は新規事業採択時の評価と再

●公共事業の評価や費用便益分析で用いる主なマニュアルなど

公共事業評価の費用便益分析に関する技術指針（共通編）
•費用便益分析の計測手法や考え方などに関して、共通して考慮すべき事項について定めたもの •各事業の所管部局などが費用便益分析の計測手法などを定める際は、同指針の内容と整合を図る •「社会的割引率」は当面、4%を適用するものの、その考え方などについて見直し、2023年9月に改定

↓

分野	名称	概要
道路	費用便益分析マニュアル	•道路事業における便益や費用の算出の前提、便益などの算定の考え方や手法などについて解説している。2022年2月に改定 •走行時間の短縮、走行経費や交通事故の減少について便益を算出
河川やダム	治水経済調査マニュアル（案）	•治水事業で経済的に評価できるものを便益として事業や維持管理の費用と比較。事業の経済性を評価する方法を定めたもの •近年の水害データや被害の実態を基に被害率や算定方法を見直したほか、新たな便益の項目を加えるなどして2020年4月に改定
河川やダム	河川に係る環境整備の経済評価の手引き	•環境整備の便益の評価手法や考え方、費用の計測方法などを整理 •便益の計測手法としてCVM（仮想的市場評価法）やTCM（旅行費用法）、代替法の概要と特徴を示している。2019年3月に改定
砂防	砂防事業の費用便益分析マニュアル（案）	•砂防事業の費用便益分析を行うための手法について整理 •上記の治水経済調査マニュアル（案）の改定を受けて被害率や算定方法を変更し、想定氾濫区域の設定も含めて2021年1月に改定
港湾	港湾整備事業の費用対効果分析マニュアル	•港湾の事業に対する評価のうち、新規事業採択時の評価と再評価における費用対効果の分析が対象。物流ターミナルや防波堤の整備など、各プロジェクトごとに整理している。2023年12月に改定
鉄道	鉄道プロジェクトの評価手法マニュアル	•新線やバリアフリー施設の整備、既設線や鉄道駅の改良、防災対策の評価手法を示したもの。委員会を設けて改定を検討中

（注）次ページも国土交通省の資料を基に作成

●各事業の主な評価手法

事業 （便益の把握方法）	費用便益分析での評価項目		費用便益分析以外の 主な評価項目
	費用	便益	
道路や街路 （消費者余剰法）	•事業費 •維持管理費	•走行時間の短縮 •走行経費の減少 •交通事故の減少	•歩行者などへの影響 •社会全体への影響 •事業の実施環境
都市や幹線鉄道 （消費者余剰法）	•事業費 •維持管理費	•時間短縮の効果など利用者の便益 •供給者の便益 •環境への効果や影響	•道路交通の混雑緩和 •地域の経済効果 •生活利便性の向上 •安全への効果や影響
港湾 （消費者余剰法）	•建設費 •管理運営費と再投資費	•貨物の輸送費の削減 •旅客の移動費の削減	•地域の活性化 •環境などへの影響
空港 （消費者余剰法）	•事業費 •管理運営費	•利用者の便益 •供給者の便益	•安全や安心の確保 •地域経済への波及効果
河川やダム （代替法、CVM、TCM）	•事業費 •維持管理費	•年平均の被害軽減[*1] •水質改善の効果[*2] •流水の機能の維持[*3]	•災害発生時の影響 •過去の災害実績 •災害発生の危険度 •地域の開発状況 •地域の協力体制
砂防 （代替法）	•事業費 •維持管理費	•直接の被害の軽減 •人命の保護	•災害発生時の影響 •過去の災害実績 •災害発生の危険度
海岸 （代替法、CVM、TCM）	•事業費 •維持管理費	•浸水の防護 •浸食の防止 •飛砂や飛沫の防護 •海岸環境の保全 •海岸の利用	•災害発生時の影響 •過去の災害実績 •災害発生の危険度 •地域の開発状況 •地元の協力体制

（注）＊1は期待額、＊2は環境整備事業の、＊3はダム事業の場合。便益の把握方法の概要は以下の関連キーワードや119ページの表に記載。公共事業評価手法研究委員会の2020年11月の資料を基に作成

評価に用いるもので、防波堤や臨港道路などのプロジェクトごとに整理している。これらに共通する事項について定めたのが、「公共事業評価の費用便益分析に関する技術指針（共通編）」。「社会的割引率」の考え方などについて見直し、23年9月に改定した。

［関連キーワード］

費用便益分析：事業の効果を金額に換算した便益が、投じた費用を上回っているかどうかをみる手法。公共事業の評価に使われる。事業で得られる効果（便益）を費用で割った数値を費用便益比（B／C）と呼び、その値が1を上回れば、費用に見合う効果があると判断される。

代替法：事業がもたらす効果を、対象とする社会資本と同様な効果を有する他の市場財で代替して供給した場合に、必要とされる費用によって評価する手法。適切な代替財の設定がポイント。

コンジョイント分析：評価の対象とする商品やサービスなどの構成要素を変化させ、それぞれの場合の回答者の望ましさや好ましさの違いを貨幣価値に換算し、顧客や利用者などの選好を分析する手法。利用者が重視する要素やそれらの組み合わせを調べられる。

ストック効果の最大化（136ページ）　**土砂・洪水氾濫**（168ページ）　**生物多様性**（190ページ）
合意形成（118ページ）　**バリアフリー・ユニバーサルデザイン**（206ページ）

キーワード
40

合意形成

社会資本整備や公共事業の円滑な実施にとって、住民をはじめとする関係者との合意形成は欠かせない。**PI**（パブリック・インボルブメント）や**社会実験**が普及してきたが、最近ではインフラの**ストック効果**をより積極的にアピールすることで、効果をユーザーと共有する「見せる化」も推進。3次元モデルで関係者の理解を促す**BIM**／

●無電柱化の事業における合意形成の基本的な流れ

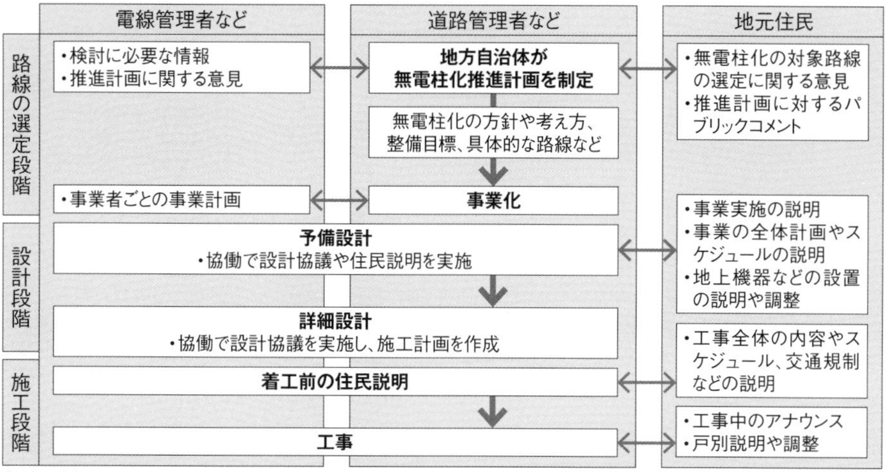

（注）電線共同溝方式の例。国土交通省が2023年7月に改訂した「無電柱化事業における合意形成の進め方ガイド（案）」を基に作成

●地域の公共交通を対象とした合意形成のポイント

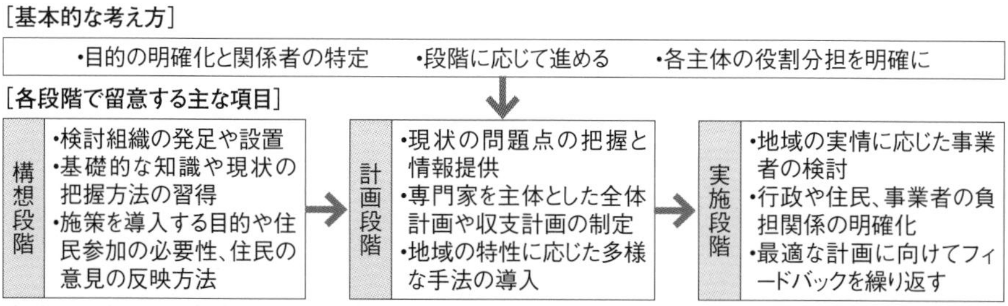

（注）国土交通省の「地域公共交通の確保・維持・改善に向けた取り組みマニュアル」の「関係者との合意形成の図り方」を基に作成

●ストック効果の「見える化、見せる化」のポイント

ポイント	概要や例	
幅広い効果の把握と活用	•道路の開通に伴う社会や経済状況の変化を継続して把握し、情報を発信 •河道の改修や排水機場などの整備効果が発揮されたタイミングで発信 •ビッグデータによって広範囲で長期間のデータ分析が可能。例えば、スマートフォンの情報から得られる位置情報を活用して高速道路の開通による観光地への訪問者数を分析	
わかりやすい伝え方	•ストック効果の事例集の作成やパネル展の開催 •事業評価の記録や資料などを整理して保存し、将来の事業展開のための情報として共有 •インフラツーリズムを推進して効果を実感。子供や学生たちにも観察会や見学会を通して働きかける。併せてアンケート調査を実施し、その後の取り組みに反映	
経済的な分析手法の活用	消費者余剰法	事業によって影響を受ける消費行動の変化分に着目
	ヘドニック法	事業に伴う地価の上昇を推計し、整備による便益を評価
	CVM	支払い意思額を尋ねて社会資本の価値を金額で評価
	TCM	利用者が費やす「旅行費用」から施設の便益を評価

（注）国土交通省の「ストック効果ポータルサイト」の資料から抜粋して作成

●BIM／CIMの導入で期待される合意形成の効果

［活用例］	［効果］
•地元説明会の場で計画の内容を3次元モデルや立体模型で説明 •複数の3次元モデルを作成することで様々な角度から景観を比較	円滑な協議や迅速な合意形成に寄与
•「車載写真レーザー測量」で位置や姿勢を連続して計測することで、道路周辺の正確な3次元の情報と映像を同時に取得	資料に用いる3次元の地形データの取得に有効
•「オブリークカメラ」による3次元の鳥瞰図やレーザー計測のデータ、ドローンの画像などを組み合わせて鳥瞰図を作成	住民などに説明する資料の精度が向上

（注）国土交通省が2019年5月に改定したCIM導入ガイドライン（案）の共通編を基に作成

CIMも合意形成に役立ちそうだ。国土交通省では地域の公共交通に関わる事業を例に、目的や各主体の役割分担の明確化などを、合意形成を図るうえでの基本的な考え方として示している。多くの関係者が関わる事業では特に重要で、2021年5月に定めた**無電柱化**推進計画では、事業のスピードアップを図るために「地域の合意形成の円滑化」を講じるべき施策の一つとして明示。国交省が23年7月に改訂したガイド（案）では、路線の選定から施工までの各段階で必要な協議や調整などを整理している。

［関連キーワード］

PI：Public Involvementの略。公共事業の計画に際して構想段階から住民や利害関係者などに情報を開示し、計画に意見を反映させようとする試み。語義は公衆（Public）の巻き込み（Involvement）。
社会実験：社会的に大きな影響を与える可能性が高い事業や施策の実施に先立って、期間や場所を限定して試行・評価する取り組み。事業や施策の適否を判断するために効果や課題を洗い出す。
公共事業の評価（116ページ）　**費用便益分析**（117ページ）　**無電柱化**（204ページ）　**BIM／CIM**（246ページ）　**ストック効果の最大化**（136ページ）　**自転車通行空間の整備**（108ページ）

第3章

分野別解説

3.2 維持管理・運営

キーワード
41

地域インフラ群の再生

主に市区町村が管理・運営する複数のインフラを「群」として捉え、マネジメントしていくことで必要な機能や性能を維持していくこと。2022年からをメンテナンスの「第2フェーズ」と位置付け、これから実行すべき施策を「地域インフラ群再生戦略マネジメント」として国土交通省が22年12月に公表した。対象エリアは地域の特性などを踏まえて設定する。体制の構築にあたって、**包括的民間委託**などによる維持管理を挙げている。自治体の連携が欠かせないことから、広域連携の考え方や関連する制度も示した。23年12月には、40の自治体による11件のモデル地域を選定している。

●2022年からの「第2フェーズ」で取り組むべき施策

［施策の方針］

市区町村の課題などを踏まえて施設の必要な機能や性能を維持し、より良い地域社会を創造

↓

各地域の将来像に基づき、複数で広域かつ他分野のインフラを「群」として捉えてマネジメント

↓

国民の参加などを通じた多様な主体による「総力戦」での実施体制を構築

↓

［速やかに実行すべき施策］

施策	概要や施策の例
地域の将来像を踏まえた展開	・更新や集約・再編に併せて機能を追加。施設の機能転換や用途転用も ・個別施設計画の質の充実などでメンテナンスサイクルの実効性を向上 ・首長のイニシアチブによって市区町村のメンテナンスを強力に推進
市区町村の体制の構築	・包括的民間委託などによって広域的かつ分野を横断して維持管理 ・市区町村の技術者に今後求められる技術力を明確化して強化 ・メンテナンスの生産性向上を図るためのツールを構築。業務の標準化も
新技術の活用や技術開発の推進など	・メンテナンス産業の生産性の向上に資する新技術の活用などを推進 ・人材の育成を図るとともに、AIや新技術の活用を見据えて体制を構築 ・2巡目以降の点検結果も踏まえ、維持管理・更新費の推計を見直し
DXによる「デジタル国土管理」の実現	・分野を横断した広域的なデータベースを構築。データの標準化も ・インフラのマネジメントの高度化に向けてデータの活用策を検討 ・必要なデータのオープン化と並行してセキュリティー対策を推進
国民の参加やパートナーシップへ	・インフラのメンテナンスに対する国民や地域の関心をさらに向上 ・メンテナンスに関わる行政や民間などの優れた活動の横展開を強化 ・メンテナンス活動への国民参加を促進してパートナーシップを構築

（注）国土交通省が2022年12月に公表した提言「総力戦で取り組むべき次世代の『地域インフラ群再生戦略マネジメント』」を基に作成

●「地域インフラ群再生戦略マネジメント」の進め方

対象とするエリアの状況や将来、インフラ群の現状や課題などを把握

↓

段階		整理すべき事項の例	イメージ
計画の制定	基本方針	・広域連携などの観点を踏まえた点検や補修、集約などの基本的な方向性 ・DXなどの新技術の活用、人材の育成や技術者の確保、技術的な連携の方針 ・スケジュール	・人口など地域の特性や自治体間の機能的なつながりなどを踏まえて対象エリアを設定 ・複数かつ多分野の施設を「群」として捉え、維持すべき機能や役割を果たした機能などに再整理。将来、必要となる機能を検討
実施	実施方針	・地域における維持管理の発注状況や受注者も含めた体制、自治体の財政 ・広域や他分野の連携など、再生戦略マネジメントに基づく具体的な実施方針 ・包括的民間委託の対象とする分野や業務、規模やエリア、時期、手法や体制 ・マーケットサウンディングや図書の整理	・日常的な維持管理から高度な技術を要する更新まで、業務を難易度や求められる技術力などに応じて類型化し、発注方式を検討 ・より広域での複数の市区町村や場合によっては都道府県も含めた連携での発注も検討 ・市区町村の現状を踏まえ、除雪の共同発注から始めるなど、段階的に取り組みを発展

（注）下も地域インフラ群再生戦略マネジメントの計画策定手法検討会や実施手法検討会の2023年8月の資料を基に作成

●広域連携の考え方や主な制度

	水平連携		垂直連携
考え方	一つの市区町村がリードする形で、複数の市区町村と連携。都道府県は加わらない	既存の広域連携の組織や協議会などの体制をベースとして、管内の複数の市区町村が連携	都道府県の本庁や出先機関などがリードする形で、管内の複数の市区町村と連携

↓

主な制度	連携協約	自治体が連携して、事務を処理するための基本方針と役割分担を定める
	協議会	自治体が連携して、管理の執行や連絡・調整、計画の作成を行う
	機関の共同設置	自治体の委員会または行政機関などを複数の自治体が共同で設置
	事務の委託	自治体の事務の一部の管理や執行を他の自治体に委ねる
	一部事務組合	複数の自治体で、事務の一部を共同で処理できるようにするために設ける
	広域連合	広域にわたっての処理が適当と認められる事務を処理するために設ける

［関連キーワード］

地域維持型契約方式：除雪や災害対応、維持管理などの「地域維持事業」の担い手確保のために打ち出した契約方式。複数年契約や複数の業務の一括発注、共同受注方式などで地域に精通した建設会社が主体となって手がける。「適正化指針」の2011年の改正で導入した後、14年には事業協同組合も実施主体に明示した。地域維持型JVや事業協同組合では、各社の特性に応じた役割分担によって作業の効率が高まると期待されている。一方、契約期間が1～2年間で小規模な補修などに限定されるケースも多く、技術的な工夫の余地が小さい点が指摘されている。

包括的民間委託（124ページ）　**予防保全**（132ページ）　**点検・診断**（126ページ）　**インフラ長寿命化計画**（72ページ）　**新技術の活用**（128ページ）　**社会資本の老朽化**（40ページ）　**維持管理への住民参画**（142ページ）　**メンテナンスサイクル**（133ページ）

キーワード
42

包括的民間委託

それまで別々に契約していた業務や複数年にわたる工事などを、まとめて一つの企業または企業体などと契約する方式。複数の施設の管理や運営を包括して委託する場合もある。維持管理や修繕では、**地域維持型契約方式**や「フレームワーク方式」などを試行している。1社による応札が頻発し、**入札不調・不落**が多いといった実情を踏ま

●包括的民間委託の例

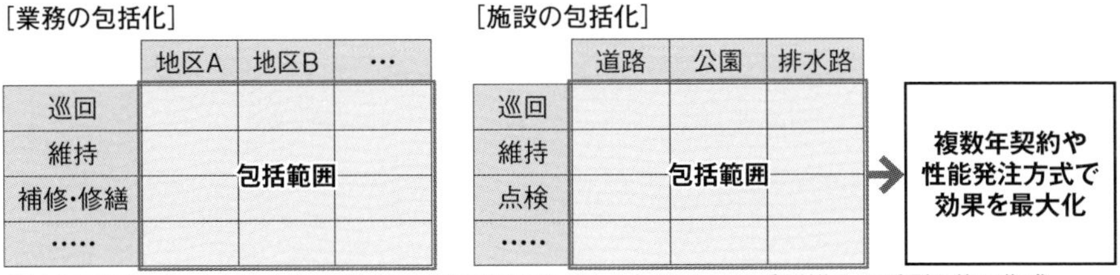

（注）下の図のメリットも国土交通省が2023年3月に公表した包括的民間委託導入の手引を基に作成

●包括的民間委託の課題とメリット

[包括化を実施しない主な理由]

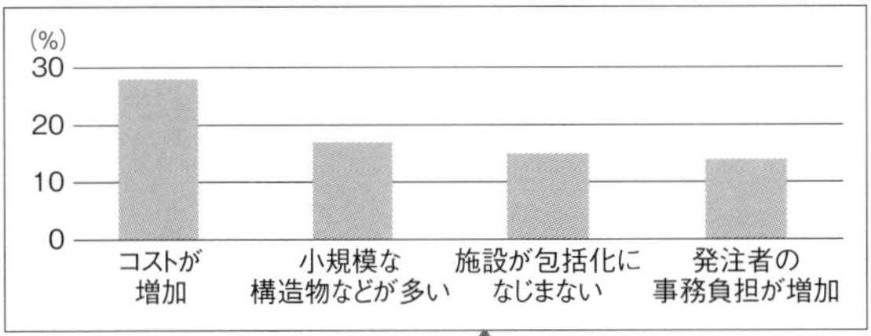

[実施しないその他の理由]

- 入札参加者の負担が増加
- 発注ロットが拡大することによって発注件数が減り、既存の受注者の受注機会が減少
- 業務の担当部署が複数にまたがるため、一括での発注が困難
- 指定管理者制度を導入済みまたは導入予定

[期待される効果やメリット]

発注者

- 委託業務の件数が減って負担が軽減
- 入札参加者の継続した確保が可能に
- 予防保全の促進や対応の迅速化が図られる

受注者

- 幅広い分野や業務、施設のノウハウを蓄積
- 複数年契約では将来の業務量の見通しがつく
- 性能発注の場合は創意工夫によってコストを削減

地域の住民

- 自治体の職員が現場を確認したうえで発注する形に比べ、通報に対してより迅速な対応が可能に
- 地域の事業者の活用が増えることで、地域において雇用の維持が図られる

（注）グラフは国土交通省が地方自治体を対象として2021年4～7月に実施したアンケート調査の結果。社会資本メンテナンス戦略小委員会の21年12月の資料を基に作成

●維持管理における入札・契約方式の方向性

［試行中の入札・契約方式］

類型や特徴	方式	概要や利用上の注意点など
性能保証	長期性能保証	・工事完了後も一定期間、受注者の責任で対象施設の品質規定を設定 ・受注者がコントロールできる責任範囲の設定に注意
	性能規定発注	・設定したサービス水準に基づいて契約。受注者の管理状況の把握が必要
設計や仕様への関与	修繕ECI	・仕様や前提条件を確定できない修繕工事で施工者が設計段階から関与 ・難度が高くない工事では手続きの負担が大きい
	設計工事連携型	・詳細設計などの段階から施工者が関与する方式 ・難度が高くない工事に適用。関与する設計範囲の明確化に注意
企業連携	地域維持型JV	・地域の建設会社が継続した実施体制を確保するために結成する共同企業体。人員の確保が必要な場合、相互にフォローすることが可能
	事業協同組合型	・共同で行うことで、中小企業の経営の合理化と取引条件の改善を図る ・組合員である各社の人員や機械を確保することができる
手続きの簡素化	参加者確認型契約	・特殊な技術を要する工事で契約予定者以外の参加がない場合に契約予定者と随意契約。災害対応のほか、特殊な設備を要する工事にも
	フレームワーク方式	・公募によって選定した複数の企業に対して個別の工事または業務を発注 ・特定の企業グループが一定期間、継続して受注。透明性の確保に注意

［将来像］

発注期間
複数年度の契約を拡大
受注体制
企業グループを拡大

品質や担い手の確保、生産性の向上
複数年契約の拡大などによって、若手技術者の採用や資機材の保有、新技術の活用などに対して企業が中長期的に投資できる方法に

入札不調・不落
フレームワーク方式など、不調・不落が少ない方式に

（注）将来像は案で、国土交通省の直轄工事が対象。国交省が2023年1月に開催した「発注者責任を果たすための今後の建設生産・管理システムのあり方に関する懇談会」の維持管理部会の資料を基に作成

え、国土交通省の直轄工事ではこれらの活用を拡大する考えだ。契約期間の長期化などによって企業が中長期的に投資できるようになり、若手技術者の採用や**新技術の活用**などにつながるとみている。入札不調・不落が少ない方式への転換も図る。

一方、国交省の調査によれば、コストや負担の増加などを理由に包括的民間委託の実施をためらう地方自治体は少なくない。メリットが十分に伝わっていないことに加え、**地域インフラ群の再生**を進めていくうえでも重要なことから、同省は導入に向けた手引を2023年3月に作成した。説明会などを通じて採用を働きかけていく。

［関連キーワード］

地域インフラ群の再生（122ページ）　**多様な入札・契約方式**（234ページ）　**地域維持型契約方式**（123ページ）　**社会資本の老朽化**（40ページ）　**PPP・PFI**（114ページ）　**指定管理者制度**（115ページ）　**入札不調・不落**（239ページ）　**新技術の活用**（128ページ）

キーワード
43

点検・診断

予防保全などによって構造物の長寿命化を図るうえで、基本となるのが点検や診断だ。メンテナンスサイクルを着実に回すうえでも体系的に点検を実施し、それを基に構造物の状況をデータベースにして管理していく必要がある。点検が多くの分野で進む一方、地方自治体で修繕などの着手が遅れている。例えば、5年以上前の点検でⅢま

●定期点検の改定概要

[現状や課題]

- 判定区分だけでは懸念した状況や状態が確認できない
- 診断の根拠などが不明
- 定期点検や診断結果の質にばらつきの可能性がある

- 診断の過程などを独自に追加して記録している自治体もある
- 記録したデータが施策やマネジメントなどに活用しきれていない
- 技術者が不足

- 大規模な橋梁など、点検支援技術の活用が期待されていてもうまく活用できていない可能性がある
- 点検支援技術などの新技術を活用する余地がある

[方向性]

診断の検討過程や診断に必要な取得情報を明確に

残すべきデータを標準化。分析に必要な項目や記録方法を明示

診断の質を確保できる点検支援技術や使い方などを明確化

診断の質の向上、記録の適正化と省力化、点検作業の適正化を実現

[定期点検要領の改定]

対応策		改定概要
点検の質の確保	記録方法*	・現行の方法を変更し、「性能の推定」（見立て）の記録を追加 ・現状や次回の点検までに想定される状態を推定して記録する
	資格や研修	・受発注者の技術力を向上させるための資格や研修を充実
点検の効率化	項目や記録*	・必要以上の記録の削減を促すなど、点検項目と記録を合理化 ・記録データを記号・標準化。標準の仕様などデータ環境も提供
	点検支援技術	・点検支援技術の活用法を明記した「点検計画策定要領」を制定* ・直轄国道の定期点検で点検支援技術の活用を原則に ・活用可能な技術をまとめた「点検支援技術性能カタログ」を充実

[3巡目以降の定期点検に向けて引き続き検討すべき事項]

項目	概要	例
運用	適切に性能を推定して記録できる人材の確保	国交省登録資格の認定要件の見直し
措置	性能の確保などの観点から基準類を充実	道路橋の修繕に関する技術基準の制定
マネジメント	修繕の効果などの継続した改善と仕組みづくり	xROADやデータの活用、助言や研修

（注）道路が対象。定期点検要領の＊は主な見直し事項。国土交通省が2024年1月や23年10月に開催した道路技術小委員会の資料を基に作成

●1巡目(2014〜18年度)の点検結果と措置の状況

[判定区分]

	橋	トンネル
Ⅰ	41	2
Ⅱ	49	56
Ⅲ	10	41
Ⅳ	0.1	1

Ⅰ	健全
Ⅱ	予防保全段階
Ⅲ	早期措置段階
Ⅳ	緊急措置段階

[判定区分がⅢとⅣの施設に対する修繕などの着手率]

管理者	橋			トンネル		
	修繕に着手		修繕に未着手	修繕に着手		修繕に未着手
		完了			完了	
国土交通省	99	70	1	99	92	1
高速道路会社	95	75	5	99	93	1
地方自治体	75	56	25	91	76	9
都道府県・政令市	89	65	11	98	86	2
市区町村	68	52	32	72	48	28

5年以内に実施する次回の点検までに修繕などの措置が必要

地方自治体では5年以上経過しても、
橋では約2割、トンネルでは約1割が修繕などに着手できていない

(注)修繕などの状況は2022年度末時点。道路構造物が対象で、単位はいずれも%。判定区分の割合は全管理者の合計。23年8月に公表された「道路メンテナンス年報」を基に作成

たはⅣと診断された道路橋のうち、2022年度末時点で約2割が着手できていない。

さらに、道路では点検などの質がばらついている可能性が指摘されている。記録したデータや**新技術の活用**も課題になっている。点検の質と負担の問題を受け、国土交通省は24年3月に道路の定期点検要領を改定。点検の質を確保するために「性能の推定」の記録を追加した。次回の点検までに想定される状態などを記録する。点検の効率化では、必要以上の記録の削減を促すとともに、記録するデータの標準化を図る。「点検支援技術」の活用方法を明記することも考えている。一方、3巡目以降の定期点検に向けて、適切に性能を推定して記録できる人材の確保などが課題になる。

[関連キーワード]

道路土工構造物点検要領:道路土工構造物を対象に、道路法の規定に基づいて行う点検について基本的な事項を示したもの。国土交通省が2017年8月にまとめた。高さがおおむね15m以上の切り土や10m以上の盛り土を「特定道路土工構造物」と定め、5年に1回を目安として近接目視による点検を基本とした。その後、特定道路土工構造物では建設後2年以内に初回の点検を行うことを基本とするほか、河川の隣接区間として前面に河川がある盛り土や擁壁を対象に追加。さらに、3次元の点群データを点検にも活用できることを明記するなど、国交省は同要領を改定。22年度に直轄国道で暫定版を試行し、23年度から改定した要領による2巡目の点検を始めている。

予防保全(132ページ) **xROAD**(130ページ) **インフラ長寿命化計画**(72ページ) **社会資本の老朽化**(40ページ) **新技術の活用**(128ページ) **メンテナンスサイクル**(133ページ) **道路メンテナンス年報**(73ページ) **インフラ分野のDX**(242ページ)

キーワード
44

新技術の活用

国土交通省の調査によれば、インフラの**点検や診断**などの業務で新技術を導入している施設管理者の割合は、2021年度時点で46%。新技術の導入や検討にあたっての障壁として、約4割が発注に係る知識を有する技術者の不足を、3割が予算の不足を

●インフラの点検や診断などにおける新技術の導入状況と自治体への支援策

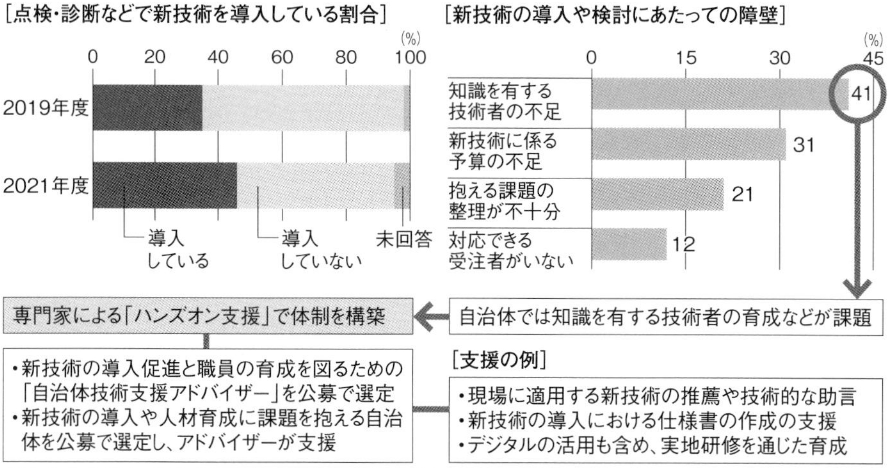

（注）左上のグラフは地方自治体や国土交通省などの施設の管理者に対して2021年4～7月に、右上は都道府県と市区町村に対して22年9～10月にそれぞれ実施したアンケート調査の結果。新技術の導入に向け、国交省が23年8月に公表した自治体の公募資料を基に作成

●点検支援技術の活用に向けた対応策

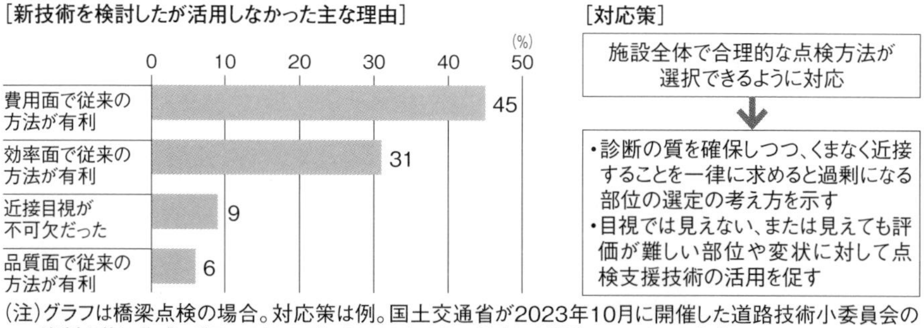

（注）グラフは橋梁点検の場合。対応策は例。国土交通省が2023年10月に開催した道路技術小委員会の資料を基に作成。グラフの元のデータは23年8月に公表した道路メンテナンス年報

●地方自治体が維持管理に新技術を導入する手順とポイント

担当部署内で事前に検討	→	導入の決定と予算の確保	→	現場で試行	→	本格的に導入	→	評価や改善、改良
•インフラの維持管理の課題を明確化 •新技術に関して情報を収集 •導入の可否と方法を判断		•担当部局の内外や財務部局、首長と調整 •新技術の有効性のほか、コストや業務量の削減効果も確認		•自治体は試行するためのフィールドを提供 •共同開発も含めて方法を判断 •実績などから試行しない場合も		•新技術を用いた業務を委託 •機材だけを調達して自治体の職員が自ら維持管理 •包括的民間委託も選択肢の一つ		•説明会で共有 •納品された電子データの管理体制を整備 •導入による効果を整理して評価 •改善や改良

(注)地方自治体に向けて国土交通省が2021年3月に作成した「インフラ維持管理における新技術導入の手引き(案)」から抜粋して要約

●新技術の導入を促す入札・契約方式の例

新技術導入促進Ⅰ型	概要	•発注者が指定するテーマについて、NETISの登録技術など実用段階にある技術の提案を求め、活用する妥当性などを評価
	対象工事	•技術提案評価型のS型または施工能力評価型の工事のうち、発注者が活用を促したい分野や候補となる複数の技術が存在
新技術導入促進Ⅱ型	概要	•発注者が指定するテーマについて、実用段階に達していない、または研究開発の段階にある技術の検証に関する提案を求め、提案された技術の有効性や具体性などを評価
	対象工事	•原則として技術提案評価型のS型の工事のうち、発注者と連携することで品質の向上などが期待される技術があるもの

(注)国土交通省の資料を基に作成

それぞれ挙げている。国交省はインフラの老朽化が深刻な地方自治体に向けて21年3月、維持管理に新技術を採用する際の手引をまとめて活用を促してきた。今後は専門家の支援によって技術者を育成する体制を構築するなど、新技術を導入しやすい環境を整備する。「点検支援技術」の活用も求めていく。自治体が同技術を活用しなかった理由として費用や効率の面を指摘する声が多いことから、例えば目視では見えない、または評価が難しい部位や変状に対して点検支援技術の活用を促す考えだ。

[関連キーワード]

NETIS：New Technology Information Systemの略で、新技術情報提供システムと呼ばれる。民間のメーカーや建設会社などが開発した土木・建築に関する新技術を登録するデータベース。公共工事などの技術の水準を一層、高めるものとして「推奨技術」や「準推奨技術」などを選定している。

オープンイノベーション：組織の内部と外部の技術やアイデアを有機的に結合させて新しい価値を創造すること。すべてを自社で開発する場合に比べてリスクを軽減でき、開発期間も短縮できる。

点検・診断(126ページ) **予防保全**(132ページ) **社会資本の老朽化**(40ページ) **BIM／CIM**(246ページ) **担い手の確保や育成**(212ページ) **地域インフラ群の再生**(122ページ) **国土交通省の技術基本計画**(66ページ) **インフラ長寿命化計画**(72ページ) **xROAD**(130ページ) **インフラ分野のDX**(242ページ) **監督・検査体制の確保と合理化**(92ページ)

キーワード
45

xROAD

道路のデータプラットフォーム。「クロスロード」と呼ばれる。**点検・診断**によって蓄積された膨大なデータや交通量などを、維持管理を含めて様々な分野で活用する。

データベースの整備を進めるとともに、MMS（モービルマッピングシステム）や道路基盤地図情報、DRM−DB（デジタル道路地図データベース）などを基盤として、構造物や**ETC2.0**のデータなどをひも付けた3次元のデータプラットフォームを構築。渋滞の予測や迂回ルートの提供、**MaaS**、生活**道路の交通安全**対策などにも活用する。

点検・診断のデータは施設ごとにデータベース化してAPI（アプリケーション・プログラミング・インターフェース）で共有し、一元的な処理や解析を可能にする。データベースはできる限り公開し、研究機関や民間企業によるアプリケーションなどの開発に役立てる。舗装の効率的なマネジメントにもつなげる。修繕の優先順位を容易に抽出できるアプリを開発し、**予防保全**に早期に移行することを目指している。

●xROADの将来像と活用のイメージ

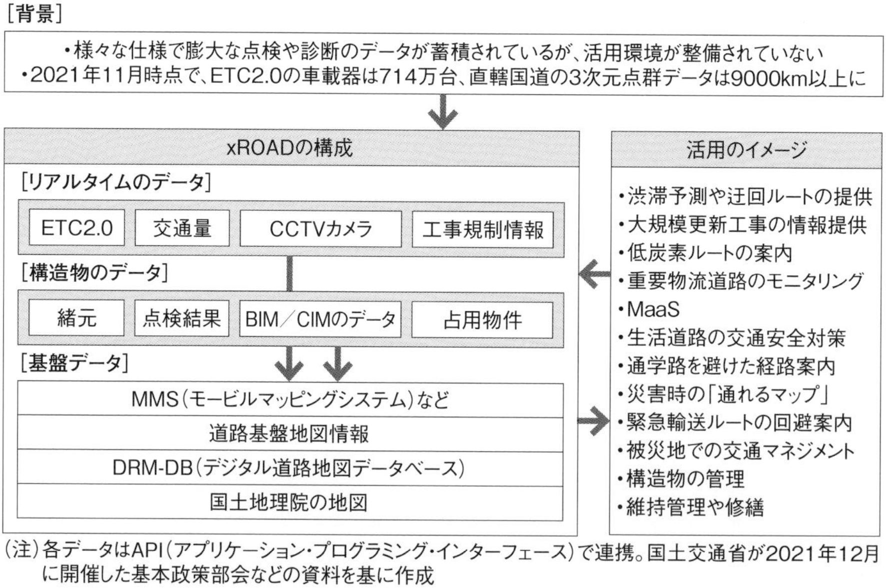

（注）各データはAPI（アプリケーション・プログラミング・インターフェース）で連携。国土交通省が2021年12月に開催した基本政策部会などの資料を基に作成

●点検から修繕計画の作成までを対象としたデータベースの活用案

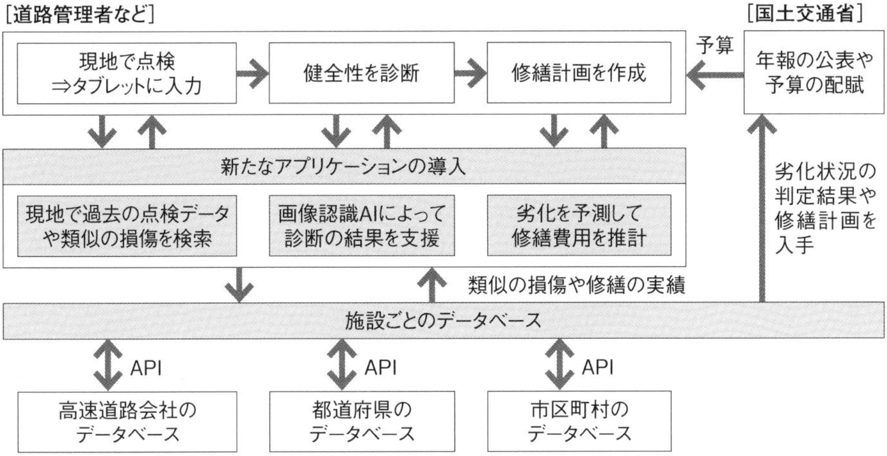

（注）アプリケーションに関する記載は例。国土交通省の資料を基に作成

●xROADを活用したこれからの舗装マネジメント

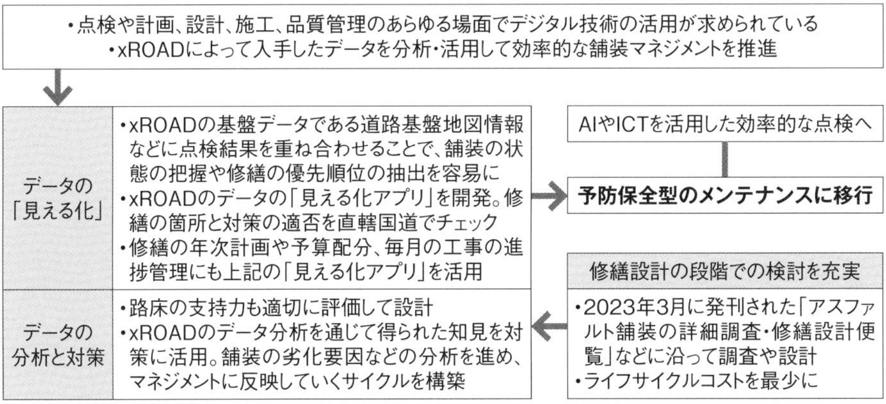

（注）国土交通省が2023年5月に開催した道路技術懇談会の資料から抜粋して要約

［関連キーワード］

全国道路施設点検データベース：橋やトンネルなどの諸元や点検結果などの「基礎データベース」と道路施設のより詳細なデータを格納するデータベース群で構成。道路管理者ごとの膨大な点検データなどを一元的に活用できる環境を構築する。2022年5月から基礎的なデータの公開を始めた。

ETC2.0：次世代型のETC（自動料金収受システム）。ITS（高度道路交通システム）の一つに位置付けられる。高速道路上を中心に設置した約1700カ所のITSスポットと走行車両とが双方向でデータをやり取りし、渋滞回避や安全運転、災害時の支援などの情報をドライバーなどに提供する。

予防保全（132ページ）　**データマネジメント**（248ページ）　**インフラ分野のDX**（242ページ）　**点検・診断**（126ページ）　**道路の交通安全**（110ページ）　**MaaS**（107ページ）

キーワード
46

予防保全

損傷などの問題が深刻になってから対処する対症療法的な「事後保全」ではなく、早めにこまめに補修して構造物の寿命を延ばす考え。計画的な維持管理によってライフサイクルコスト（LCC）を削減できるとされている。国土交通省によれば、予防保全は個別の施設に対する「点検」、「健全度の評価」、「劣化予測」、適切なタイミングでの「修繕・補強」の4つのフェーズからなる。2013年11月に決定したインフラ長寿命化基本計画や同省の**インフラ長寿命化計画**でも予防保全の考え方を基本としている。

国交省が18年11月に公表した社会資本の維持管理・更新費の将来推計では、事後保全を予防保全に切り替えることで、18年度から5～20年後の維持管理費などが約3割減り、30年後には半減。30年間の合計では3割の費用を削減できるとみている。

予防保全への本格的な転換に向けて、道路では24年度も道路メンテナンス事業補助制度や国による修繕代行事業などによって、地方自治体を財政や技術の面で支援する。定期**点検**の質の向上や効率化に向けて「点検支援技術性能カタログ」を拡充する

●予防保全型メンテナンスへの本格転換に向けた主な施策

施策		概要や例
地方自治体への支援	財政面	・長寿命化修繕計画に基づく自治体の取り組みに対し、道路メンテナンス事業補助制度などで支援。新技術の活用なども重視
	技術面	・国による直轄診断や修繕代行事業、修繕に関する研修の開催
定期点検の効率化や質の向上		・橋やトンネル、舗装に加え、2023年11月に作成した土工に関する「点検支援技術性能カタログ」も活用して効率化などを推進 ・橋やトンネルなどの定期点検要領を見直し、2024年度から始まる3巡目の点検においても新技術を活用して効率化を図る
新技術の導入の促進		・スタートアップ企業などの技術開発を促進。SIP（戦略的イノベーション創造プログラム）やSBIR（中小企業技術革新制度）も活用 ・新技術の導入に必要な技術基準類を迅速に整備
維持管理や老朽化対策の効率化	集約や撤去など	・事例集の作成や道路メンテナンス事業補助制度によって、代替可能な老朽化した橋などを集約。機能の縮小や撤去も支援
	包括的民間委託	・自治体の維持管理などを包括して民間に委託する取り組みを促進
	次世代の舗装マネジメント	・道路のデータプラットフォーム（xROAD）のデータを分析して活用 ・直轄国道の舗装点検で点検支援技術性能カタログの活用を原則に ・舗装の状態や修繕の履歴などの「見える化」によって予防保全型のメンテナンスを推進。予防保全に向けて技術基準類も改訂

（注）主に道路が対象。国土交通省の道路関係の2024年度予算の資料を基に作成

●予防保全のイメージ

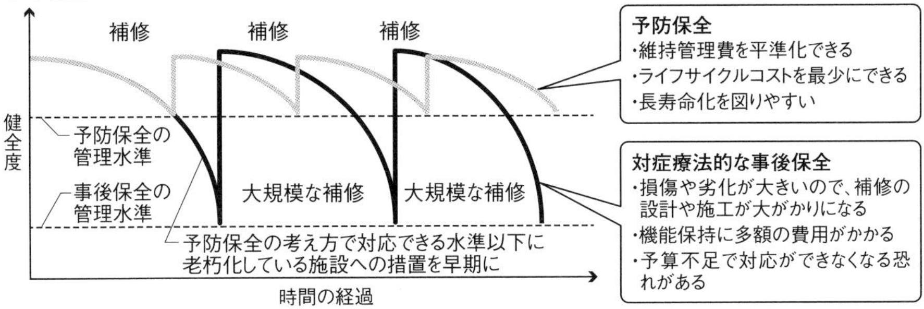

●予防保全と事後保全との維持管理・更新費の比較

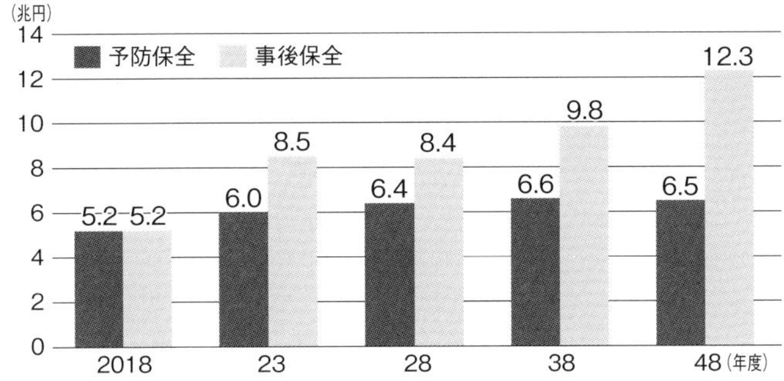

(注)いずれの年度も最大値。2018年度も含めて推計値で、国土交通省が所管する12分野が対象。同省が18年11月に公表した「社会資本の将来の維持管理・更新費の推計」から

とともに、橋などの定期点検要領を改定。24年度から始まる3巡目の点検でも**新技術の活用**を促す。技術基準類も整備する。併せて、維持管理のコストを低減するため、老朽化した橋などの集約や機能の縮小、撤去に取り組む。**包括的民間委託**を推進するほか、**xROAD**のデータを活用するなどして、維持管理の効率化を図る。

[関連キーワード]

メンテナンスサイクル：点検や診断、修繕などの措置、記録を繰り返す維持管理の業務サイクル。このサイクルを通して長寿命化計画などの充実を図り、構造物の維持管理を効果的に進めていく。

アセットマネジメント：道路などの社会資本を資産として捉え、こまめに補修するなど計画的に管理することで資産としての価値を維持し、長期間にわたって活用しようとする考え。金融や不動産の分野で資産の運用・管理業務を意味するアセットマネジメントの発想を社会資本に適用した。

ISO55001：アセットマネジメントシステムの国際規格。下水道や道路、橋、鉄道、通信などのインフラの分野で、「資金や人材、情報などのマネジメントを含めて、計画的かつ効率的な施設管理を行うことによって所期の機能を継続的に発揮していくために必要な要求事項」をまとめたもの。

地域インフラ群の再生（122ページ） **インフラ長寿命化計画**（72ページ） **点検・診断**（126ページ） **包括的民間委託**（124ページ） **xROAD**（130ページ） **新技術の活用**（128ページ） **社会資本の老朽化**（40ページ） **データマネジメント**（248ページ） **維持管理への住民参画**（142ページ） **インフラメンテナンス国民会議**（143ページ）

キーワード
47

高速道路の更新や改良

高速道路では2014年の道路法などの改正によって計画的な更新を行う枠組みを構築し、更新需要に応じた新たな料金徴収年限を設定。14年度から大規模な更新や修繕の事業が始まった。点検の強化によって重大な損傷が相次いで見つかり、「従来の方法では劣化を抑制できない」といった指摘も受けて更新事業の追加が必要になった。

更新需要だけではなく、耐震補強や自動運転車両の走行空間の提供、EV（電気自動車）の充電器の設置といった高速道路の「進化や改良」（国土交通省）にも対応する

●高速道路の更新事業をめぐる主な動き

［2012年12月］

中央自動車道笹子トンネルで天井板の崩落事故

［2014年6月］

道路法などを改正
・計画的な更新の枠組みを構築
・更新需要に対応した新たな料金徴収年限を設定

［2014年度］

高速道路の大規模な更新や修繕を事業化

［2014年度以降に顕在化した事象の例］

構造物	事象
海底トンネル	・激しい漏水や鉄筋の消失などを発見 ・応急処置のための交通規制が頻発化
鋼橋	・大規模な塗膜の剥離と腐食が急激に進行 ・腐食による構造部材の破断などを確認
RC床版	・薄い床版では上面の鉄筋が露出。床版下面への漏水によって補強鋼材の腐食も進行
PC桁	・これまでの補修方法では劣化を抑制できず、剥離やPC鋼材の著しい腐食が発生
舗装路盤	・上層路盤の下面から表層までひび割れが貫通 ・舗装全体にたわみを伴う変形が発生。補修しても短期間で新たなひび割れが発生

更新
・2014年からの定期点検が一巡し、更新事業の追加が必要に

進化や改良
・暫定2車線区間の4車線化や耐震補強、自動運転への対応
・EV（電気自動車）の充電器や水素ステーションの設置など

［2023年1月］

東日本、中日本、西日本の高速道路3社が事業費約1兆円の新たな更新計画を公表

［2023年9月］

財源の確保などに向けて道路整備特別措置法など*の改正法が施行	
料金徴収期間の延長	・料金の徴収期限を引き続き、設定。最長で2115年9月30日に
サービスエリアなどの機能の高度化	・EVの充電施設や自動運転車両の拠点施設など利用者の利便に資する施設と一体で整備される駐車場の費用の一部について無利子貸付制度を創設

（注）正式には「道路整備特別措置法及び独立行政法人日本高速道路保有・債務返済機構法」。改正法を除き、国土交通省の国土幹線道路部会の2022年3月の資料などを基に作成

●高速道路の耐震補強実施計画の概要

2022年度末時点で高速道路会社4社*が管理する1万7605橋のうち、
「落橋・倒壊を防ぐ耐震対策」は1万7605橋のすべてで完了。
「橋としての機能を速やかに回復させるための耐震対策」は77%に当たる1万3600橋で完了

残る4005橋については、大規模な地震時の緊急輸送道路としての機能を確保

↓

耐震補強の加速	入札不調への対策	•「点在積算制度」の導入などによって積算を改善 •連続繊維シート巻き立て工法など、効率的な工法を採用
	新技術の採用	•プレキャストコンクリートパネルによる橋脚の巻き立てなど、耐震補強工事の工程を短縮できる新技術や新工法を採用
	協議の円滑化	•関係機関の協力を仰ぎながら地元協議を円滑に実施
	組織体制の強化	•協議や調整、地元対応などの業務に従事する高速道路会社の社員を増員。対応する組織の設置も進めて各社の体制を強化
橋脚の補強	上下線の橋脚が分離	•上下線で、どちらか一方の耐震補強を優先 •Ⅱ期線側が地震による損傷が限定的なものにとどまるなど「耐震性能2」を確保している場合は、Ⅰ期線側の耐震補強の時期を見直し •高架下に鉄道や緊急輸送道路が交差している箇所のほか、占用物件などがあって複数回の移設が困難な箇所は上下線で整備
	上下線が一体	•一体となった橋脚全体の耐震補強を推進

↓

•大規模地震の発生確率が26%以上の地域は2030年度末までに地震時のミッシングリンクを解消
•上記以外の地域は更新事業とも併せて対策を進め、2038年度ごろのミッシングリンクの解消を想定

(注)東日本、中日本、西日本、本州四国連絡の4社。国土交通省が2024年1月に開催した国土幹線道路部会の資料を基に作成

必要があることから、財源の確保などに向けて23年9月、道路整備特別措置法などの改正法が施行。料金の徴収期間の延長などが可能になった。耐震補強では、大規模な地震時に「橋としての機能を速やかに回復させるための対策」を急ぐ。新技術の採用や高速道路会社の体制の強化を図るとともに、上下線の橋脚が分離している場合は一方の補強を優先するなどして、地震時の**ミッシングリンク**を解消する。

[関連キーワード]

リダンダンシー：redundancy(冗長性、余裕)。例えば、災害などに備えて広域幹線道路の代替道路を整備しておくなど、安全のための代替手段。補完性と訳す場合もある。

交通結節点：鉄道駅やバスターミナルなど、異なる交通手段を相互に連絡する乗り換えや乗り継ぎの施設。「つなぐ空間」と「たまる空間」の役割を有する。バスやトラックなどの事業者専用の停留施設の運営に、コンセッション方式を活用できる道路法などの改正法を2020年11月に施行した。

ミッシングリンク(113ページ)　**重要物流道路制度**(113ページ)　**道路防災とリスクアセスメント**(156ページ)　**総合物流施策大綱**(112ページ)　**切迫する巨大地震**(44ページ)　**道路のカーボンニュートラル**(182ページ)　**国土形成計画**(62ページ)　**社会資本の老朽化**(40ページ)

キーワード 48

ストック効果の最大化

ストック効果とは安全の確保や生活の質の向上、生産性の向上など完成したインフラによって中長期的に発揮される効果。2015年の第4次**社会資本整備重点計画**で示した。**社会資本の老朽化**に対処するためにも、ストック効果を最大限に発揮させることが重要だとした。21年5月に閣議決定した第5次の社会資本整備重点計画でも、「持続可能なインフラメンテナンス」など6つの重点目標の達成には、「ストック効果を最大化させることが不可欠」と述べている。地方自治体や住民など様々な主体の連携を強化するとともに、ハードとソフトの施策を組み合わせる。さらに、将来の維持管理や観光などの利用まで見据えて整備することで、インフラの潜在力を引き出すよう求めた。

短期的な「フロー効果」と異なり、将来の効果や施設の域外も含めた広域的な効果

●ストック効果の把握や活用における視点と留意点

把握する効果	概要
中長期の効果	・長い期間をかけて発現する効果もあることから、将来の効果も含めて把握
広域的な効果	・施設が所在する都道府県や市区町村に限らず、域外も含めて広域的に
政策に与える効果	・国土強靭化やカーボンニュートラルなどの政策にどのように寄与するか
施策の連携による効果	・港湾や道路、工業団地などに関する施策が連携して発現する効果もある
外部効果	・例えば港湾の整備を契機として、背後地に多数の企業が集まることによって生産性が向上するなど、外部効果についても把握するように努める

［留意点］

・効果が国民に波及するまでの流れを幅広く把握し、全体像を可能な限り示す
・整備による直接の効果よりも、国民一人ひとりに波及する効果に近いものを示すことが重要
・ストック効果を「見える化」する際は可能な限り定量化し、わかりやすい表現や事例で

「見える化」の例とポイント

例	ポイント
整備前後の写真	・港湾の整備状況だけでなく、背後企業の設備投資の状況も可能な限り示す
関係者の声	・企業や地元の住民、荷主や運送事業者、自治体など様々な関係者の声を示す
波及する効果の見せ方	・出荷額などの動向と港湾の整備時期をグラフなどに併記し、整備の効果を示す ・新規に立地した企業数や雇用者数、設備投資額といった定量的なデータを地図などを活用して示す。道路整備など、港湾と連携して効果を発現させるインフラの整備があれば、その動向についても併せて示す

（注）港湾の例。国土交通省が2022年4月にまとめた「港湾におけるストック効果の把握に係るガイドライン」を基に作成

●ストック効果を重視した施策や社会資本整備の例

施策や社会資本整備	概要
効率的な物流ネットワークの早期の整備と活用	・大都市圏の環状道路の整備やピンポイントの渋滞対策を推進 ・トラック輸送と空港や港湾などの主要な物流拠点との接続を強化 ・連続立体交差事業によって交通の円滑化や都市の活性化を図る ・高速道路のサービスエリアなどでの大型車の駐車マス不足を解消
航空ネットワークの充実	・空港へのアクセス鉄道の整備のほか、滑走路の新設や増設など
鉄道ネットワークの充実	・都市鉄道の整備や技術開発を進めるとともに、バリアフリー化も推進
国際コンテナ戦略港湾の強化	・コンテナターミナルの「集貨」や「創貨」、「競争力強化」を推進
社会資本整備の支援	・PPPやPFIの活用、民間と連携した河川の水辺整備などを支援

（注）国土交通省の2024年度予算の資料を基に作成

●社会資本のフロー効果とストック効果

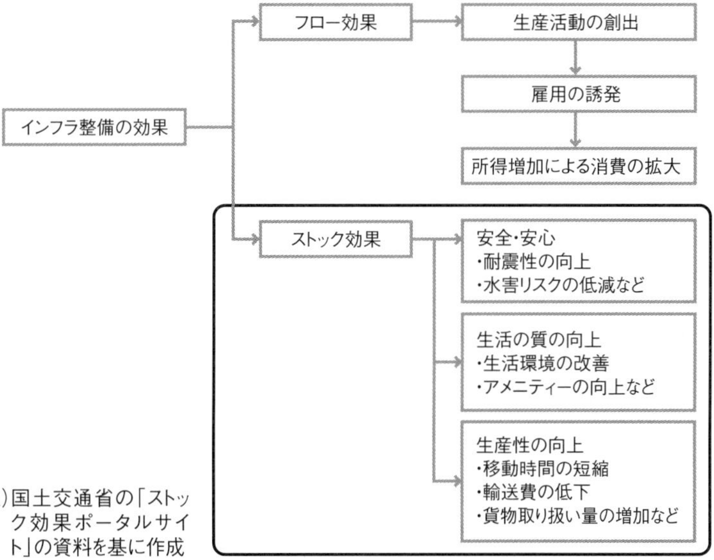

（注）国土交通省の「ストック効果ポータルサイト」の資料を基に作成

のほか、インフラの整備によってもたらされる「外部効果」についても把握する。ストック効果を「見える化」する際は、可能な限り定量化し、写真やグラフ、地図なども活用しながらわかりやすい表現や事例で示すこともポイントになる。

［関連キーワード］

社会資本整備重点計画（68ページ）　**高速道路の更新や改良**（134ページ）　**リダンダンシー**（135ページ）　**公共空間のオープン化**（138ページ）　**国土形成計画**（62ページ）　**モーダルコネクトの強化**（113ページ）　**PPP・PFI**（114ページ）　**社会資本の老朽化**（40ページ）

キーワード
49

公共空間のオープン化

これまで利用が制限されていた道路や河川などの公共空間を、占用制度などを緩和して民間に開放（オープン化）すること。例えば道路のオープン化では、都市再生特別措置法の2011年度の改正によって、道路空間を活用したイベントの実施などが可能になった。さらに、20年11月に「歩行者利便増進道路制度」を創設するなど、国土交

●人中心の道路空間の実現に向けた現状と方向性

人が安全に滞在できるにぎわい空間の創出

歩道空間の活用

歩道空間の活用が進み、「ほこみち」*の指定は2023年3月末時点で40都市の109路線に増加

歩道と路肩などの活用

路肩などに休憩施設やEV（電気自動車）の充電施設を設置するなど多様な事例が進展

歩行者と車両の共存

観光地や商業地などで安全に人が通行・滞在できる道づくりが各地で進行中

歩行者などの滞在空間の充実や効果の検証手法の確立、合意形成などが課題

［方向性や今後の取り組み］

道路空間の再編によって歩行者などの空間を拡大

- 「ほこみち」の定着や浸透に向けて道路空間の活用例を収集。情報発信や広報活動も
- 「ほこみち」など道路空間の活用効果を検証する手法を検討

- 多様な機能を有する「にぎわい施設帯（仮）」を設置して路肩などの柔軟な活用を検討
- 道路協力団体などの民間によるマネジメントをイメージ

安全ににぎわう道づくり

- 道路の全断面を活用
- ETC2.0などのデータや事例を分析してニーズを把握
- 車両の流入や速度の抑制などに関する事例を整理

安全性や快適性が確保された生活道路の実現

交通安全に資する道路整備

地域の特性に合わせて防護柵やハンプ、狭さくなどを整備

「ゾーン30プラス」の推進

2023年3月末時点で122の地区で整備計画を制定

データの活用

交通安全対策にETC2.0のプローブ情報などを活用

個別の対策や施設の整備は進むものの、「生活道路は人が優先」という意識の浸透が課題

［方向性や今後の取り組み］

道路環境を整備して安全な空間を創出。人優先の意識も醸成

- 「ゾーン30プラス」や交通安全施設の整備によって車両の流入や速度を抑制。幹線道路などと生活道路との機能の分化もさらに推進
- ゾーン30プラスのさらなる普及や認知度の向上などを図ることで、安全な道路空間を創出。「生活道路は人が優先」との認識も共有

多様なデータの活用

- 対策の立案や合意形成、効果の検証などに活用
- 注意喚起や侵入回避など、運転者に情報を提供

（注）「ほこみち」とは、2020年11月に施行した改正道路法などで創設した指定制度の「歩行者利便増進道路」の通称。国土交通省が23年8月に開催した道路分科会の基本政策部会の資料を基に作成

●歩行者利便増進道路のイメージ

[現行]

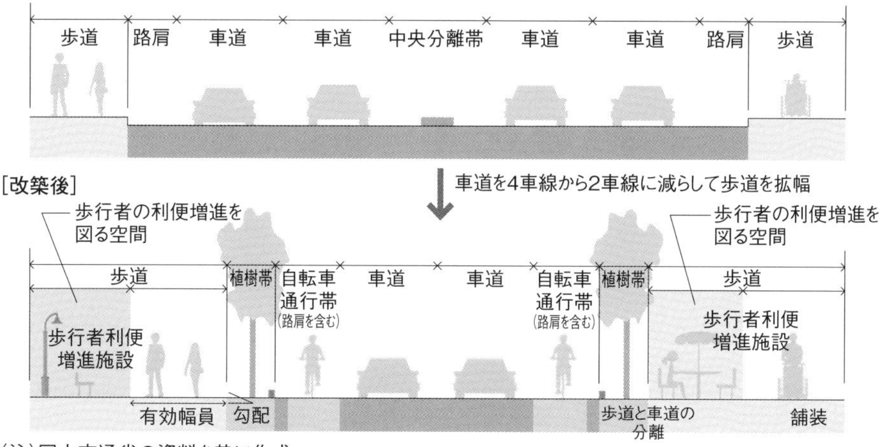

(注)国土交通省の資料を基に作成

通省では歩行者と車両が共存する「人中心の道路空間」の実現を目指している。

例えば、道路空間の再編によって歩行者などの空間を拡大し、人が安全に滞在できるにぎわい空間を創出する。歩道や路肩に加え、道路の全断面を活用することも考えている。生活道路の安全性や快適性を確保するため、「ゾーン30プラス」と呼ぶ区域の設定や交通安全施設の整備によって車両の流入や速度を抑制する。対策の立案や効果の検証、合意形成に向けて、警察など関係する機関のデータも活用する。

[関連キーワード]

みなと緑地PPP:「港湾環境整備計画制度」の通称。カフェや飲食店などの収益施設を整備するとともに、その施設から得られる収益を還元して港湾緑地のリニューアルなどを手がける民間の事業者に対して、緑地などを貸し付ける。2022年12月施行の改正港湾法で創設した。事業期間はおおむね30年以内。24年2月に全国で初めて、同制度を活用した整備計画が神戸港で認定された。

RIVASITE:河川の敷地を民間の事業者がさらに活用しやすくなるよう、国土交通省が2023年2月に公表した規制緩和の拡大策。「リバサイト」と呼ばれる。例えば、10年間の占用許可期間が満了した後も10年間の更新を保証するほか、占用の範囲を従来の施設ごとからエリア一体に拡大する。ただし、河川管理施設の整備や占用区域外の清掃や除草などを実施することが条件になる。

Park-PFI:民間資金を活用した都市公園の新たな整備や管理の手法として、2017年の都市公園法の改正によって設けられた「公募設置管理制度」。「P-PFI」と略して記す場合もある。飲食店や売店など公園の利用者の利便性を高める施設を設置するとともに、その施設から得られる収益を活用して周辺の園路や広場などの整備と改修を一体で手がける者を公募によって選定する。

道路空間の再配分(109ページ)　**道路の交通安全**(110ページ)　**自転車通行空間の整備**(108ページ)　**バリアフリー・ユニバーサルデザイン**(206ページ)　**トランジットモール**(111ページ)

キーワード
50

エリアマネジメント

地域の良好な環境や価値を維持または向上させるための住民や地権者、事業主などによる主体的な取り組み。活動には快適で魅力に富む環境の創出や美しい街並みの形成、資産価値の保全や増大に加え、人をひきつけるブランド力や良好なコミュニティーの形成、安全・安心な地域づくり、地域の伝統や文化の継承などのソフト面の領域も含まれる。一定のエリアを対象にすることが基本だが、活動の目標や内容などに応じてエリアを明確に設けない場合もある。必要に応じて行政や専門家なども交える。

少子高齢化の進行に伴って、**空き家**や**都市のスポンジ化**と呼ばれる現象が顕在化。良好なコミュニティーの形成が困難になるなか、地域の維持や運営（マネジメント）、まちづくりなどで、エリアマネジメントの活動が重視される傾向にある。都市に対する

●エリアマネジメントの課題や対応の方向性

［背景］

・個人や企業の価値観が複雑になり、都市に求められるニーズが多様化
・人口や税収が減少。道路や公園などの整備や管理、活用にあたって行政だけでは限界に

［現状や課題］

・サービスの提供における採算性のほか、サービスを提供する担い手の確保が課題
・市街地整備事業では、整備後の施設が十分に活用されていない事例も存在

［取り組み状況］

・都市再生推進法人を指定。「都市利便増進協定」なども活用 →
・市街地整備事業の終了後の活動拠点の整備などに国が支援
・整備を終えた施設について、信託の手法を活用した管理・運営の一元化などに取り組みやすいようマニュアルを整備

［対応の方向性］

・活動の事業性を確保できるよう、既存の制度を柔軟に。郊外の住宅地や空き家・空き地などの「都市のスポンジ化」が進むエリアでも、地域の課題解決に向けて公益性の高い活動を支援
・都市再生推進法人の指定前後も自治体が連携できる仕組みに
・自治体に対して、信託活用の有効性や取り組みの参考となる事例を周知。事業の企画から整備後の施設や空間の管理・運営の段階まで、一貫して行うエリアマネジメントの普及を図る
・法人制度や地域の既存の組織との連携のあり方について検討

都市再生推進法人のスキーム

・法に基づく指定を受けることで団体の信用度や認知度を向上
・法に基づく指定のプロセスを経ることで公平性と透明性を確保
・まちづくり活動のコーディネーターや推進主体としての役割を期待

都市利便増進協定の概要

・都市の居住者などの利便を増進し、まちのにぎわいや交流の創出に寄与する施設を一体的に整備・管理するために、土地の所有者などが締結する協定

（注）国土交通省の都市計画基本問題小委員会が2023年4月に公表した中間取りまとめや同小委員会の22年12月の資料などを基に作成

●「地域再生エリアマネジメント負担金制度」の概要

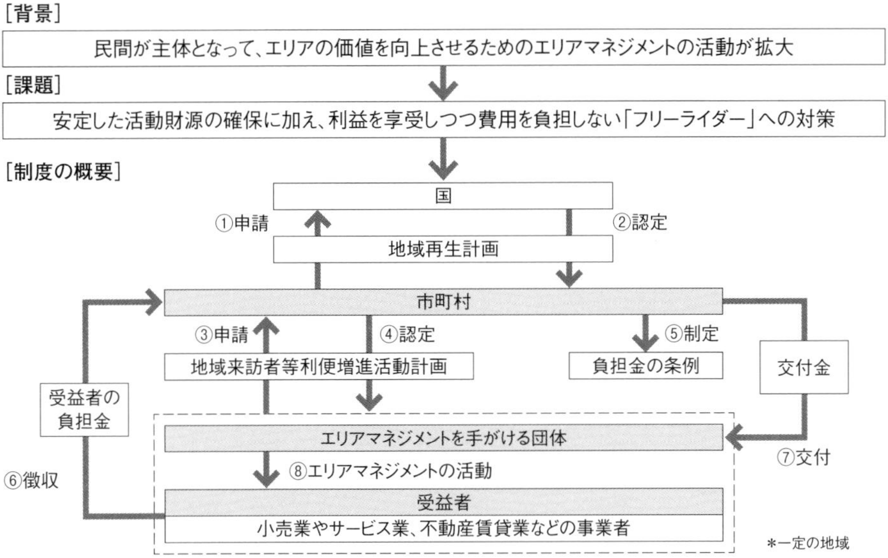

（注）図中の番号は主な手順。内閣府の資料を基に作成

ニーズが多様になってきたことに加え、人口や税収が減少。道路や公園などの整備や管理にあたって、行政だけの取り組みでは限界が生じてきたことも背景にある。

活動に対する支援策として、都市再生特別措置法に基づく「都市再生推進法人制度」などが設けられている。一方、サービスの提供に伴う採算性をはじめ、市街地整備事業が完了した後の活動の継続性や整備後の施設の利用などが課題として指摘されている。安定した財源の確保では、2018年6月に施行した改正地域再生法で「地域再生エリアマネジメント負担金制度」を創設した。活動に必要な資金を、区域内の受益者から市町村が徴収してエリアマネジメントの団体に交付する。さらに、継続した活動に向けて、同団体などが事業性を確保できる柔軟な制度も求められている。

［関連キーワード］

BID：Business Improvement Districtの略。主に商業地区内の事業者が組織や資金調達などについて定め、地区の発展を目指して必要な事業を行う仕組み。米国や英国などで実施されている。

公共空間のオープン化（138ページ）　**まちづくりのDX**（106ページ）　**維持管理への住民参画**（142ページ）　**空き家対策**（104ページ）　**都市のスポンジ化**（105ページ）　**指定管理者制度**（115ページ）　**包括的民間委託**（124ページ）　**アダプト制度**（143ページ）　**アセットマネジメント**（133ページ）　**予防保全**（132ページ）　**所有者不明土地**（102ページ）　**PPP・PFI**（114ページ）

キーワード
51

維持管理への住民参画

厳しい財政事情や人材難を背景に、住民やNPO（非営利組織）もインフラの維持管理の担い手として位置付ける傾向が強まっている。国土交通省が2000年度から始めたボランティア・サポート・プログラムに参加して活動中の団体は、23年4月時点で2283に上る。「協力団体制度」も普及してきた。河川法などの13年の改正に基づき、「河川協力団体」に指定されたNPOや企業などが河川施設の維持管理を担っている。

●住民参加やパートナーシップの構築に向けた施策や手法

施策	概要	手法や例
メンテナンスへの関心のさらなる向上	•認知度の向上とともに、身近なインフラに住民が関心を持って参画するよう啓発 •国民の関わりを深める場を提供 •インフラツーリズムを推進してインフラの役割や技術を身近に感じられる機会を増加 •教育ツールの開発や親子見学会	•出前講座や現場見学会、ダムカードやマンホールカードの配布などの「アウトリーチ的な手法」のほか、インフラメンテナンス大賞やホームページなどを通じた各種の広報
メンテナンス活動の横展開の強化	•インフラメンテナンス大賞を通して、優れた活動や技術開発を広く社会に伝える	•日本風景街道やかわまちづくり、「道守」、地域協力団体、SNSなどのICTを活用した市民通報システム
パートナーシップの構築	•NPO法人を含む国民がメンテナンスの計画制定のプロセスに参画する体制を構築	

（注）国土交通省が2022年12月に公表した「総力戦で取り組むべき次世代の『地域インフラ群再生戦略マネジメント』」を基に作成

●各種の「協力団体制度」の概要

制度	概要
河川協力団体制度	河川の維持や環境の保全などの活動を自発的に行う民間団体などを法律上位置付け、河川管理の充実を図る。堤防の除草や清掃のほか、河川の管理に関する情報や資料の収集と提供、調査研究、防災などに関わる知識の普及と啓発を担う。活動に必要な占用の手続きは河川管理者との協議で可能に。2023年3月末時点で294団体を指定
海岸協力団体制度	海岸法に基づき、清掃活動や植生の保護、環境教育やモニタリングなど、海岸の維持や管理に関する活動を自発的に行う法人や団体を指定。2023年6月時点で25団体
港湾協力団体制度	港湾の管理などの活動を行う法人などの団体を港湾協力団体として指定。港湾管理者との協議の成立だけで、水域などの占用が可能に。2023年12月時点で44団体を指定
道路協力団体制度	道路の清掃や除草、案内板やオープンカフェなどの設置と管理、情報や資料の収集と提供のほか、交通量の調査などにも取り組む。道路占用の手続きを簡素化でき、占用を通じた収益活動も行いやすくなる。2022年6月時点で直轄国道では40団体を指定
都市計画協力団体制度	都市のスポンジ化対策の一つとして取り組む「身の回りの公共空間の創出」に向けて創設。住民団体などをまちづくりの担い手として公的に位置付けた。都市計画の案の作成や意見の調整などを担う住民団体や商店街の組合などを市町村長が指定する

●ボランティア・サポート・プログラムの仕組み

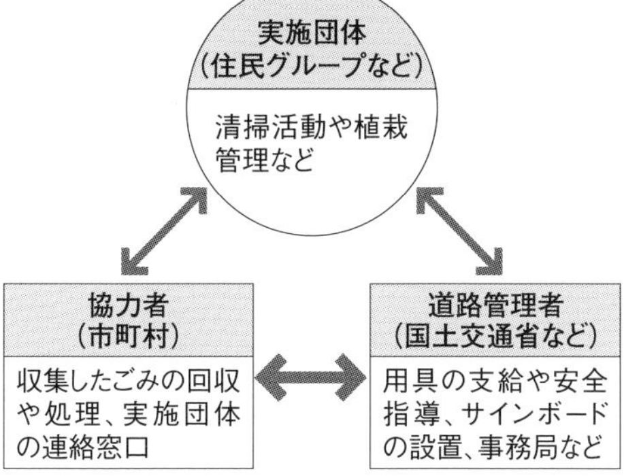

●ボランティア・サポート・プログラムの実施団体数の推移

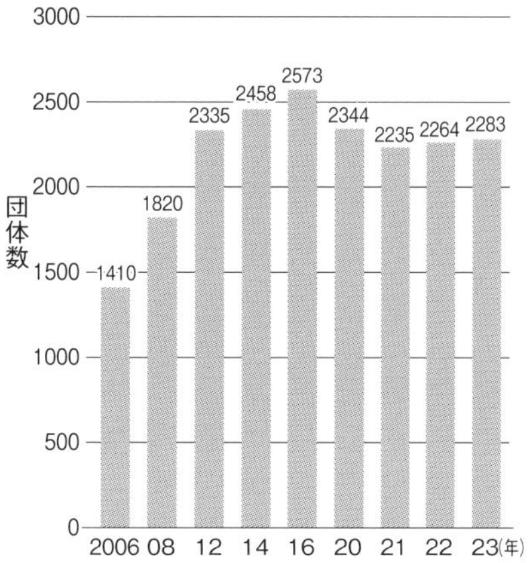

(注)グラフの団体数は2021年までは3月時点、22年と23年は4月時点。上も国土交通省の「ボランティア・サポート・プログラムの取り組み状況」を基に作成

海岸では維持管理に協力するNPOなどを「海岸協力団体」として指定。道路でも清掃や除草を手がける団体を「道路協力団体」として指定する制度を設けている。オープンカフェなどの収益活動で維持管理の原資が捻出しやすくなるように、同団体が申請する道路占用許可の手続きを簡素化した。22年6月時点で40団体が活動している。

メンテナンスの第2フェーズとして取り組み始めた**地域インフラ群の再生**でも、住民参加やパートナーシップの構築を重視。出前講座や見学会などを通じて身近なインフラに関心を持てるよう啓発するほか、**「かわまちづくり」**やICT(情報通信技術)を活用した市民の通報システムなどによってパートナーシップの構築を図っていく。

[関連キーワード]

インフラメンテナンス国民会議:行政や民間企業、国民などの多様な主体がメンテナンスの理念を共有し、併せてメンテナンス産業の育成と活性化を図るため、産官学が取り組むプラットフォームとして2016年11月に発足した。設立の目的として、①革新的技術の発掘と社会実装、②企業などの連携の促進、③地方自治体への支援、④インフラメンテナンスの理念の普及、⑤インフラメンテナンスへの市民参画の推進を掲げている。22年4月には市区町村長で構成する「インフラメンテナンス市区町村長会議」を設立。自治体での予防保全への本格的な転換などを図る。23年7月時点で292人の個人会員を含めて2799者が参加しており、行政の会員が全体の48%を占めて最も多い。

インフラメンテナンス大賞:メンテナンス産業の活性化やメンテナンスの理念の普及を図るために2016年に創設した賞。メンテナンスで優れた技術開発や取り組みを表彰し、広く紹介する。

アダプト制度:市民が「里親」となって道路や河川の美化や清掃、植栽などを手がける制度。

地域インフラ群の再生(122ページ) **予防保全**(132ページ) **公共空間のオープン化**(138ページ) **担い手の確保や育成**(212ページ) **エリアマネジメント**(140ページ) **日本風景街道**(87ページ) **「かわまちづくり」支援制度**(87ページ) **アセットマネジメント**(133ページ)

第3章

分野別解説

3.3 防災・減災

キーワード
52

総力戦で挑む防災・減災プロジェクト

地震や豪雨、台風、気候変動などの影響で甚大な被害が頻発している状況を踏まえ、2020年1月に国土交通省が立ち上げたプロジェクト。気候変動や地震災害への対策、住まい方や土地の利用のあり方、災害時の情報提供、長期的な国土や地域づくり

●防災・減災プロジェクトで挙げた主な施策の状況

施策		施策の概要や取り組み状況
流域治水への転換	流域治水プロジェクト2.0	・2023年度から、気候変動を踏まえた対策の方向性を「流域治水プロジェクト2.0」として、全国の109水系で更新 ・対策の目標を定め、多面的な機能や既存ストックも活用
	ハイブリッドダム	・発電施設の新設や増設に向けてケーススタディー
	水害リスクマップ	・内水と外水を統合したマップを整備してオープンデータに
気候変動の影響を反映した治水計画への見直し	河川整備基本方針	・気候変動による降雨量の増大などを考慮した計画に
	土砂・洪水氾濫	・流木への対策マニュアル（案）を2023年度に制定 ・流域の調査要領（案）に基づく全国調査を23年度以降に
	港湾の基準	・2024年度以降に見直し。海面水位の上昇などを反映
住まい方や土地の利用	移転の促進	・防災集団移転促進事業を拡充して2023年4月に施行
	事前防災	・復興事前準備を推進。2023年度にガイドラインを公表
	密集市街地の改善	・施設の整備や老朽建築物の除却、防災マップの作成など
人の流れや物流のコントロール	輸送ルートの確保	・踏切道改良促進法を改正して災害時の踏切道の開放手順の作成を義務付け。2025年度末までに約500カ所を指定
	大雪への対策	・通行止めの予測で立ち往生を防止。タイムラインを作成
交通や物流の機能確保	耐震化	・緊急輸送道路上の橋や港湾の岸壁、臨港道路に対策
	ネットワーク	・ミッシングリンクを解消。暫定2車線区間を4車線に
	無電柱化	・2025年度までに新たに4000kmの無電柱化に着手
避難のための備え	ハザードマップ	・改正水防法によって中小河川などまで作成を拡大 ・2023年5月に「水害ハザードマップ作成の手引き」を改定
老朽化対策や地域防災力の強化	予防保全への転換	・「地域インフラ群再生戦略マネジメント」を推進
	土地の利用	・所有者不明土地の円滑な利用と適正な管理を図る
新技術の活用	災害状況の把握	・緊急輸送道路にCCTVカメラを設置して効率化 ・衛星画像や高性能ドローン、レーザースキャナーも活用
	災害復旧	・災害復旧におけるデジタル技術の活用の手引を公表
わかりやすい情報発信	3D都市モデル	・防災の分野に活用。2023年度までに約200都市で整備
	洪水予測の高度化	・本川と支川の水位を一体で予測し、洪水の予報を早期に

（注）予定も含む。次ページも国土交通省の防災・減災対策本部が2023年6月に公表した資料を基に作成

●2023年度に強化する施策

施策		主な対応や取り組み
大規模な地震への対策	密集市街地の解消	・道路や公園の整備、老朽建築物の除却や建て替え、防災設備の設置や防災マップの作成などを促進。地区ごとのカルテも作成
	耐震化や補強	・住宅や建築物を耐震化。鉄道施設や空港の滑走路にも対策 ・緊急輸送道路上の橋の落橋や倒壊を防ぐとともに、被災後に速やかに緊急車両の通行を確保できるように補強
	ネットワークの構築	・高規格道路のミッシングリンクを解消。暫定2車線区間を4車線化 ・高規格道路と直轄国道とのダブルネットワークも強化
	無電柱化	・新設電柱の抑制やコスト削減、事業のスピードアップを図る
	土砂災害への対策	・居住誘導区域と大規模な地震のリスク、土砂災害警戒区域などを重ね合わせて重要な箇所を抽出し、重点的に施設を整備
	粘り強い構造	・技術基準を改正し、津波に対する粘り強さを要求性能として規定
	復興事前準備	・事前復興まちづくり計画の制定に向けてガイドラインを周知
デジタルなど新技術の活用	被害状況の把握	・人工衛星やAIを活用して土砂の移動箇所を早期に把握 ・港湾の被災状況などを一元化して早期の意思決定を支援 ・浸水センサーを設置して越水や浸水の情報を収集して共有
	点検や管理	・多様なセンサーによって広域の情報を収集して施設を管理 ・3次元点群データによる面的な地形状況の把握など、河川管理の基盤データを整備。ドローンやAIを活用して効率化も図る ・レーザープロファイラーなどで災害のリスクを可視化し、対策の優先箇所を選定するなど、道路のリスクアセスメントを推進

など、今後の防災・減災で基本とするテーマを示した。**流域治水**への転換や**気候変動の影響を反映した治水計画**への見直し、住まい方や土地の利用、インフラの老朽化対策など、同プロジェクトで取り組む施策の推進策や状況について毎年、公表している。

例えば流域治水では、23年度から「流域治水プロジェクト2.0」として気候変動への対策を強化。**ハイブリッドダム**も重要な施策として挙げている。気候変動に関連して、**土砂・洪水氾濫**を対象に流木対策のマニュアルを定める。全国での調査も予定している。住まい方や土地の利用では、防災集団移転促進事業を拡充して23年4月に施行した。**復興事前準備**も推進する。23年にガイドラインを公表した。さらに、23年度に強化する施策として大規模な地震への対策とデジタルなどの活用を挙げている。

[関連キーワード]

流域治水（160ページ）　**ハイブリッドダム**（164ページ）　**道路防災とリスクアセスメント**（156ページ）　**復興事前準備**（148ページ）　**切迫する巨大地震**（44ページ）　**無電柱化**（204ページ）　**港湾の気候変動適応策**（170ページ）　**土砂・洪水氾濫**（168ページ）　**ハザードマップ**（174ページ）　**地域インフラ群の再生**（122ページ）　**所有者不明土地**（102ページ）　**気候変動を踏まえた治水計画**（158ページ）　**踏切道改良促進法などの改正**（205ページ）

キーワード
53

復興事前準備

平時から災害が発生した際のことを想定し、どのような被害が生じても対応できるよう、復興に役立つソフト面の対策を事前に準備しておくこと。例えば、①被災後の復興の手順や進め方を記した計画やマニュアルを作成しておく、②復興まちづくりの知識を持つ人材を育成しておく、③復興計画の検討体制を構築しておく、④被災後のまちのあるべき姿をグランドデザインとして位置付けておくことなどが挙げられる。

国土交通省の調査によると、復興事前準備の取り組みを検討済みまたは検討段階と

●「事前復興まちづくり計画」のポイント

［復興事前準備の着手率］

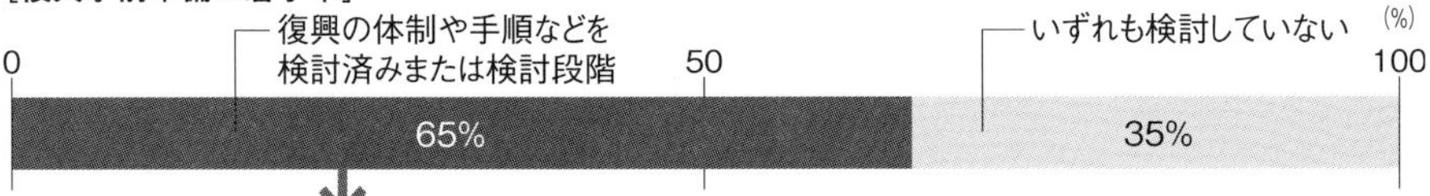

多くが復興の体制や手順の検討にとどまっている

↓

今後は復興まちづくりの目標や実施方針の検討が求められる

↓

「事前復興まちづくり計画」を制定

［計画の対象や取りまとめる内容］

項目など		概要や記載内容の例
想定する災害		•面的な整備などの復興まちづくり事業の検討が必要になる大規模な災害
被害想定やまちの課題		•地域や市街地の特性、想定される被害の分布、規模などを整理 •基礎データや想定した被害に基づく復興時の市街地整備などの課題
復興まちづくりの目標と実施方針		•市町村全域の復興まちづくりの目標や将来の都市構造 •人口や事業規模などの基本的な考え方、復興まちづくや分野別の方針
目標の実現に向けた課題		•目標や実施方針に基づき、まちづくりのための課題を検証して整理
課題解決のための方策	事前に決めておくべき事項	•復興まちづくりの方向性、復興の体制や手順に関わること •応急の仮設住宅用地の確保など、復興まちづくりの工程に関すること
	事前に実施すべき事項	•市町村の職員向けの復興訓練や住民との訓練の方法 •地籍調査など基礎データの整備に関すること、防災・減災対策

↓

•復興まちづくりの目標や実施方針が定まり、災害の発生後に早期かつ的確な復興が可能に
•計画の検討プロセスを経ることで、市町村の職員の能力や住民の意識の向上が図られる

（注）着手率は2022年7月末時点。次ページも国土交通省が23年7月に定めた「事前復興まちづくり計画検討のためのガイドライン」を基に作成

●事前復興まちづくり計画を定める手順と主な実施事項

段階	実施事項	概要
準備	検討体制の構築	・市町村のまちづくりの部局を中心に、関係部局を含めた体制を構築
	基礎データの収集	・市街地整備の課題や災害発生の可能性などを把握して整理
検討	復興の課題の整理	・複数の被害を想定。選択肢のあるまちづくりを検討しておくことも重要
	復興まちづくりの目標の検討	・復興まちづくりの目標や実現に向けた基本的な考え方を検討 ・都市計画マスタープランなどの将来の都市構造を基本に、復興後の都市構造を検討。既往の計画で対応できない場合は新たな観点で検討
	実施方針の検討	・検討の必要性が高くなりそうな区域を「復興検討区域」として抽出 ・「復興検討区域」を対象に、まちの基礎データや被害想定を踏まえて復興のパターンを検討し、復興まちづくりの方針図を作成 ・活用が想定される市街地整備の手法や土利用などの方針を整理 ・復旧から復興までの流れを時系列で。住民との関わり方も整理
	課題や解決策の整理	・目標の実現に向けた課題を検証。課題解決の方策として、「事前に決めておくべき事項」と「事前に実施すべき事項」をそれぞれ整理
	住民の意見の反映	・目標や実施方針に住民の意見を反映。行政と住民がイメージを共有
計画の制定後	復興訓練の実施	・具体的な地区を想定して訓練。住民を含めたワークショップなども開催
	地区別の方針	・訓練の結果を地区別の復興まちづくりの実施方針として取りまとめる
	点検と見直し	・計画を継続して点検して見直し、フィードバック

した地方自治体の割合は2022年7月末時点で65%を占めているが、多くが復興の体制や手順の検討にとどまっている。今後は復興まちづくりの目標や実施方針の検討が求められることから、国交省は23年7月に「**事前復興まちづくり計画**」のガイドラインを定め、実施方針などの検討やまちづくり計画の制定を促している。目標や実施方針を定めることで、災害の発生後に早期かつ的確な復興が可能になるほか、市町村の職員の能力や住民の意識の向上を図ることができるとみている。

[関連キーワード]

事前復興まちづくり計画：市町村全域を対象に、発生し得る災害による被災の規模を想定し、その被災規模に応じた復興まちづくりの目標や実施方針、課題や解決のための方策をまとめた計画。
BCP：Business Continuity Planの略。災害発生時の業務継続のために平常時に定めておく「事業継続計画」。組織が緊急事態に遭遇した場合に事業を継続していく、または早期の復旧を可能にするため、日常的に行うべき活動に加え、緊急時における事業や業務の継続のための方法などを取り決めておく。自治体では、2023年6月時点で全都道府県とすべての市町村が同計画を定めている。
自主防災組織：地域住民が自主的に結成する組織で、組織率（全世帯数のうち、自主防災組織の活動範囲に含まれている地域の世帯数の割合。活動カバー率）は2023年4月時点で85%。
ハザードマップ（174ページ）　**タイムライン**（171ページ）　**総力戦で挑む防災・減災プロジェクト**（146ページ）　**国土強靭化基本計画**（74ページ）　**国土形成計画**（62ページ）　**切迫する巨大地震**（44ページ）　**港湾の気候変動適応策**（170ページ）　**土砂・洪水氾濫**（168ページ）

キーワード
54

首都直下地震

都市直下型地震の一つで、神奈川県や東京都、千葉県など関東地方の南部で繰り返し発生するマグニチュード7級の大地震。内閣府が2013年12月に公表した被害想定によれば、最悪の場合で死者が約2万3000人に、経済的被害は約95兆円に上る。併せて公表した対策の方向性では、施設の耐震化などの事前防災を重視するとした。

これらの被害を10年間でおおむね半減させるために15年3月、「首都直下地震緊急対策推進基本計画」の変更を閣議決定した。例えば住宅の耐震化率を高めるほか、「著しく危険な密集市街地」をほぼ解消する。一方、当時とは対策を取り巻く情勢が変

●2013年に想定した被害と主な対策

［被害想定］

地震の揺れ	
全壊家屋	17万5000棟
倒壊による死者	1万1000人[*2]

火災	
焼失	41万2000棟[*1]
火災による死者	1万6000人[*1]

合計値の最大	
全壊・焼失	61万棟[*1]
死者数	2万3000人[*1]

［対策］

対策の項目		概要
首都の中枢機能を確保		・政府全体としての業務の継続体制を構築。情報収集や発信体制も強化
建築物や施設の耐震化を推進		・特に木造住宅の密集市街地や緊急輸送道路沿いの建築物、不特定多数の人が利用する建築物を耐震化。応急対応の拠点や避難所となる施設も ・電気や水道などのライフラインの耐震化と液状化対策に取り組む ・道路や鉄道などの交通インフラは耐震化に加えて老朽化対策も推進 ・河川堤防や海岸堤防の耐震調査や耐震対策を進めて浸水被害を防止 ・宅地の耐震化や土砂災害への対策で大規模な盛り土造成地の崩落を防止
火災への対策	出火の防止	・感震自動消火装置を備えた器具を普及。感震ブレーカーの配備を100%に
	延焼の抑制	・木造住宅の密集市街地で道路を拡幅して空間を確保 ・不燃化や基盤整備などで木造住宅の密集市街地を解消。無電柱化も推進 ・避難場所となる公園などのオープンスペースを確保。河川や避難路も整備

［対策を取り巻く情勢の変化］

↓

人口減少や高齢化の進行、外国人労働者や訪日外国人の増加、地域コミュニティーの縮小
高層ビルやタワーマンションの増加、空き家の増加、鉄道や航空の計画運休の浸透
再生可能エネルギーの拡大、建設業や運輸業などでの人手不足、自主防災組織の活動の停滞
5Gやクラウド、ドローンやビッグデータの活用、気候変動の影響による風水害、熱中症

（注）いずれも都心南部を震源とする地震が発生した場合に想定される最大の被害。＊1は冬の夕方を、＊2は冬の深夜をそれぞれ想定。火災の際の風速はいずれも毎秒8m。内閣府の中央防災会議が2013年12月に公表した「首都直下地震の被害想定と対策について（最終報告）」を基に作成。下や次ページは内閣府の首都直下地震対策検討ワーキンググループの23年12月の資料から抜粋

●首都直下地震対策の進捗状況と方向性

項目		目標値	進捗など
揺れ	住宅の耐震化率	2030年におおむね解消	18年の推計で87%
	多くの人が利用する建築物の耐震化率	2020年に95%	18年の推計で89%
	急傾斜地の崩壊から保全される戸数*1	2018年度に8万戸	18年度に達成
	大規模盛り土造成地マップの公表率*2	2016年度に50%	19年度に100%
火災	自主防災組織の活動カバー率*1	2024年度に100%近くに	22年度で78%
	著しく危険な密集市街地の解消割合*2	2030年度におおむね解消	22年度で82%
津波	津波に対応したハザードマップを公表し、防災訓練を実施する市町村の割合*3	2016年度に100%	22年度で92%
その他	主要な鉄道路線の耐震化率*4	2017年度におおむね100%	23年3月で99%
	災害廃棄物処理計画の制定率*5	100%に近づける	2022年3月で84%

[方向性]

外力の強さや社会の脆弱性、外力にさらされる「暴露」の度合いを踏まえ、既存の計画も考慮して対策

国土強靱化基本計画

- 防災インフラの整備と管理、新技術の活用
- 交通や通信などライフラインの強靱化
- 官民連携や地域における防災力の強化

国土形成計画(全国計画)

- 広域的な機能の分散と連結の強化
- 生活に身近な地域コミュニティーの再生
- 市町村界にとらわれない「地域生活圏」の形成

(注)*1は1都3県、*2は緊急対策区域、*3は緊急に警戒避難体制が必要な1都3県の市町村、*4は震度6強以上が想定される地域、*5は1都3県の全市町村、住宅や建築物の耐震化率は全国がそれぞれ対象

化しており、内閣府では23年12月から対策や計画の見直しを始めている。地震に対する社会の脆弱性などを踏まえて見直す方針で、23年7月に閣議決定した新たな**国土強靱化基本計画**や**国土形成計画**で示した施策や目標なども考慮して定める。

[関連キーワード]

防災基本計画：災害対策基本法に基づき、中央防災会議が作成する防災に関する基本的な計画。1963年に制定された。災害対策の根幹をなすもので、防災分野の最上位の計画として位置付けられている。防災における体制の確立や迅速で適切な災害復興のほか、防災業務計画と地域防災計画で重点を置くべき事項について、基本的な方針をそれぞれ示している。2023年5月には、NPOなどの活動の支援や調整を行う「災害中間支援組織」の育成や強化、被災者台帳へのデジタル技術の活用、国民への情報伝達のあり方などについて、最近の施策の進展を踏まえて修正している。

災害対策基本法：災害対策に関係する法律の一般法で、災害対策全体を体系化したもの。1959年の伊勢湾台風を契機として61年に制定された。防災に関する責務の明確化、総合的防災行政や計画的防災行政の整備、災害対策の推進、激甚災害に対する財政援助などについて定めている。

切迫する巨大地震（44ページ）　**総力戦で挑む防災・減災プロジェクト**（146ページ）　**国土強靱化基本計画**（74ページ）　**国土形成計画**（62ページ）　**南海トラフ巨大地震**（154ページ）　**日本海溝・千島海溝沿いの巨大地震**（152ページ）　**無電柱化**（204ページ）　**盛り土対策**（166ページ）　**復興事前準備**（148ページ）　**ハザードマップ**（174ページ）　**自主防災組織**（149ページ）

キーワード
55

日本海溝・千島海溝沿いの巨大地震

房総半島の東方沖から三陸海岸の東方沖を経て択捉島の東方沖までの、日本海溝と千島海溝の地殻の境界などを震源とする地震。これまでもマグニチュード7〜8を超える地震や揺れが小さくても大きな津波を発生させる「津波地震」と呼ばれる地震など、多様な地震が発生してきた。内閣府の推計によれば、死者は日本海溝地震が最

●地震の発生に備えて推進する対策

対象	推進策	概要
強い揺れや長周期地震動	住宅や建築物、宅地の耐震化	・耐震性が不十分な住宅を2030年までにおおむね解消 ・大規模な盛り土造成地では滑動崩落のおそれがある宅地を特定して情報提供。液状化対策を含めた宅地の耐震対策を推進 ・液状化のハザードマップを公表して防災意識を向上
	公共施設の耐震化	・緊急用の河川敷の道路や河川防災ステーションを整備 ・物流などに重要な道路や港湾などの耐震化や液状化対策を推進 ・維持管理や更新を推進。情報の整備や新技術の導入も重要に
	長周期地震動への対策	・長周期地震動に関する観測情報を発表して初動の対応に活用 ・既存の超高層建築物では影響が大きいものに対策
	火災への対策	・密集市街地では市街地や公園、緑地、延焼遮断帯として機能する幹線道路などを整備するほか、狭あいな道路を拡幅 ・老朽建築物の除却と併せて耐火建築物に共同で建て替え
	土砂災害への対策	・重要な交通網などに影響を及ぼす土砂災害危険箇所では、対策施設と警戒避難体制を整備するなどハード・ソフト一体で対策
巨大な津波	避難路や避難場所の確保	・避難が困難な地域では避難のためのビルやタワーを整備 ・避難場所や避難階段の整備とともに、「道の駅」を防災拠点に ・避難場所や防災拠点として位置付けられた都市公園を整備 ・津波ハザードマップを活用した避難訓練を実施。防災教育も ・後背地が一体の「津波防災地域づくり」や高規格堤防を重点的に
	津波防災地域づくりの推進	・「津波防災地域づくりに関する法律」に基づき、津波浸水想定の設定や津波災害警戒区域の指定、津波ハザードマップの作成、高台への移転などを推進。津波防護施設の整備も進める
	浸水を軽減する施設の整備	・海岸保全施設や河川管理施設を整備。耐震化や液状化対策も ・粘り強い海岸堤防を整備。多重防御や海岸の浸食対策も推進 ・水門などの耐震化や耐水化とともに、自動化や遠隔操作化も
	交通基盤の整備	・道路や港湾などの広域ネットワークを確保。臨港道路も整備
日ごろからの備え	防災訓練	・港湾BCPに基づく訓練を実施し、実効性を確保
	防災教育	・災害の記録を整理した教材を開発して提供。出前講座も実施
	広報	・リスクコミュニケーションを展開。情報提供のツールを一元化し、平時から防災情報を容易に入手できる体制も構築

(注)国土交通省が2022年11月にまとめた「日本海溝・千島海溝周辺海溝型地震対策計画」を基に作成

●日本海溝・千島海溝沿いの巨大地震による被害想定

［被害の特徴］

- 津波による死者数が膨大に。建物やライフライン、インフラなどの被害も甚大
- 北海道から千葉県までの広域に被害
- 積雪寒冷地の特性から避難に時間を要するほか、低体温症のリスクも生じる

→

［推計値］

項目	日本海溝地震	千島海溝地震
死者数	19.9万人	10万人
低体温症要対処者数	4.2万人	2.2万人
全壊・焼失棟数	22万棟	8.4万棟
経済的な被害額	31兆円	17兆円

（注）推計値はいずれも被害が最大となるケース。下も内閣府の日本海溝・千島海溝沿いの巨大地震対策検討ワーキンググループが2022年3月に公表した資料などを基に作成

●地域特性への対策

特性	対象	概要や対策の例
積雪寒冷地	避難路や避難施設	・防寒機能付きの避難タワーのほか、積雪などを考慮したシェルター付きの避難路や避難階段を整備し、避難の遅れによる被害を軽減
	避難時の防寒対策	・避難場所に防寒具や暖房器具、発熱剤入りの非常食などを備蓄 ・屋内の避難所への二次避難路を確保し、低体温症のリスクを軽減
	耐震化	・地震の揺れに加え、積雪荷重も考慮して耐震化
	雪崩	・雪崩の防止施設を整備。危険箇所の公表や住民への普及・啓発も
	人員や装備	・吹雪や積雪、凍結などによって救助や物資の運搬に時間を要することも考慮して人員や装備、資機材や医薬品を確保。訓練も実施
沿岸地*	津波	・徒歩による避難が難しい場合は、災害による道路の寸断や渋滞、交通事故の可能性が低いことを前提に、自動車を用いた避難も検討
	地盤沈下と長期の湛水	・堤防のほか、排水ポンプや水門などを整備。浸水の危険性も表示 ・機能に余裕を持った暖房器具や通信手段、トイレ、飲料水などを確保

（注）北海道や東北地方の沿岸地では広大な平地や都市間の距離が大きいといった地理的な課題もある

大で約20万人、千島海溝地震では10万人に及ぶ。国土交通省が2022年11月にまとめた対策計画では、強い揺れや長周期地震動、巨大な津波への備えとして施設の耐震化や火災への対策、避難場所や避難路の確保、**津波防災地域づくり**の推進などを挙げたうえで、積雪寒冷地や沿岸地といった地域特性を踏まえた対策も示した。例えば、防寒機能付きの避難タワーや積雪を考慮した避難路の整備などが必要になる。

［関連キーワード］

津波防災地域づくりに関する法律：東日本大震災の教訓を踏まえて2011年12月に成立、12年6月に全面施行した。最大クラスの津波（レベル2の津波）が発生した場合でも、ハードとソフトの複数の施策を組み合わせた「多重防御」の発想によって、津波災害に強い地域づくりを進める。

切迫する巨大地震（44ページ）　**国土強靱化基本計画**（74ページ）　**総力戦で挑む防災・減災プロジェクト**（146ページ）　**防災道の駅**（157ページ）　**粘り強い構造**（45ページ）　**多重防御**（171ページ）　**BCP**（149ページ）　**南海トラフ巨大地震**（154ページ）

キーワード
56

南海トラフ巨大地震

東海地震や東南海地震、南海地震を起こす震源域が南海トラフで連動して生じる巨大地震。南海トラフでは、100～150年程度の周期でマグニチュード8クラスの海溝型地震が発生している。政府の中央防災会議が2012年8月や13年3月に公表した被害想定によれば、死者は最大で約32万人、経済面での被害額は最大で220兆円に上る。その後、19年6月に見直した被害想定では建て替えや耐震改修の進展、感震ブレーカ

●甚大な人的・物的被害を軽減するための予防策

対象	予防策	概要
強い揺れ	住宅や建築物、宅地の耐震化	・耐震性が不十分な住宅を2030年までにおおむね解消 ・地すべりや崩壊のおそれがある大規模な盛り土造成地の区域を特定して情報提供。液状化対策を含めた宅地の耐震対策を推進 ・液状化のリスクが高い地域を把握して応急対策の計画に反映
	公共施設の耐震化	・海岸堤防や河川堤防、水門や樋門などの地盤を改良 ・緊急用の河川敷の道路や船着き場、河川防災ステーションを整備 ・緊急物資の輸送で重要な道路や港湾、空港や鉄道などを耐震化 ・施設の老朽化に起因する被害の発生や拡大を防ぐために点検と修繕を実施。維持管理に係る情報の整備や新技術の導入も推進
	火災への対策	・密集市街地では市街地や公園、緑地のほか、延焼遮断帯として機能する幹線道路を整備。老朽建築物の除却と併せた耐火建築物への建て替えや狭あいな道路の拡幅にも取り組む
	土砂災害への対策	・防災拠点などに影響を及ぼす土砂災害危険箇所について、対策施設とともに警戒避難体制を整備するなどハード・ソフト一体で対策
巨大な津波	避難路や避難場所の確保	・避難施設の指定と協定の締結を促進。「道の駅」の防災拠点化を進めるほか、防災拠点として位置付けられた都市公園を整備 ・避難が困難な地域での津波避難ビルや津波避難タワーのほか、津波・高潮防災ステーションなどの情報提供施設を整備 ・避難の際に参考になる道路の標高や津波の実績高などを表示 ・市町村のハザードマップや避難確保計画の作成を支援。防災教育も ・後背地が一体の津波防災地域づくりを推進。高規格堤防も整備
	津波防災地域づくりの推進	・「津波防災地域づくりに関する法律」に基づき、基礎調査の実施や津波浸水想定の設定、ハザードマップの作成、高台への移転などを推進。推進計画の作成や津波災害警戒区域の指定も進める
	浸水を軽減する施設の整備	・海岸保全施設などの整備や耐震対策で避難のリードタイムを確保 ・粘り強い海岸堤防を整備。多重防御や海岸の浸食対策も進める ・水門などの耐震化と耐水化とともに自動化や遠隔操作化も推進 ・施設の点検と修繕で老朽化に起因する被害の発生や拡大を防止
	交通基盤の整備	・道路や港湾、空港や鉄道などの広域ネットワークを確保

(注)2021年9月に公表された「国土交通省 南海トラフ巨大地震対策計画(第3版)」から抜粋して要約

●南海トラフ巨大地震で想定される被害

[死者数]

主な項目	2012年8月	2019年6月
建物の倒壊	8.2万人	6.5万人
津波	23万人*	16万人
急傾斜地の崩壊	600人	600人
地震による火災	1万人	5800人
ブロック塀などの転倒	30人	20人
合計	32.3万人	23.1万人

[死者数などが減少した主な要因]

- 津波からの避難意識の向上
- 建て替えや耐震改修の進展
- 感震ブレーカーの普及
- 建築物や人口のデータの更新

[建物の被害]

	2012年8月	2019年6月
全壊・焼失棟数	238.6万棟	209.4万棟

(注)数値はいずれも最大の被害想定。津波による2012年の死者数は早期避難率が低い場合。死者数は冬の深夜に、建物の被害は冬の夕方にそれぞれ発生したケースを想定。火災の際の風速は毎秒8m。内閣府の資料を基に作成

ーの普及などによって死者や全壊・焼失棟数は減少したものの、経済面では見直し後も最大で214兆円となり、13年から大きく減っていない。被災地の被害額が増加した。

国土交通省が21年9月に公表した「南海トラフ巨大地震対策計画」の第3版では、強い揺れや巨大な津波に対する予防策として耐震化や火災への対策、避難路や避難場所の確保、交通基盤の整備などを挙げたうえで、ソフト面の対策も重視。例えば、情報提供のツールを一元化し、平時から容易に防災情報を入手できる体制を構築する。

[関連キーワード]

DiMAPS:災害が生じた現場から震度や空中写真、インフラの被害などの情報を収集して電子地図上に重ね合わせ、ほぼリアルタイムで被害の全体像を表示する「統合災害情報システム」。国土交通省が2015年9月から運用を始めた。AIなども活用して被災の規模や範囲を迅速に把握するほか、現地の情報の収集から入力、地図化までの一連の流れを自動化するなどの改良を検討している。

緊急輸送道路:災害直後の避難や救助をはじめ、物資の供給などの応急活動のために緊急車両の通行を確保すべき重要な路線。知事や国土交通省の地方整備局長などが参加する都道府県防災会議が指定する。同防災会議が作成する都道府県地域防災計画に位置付けられている緊急輸送道路は、2023年3月末時点で約10.7万km。一方、緊急車両などの通行のために最低限のがれき処理を早急に行い、簡易な段差修正などによって救援ルートを開けることを「道路啓開」という。

TEC-FORCE:TECはTechnical Emergency Controlの略で、「緊急災害対策派遣隊」と呼ばれる。被災自治体への迅速な支援を目的に2008年に創設した。被災状況の把握や被害の拡大の防止、技術的な支援などを手がける。国土交通省の地方整備局などの職員をあらかじめ隊員として任命し、日ごろから人員や資機材の派遣体制を整えることで、より早い支援を可能にした。

津波防災地域づくりに関する法律(153ページ) **防災道の駅**(157ページ) **粘り強い構造**(45ページ) **日本海溝・千島海溝沿いの巨大地震**(152ページ) **切迫する巨大地震**(44ページ) **重要物流道路制度**(113ページ) **予防保全**(132ページ) **首都直下地震**(150ページ)

キーワード
57

道路防災とリスクアセスメント

道路では最近の地震や大雨、台風、大雪のほか、日本海溝・千島海溝沿いの巨大地震の被害想定などから新たに得られた教訓や視点を反映して、防災・減災に関わる基準類などを制定または改定してきた。例えば、道路区域外の土砂災害のリスクに対して、3次元の点群データを活用したリスク箇所の抽出要領を2021年に制定。大雨による橋や道路の流失に対応するため、22年度に**道路土工構造物点検要領**を改定した。

今後はデータベースやAIなどを活用するとともに、22年3月に定めた「**道路リスクアセスメント要領**」を用いてより効率的にリスクを推定して対策を進めていく。リスクアセスメントでは、あるハザードによって生じ得る速度規制や車線規制、重量規制の可

●道路防災における対応の方向性

ハザード	対象	現状や教訓など	対応の方向性
大雨	法面や盛り土	・「5カ年加速化対策*」で土砂災害の防止策を実施中 ・2022年8月や21年7月の大雨などによって道路の区域外から大量の土砂が流入	・3次元点群データを活用してリスク箇所を抽出 ・トンネル坑口部など近年の被災箇所を重点点検 ・緊急輸送道路に加え、孤立のリスクも考慮 ・「道路リスクアセスメント要領」を用いて効率的に ・砂防事業などと連携して道路区域外に対策
	河川の隣接区間	・流失防止策を実施中 ・台風などで河川に隣接する道路が被災したほか、橋の流失によって孤立箇所が発生	・改定した道路土工構造物点検要領で点検 ・緊急輸送道路に加え、孤立のリスクも考慮 ・河川整備と連携して橋を架け替え。護岸にも対策 ・降雨確率に応じた点検や対策を検討
	排水	・アンダーパスが冠水	・昨今の強雨の傾向を踏まえて対策
	緊急避難場所	・道路の高架区間などを活用して緊急避難場所を整備中	・近年の被害想定やニーズを踏まえて対応 ・訓練やタイムラインへの反映などで実効性を向上
地震	耐震補強	・耐震性能2へのレベルアップに向けた対策を実施中 ・2022年の地震で特殊な構造の橋が損傷して復旧が長期化	・トラス橋やアーチ橋などでは復旧が長期化するといった新たな知見を踏まえて点検 ・上記の点検の結果も踏まえて、長大橋やトラス橋、アーチ橋などの耐震補強に集中して投資
大雪		・2020年や21年の豪雪などによって大規模な滞留が発生 ・直轄で除雪を支援	・4車線化やスポット対策、除雪機械の増強 ・除雪体制を増強。自治体への支援や連携も強化 ・無散水消雪など、消雪や融雪の施設を更新
低温	舗装	・積雪寒冷地での損傷を調査	・損傷のメカニズムなどの調査結果を踏まえて対策
暴風など	無電柱化	・暴風雪や大雪によって電柱が倒壊する事例が発生	・暴風だけでなく、暴風雪や大雪も踏まえて対策 ・沿道区域の届け出・勧告制度を活用

(注)5カ年加速化対策とは「防災・減災、国土強靭化のための5カ年加速化対策」。方向性は案。国土交通省が2023年3月に開催した道路技術小委員会の資料を基に作成

●リスクアセスメントの考え方や流れ

［基本的な考え方］

道路の耐災害性能を評価し、災害に強い道路ネットワークを効率的・効果的に強化

［道路のリスク］

あるハザードによって生じ得る速度規制や車線規制、重量規制の可能性を道路のリスクと定義

［リスクの可視化］

- 異なる構造物や路線の間の耐災害性能を同じ方法で評価し、性能を満足させるために対応
- 道路に求められる耐災害性能を、道路構造物の設計基準類に基づく性能と関連付けて評価
- 道路構造物に着目した対応から、道路ネットワークに着目した対応に転換

- 構造物の諸元や点検結果のデータを活用。各データを統合して管理できるプラットフォームも構築
- 性能を向上させるために必要な技術基準類のほか、点検や診断の基準を整備

［リスクアセスメントの流れ］

想定されるハザードを設定
- 橋などの技術基準で定めるL1やL2地震動
- 100年程度の間に生じ得る降雨や出水
- 道路区域外からの落石などは常に生じると想定

→ **道路構造物の変状や脆弱性を想定**
- 変状の程度を区分
- 定期点検の結果や道路の構造などに基づいて変状や通行機能の低下の度合いを補正

→ **通行機能の低下の度合いや障害の程度**
- 段差の凹凸や線形の不正、障害物、耐荷力の不足などのほか、状態の変化の程度

→ **道路のリスクを評価**
- 障害の程度と通行規制の形態から、規制などの可能性を機能の回復のしやすさも加味して評価

（注）道路技術小委員会の2023年3月や22年3月の資料を基に作成

能性をリスクと定義。道路構造物に着目した対応から道路ネットワークに着目した対応に転換する。想定されるハザードを設定した後、変状や脆弱性を想定し、通行機能の低下の度合いを踏まえてリスクを評価する。xROADのデータも活用する。

［関連キーワード］

道路リスクアセスメント要領：道路ネットワークの災害に対するリスクの現状を評価するために、国土交通省が2022年3月に定めた。道路ネットワークを構成する各道路の改良などを検討する際の基礎資料となるように、通常の道路管理で想定する規模の災害を主な対象とし、道路管理に用いるデータなどを活用して道路ごとのリスクの違いを相対的に把握する方法を示している。

防災道の駅：広域的な防災拠点としての機能を持つ道の駅。都道府県が定める地域防災計画や「新広域道路交通計画」などで広域的な防災拠点として位置付けられている。自衛隊や警察などの救援活動や復旧・復興の活動の拠点、緊急物資の基地などになる。2021年6月に初めて39駅を選定した。

防災拠点自動車駐車場：2021年3月の道路法などの改正で創設した制度。広域災害への応急対策の拠点として、防災機能を有する道の駅や高速道路のサービスエリアなどの駐車場を国土交通大臣が指定する。24年3月時点で366カ所の道の駅と146カ所のサービスエリアなどが指定されている。

道路土工構造物点検要領（127ページ）　**緊急輸送道路**（155ページ）　**重要物流道路制度**（113ページ）　**無電柱化**（204ページ）　**xROAD**（130ページ）　**総力戦で挑む防災・減災プロジェクト**（146ページ）　**国土強靭化基本計画**（74ページ）　**気候変動適応計画**（76ページ）

キーワード
58

気候変動を踏まえた治水計画

災害対策の実施に必要な計画や基準を、従来の「過去の降雨実績などに基づくもの」から「気候変動による降雨量の増加などを考慮したもの」に見直すこと。河川では整備計画や基本方針に流量の増加を反映させるほか、海岸の保全でも気候変動による海面水位の上昇を踏まえて目標とする潮位を設定する。下水道では計画雨水量の増加を、砂防施設では降雨の増加とそれに伴う土砂量の変化をそれぞれ反映した計画や基準とする。国土交通省では、気候変動によって無降水日の増加や積雪量の減少も考えられることから、ダムなどの水資源開発施設が供給できる水量も変わるとみている。

世界の平均気温の上昇を、産業革命以前に比べて2℃未満に抑えるとした**パリ協定**

●気候変動を踏まえた水害対策の考え方

[将来の変化]

気候変動の影響＝「抑える」対象が変化
- 降雨量の増加など、大雨が頻発・激甚化
- 整備を上回る速度で影響が顕在化
- 外力が計画規模以上に

社会構造の変化＝「守る」対象が変化
- 人口減少や少子高齢化が進行
- 人口構造の変化が国土や土地の利用に影響
- 国際化が進展し、産業構造も変化

[水害のリスクを軽減するイメージ]

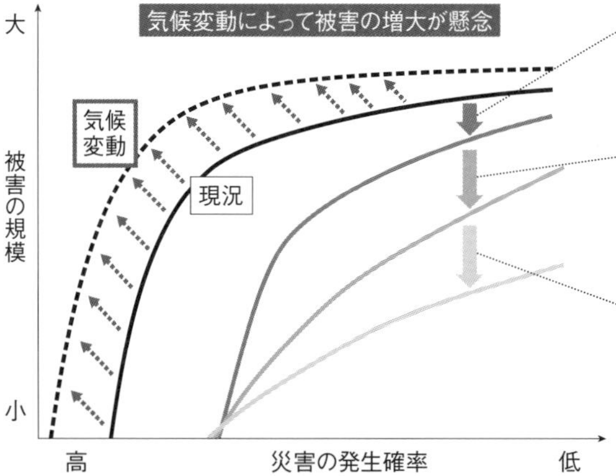

[対策の考え方と例]

外力の制御
- 治水対策の推進
- 既存施設の活用による流出の抑制

被害対象の減少
- 国土や土地の利用に対する規制や誘導
- 二線堤による氾濫水の制御

被害の軽減と回復力の向上
- 避難体制の構築
- 自治体や企業のBCP
- 水害保険
- 支援体制の強化

(注)国土交通省の「気候変動を踏まえた水災害対策検討小委員会」や「気候変動を踏まえた治水計画に係る技術検討会」の資料を基に作成

●気候変動の影響を治水計画などに反映

［従来］

過去の降雨や潮位などの実績に基づいて計画

［今後］

気候変動による降雨量の増加や潮位の上昇などを考慮して計画

［背景］

パリ協定の目標を基に2℃上昇した場合を想定

降雨量	流量	洪水発生頻度
約1.1倍	約1.2倍	約2倍

計画や設計基準に反映

［見直しの対象となる外力や計画、設計基準］

気候変動の影響	対象外力など	主な計画や設計基準
大雨の発生頻度や強度の増加	・河川の整備で目標とする流量 ・下水道の計画雨水量 ・砂防計画で扱う土砂の量など	・河川整備計画や基準、河川整備基本方針 ・雨水管理総合計画 ・砂防計画に係る技術基準類
海面水位の上昇 台風などの強大化	・海岸保全などで目標とする潮位 ・港湾の施設の設計潮位など	・海岸保全基本方針 ・海岸や港湾の施設の技術上の基準など
無降水日の増加 積雪量の減少など	・ダムなどの水資源開発の施設が供給できる水量	

流域治水をはじめ、ハード・ソフト一体で

（注）国土交通省の「総力戦で挑む防災・減災プロジェクト」の資料を基に作成

での目標を基に、平均気温が2℃上昇した場合を想定した。2℃の上昇によって、21世紀末には20世紀末に比べて降雨量が約1.1倍に、洪水の発生頻度が2倍にそれぞれ高まると予測。大雨の発生頻度や強度の増加、海面水位の上昇がもたらす影響を評価する。降雨確率や地域区分などに応じた詳細な評価も実施する。そして、新たな計画や基準にのっとり、**流域治水**をはじめ、ソフトとハードが一体となった対策を進める。

将来の降雨量の増大を見込んだうえで、河川整備の目標流量である洪水の規模（基本高水）を変更する。治水計画などの見直しと併せ、「外力の制御」と「被害対象の減少」、「被害の軽減と回復力の向上」でリスクを軽減。外力の制御では治水対策を推進するほか、既存の施設を活用して流出の抑制や洪水調節に取り組む。土地利用の規制や誘導、**輪中堤**や**二線堤**による氾濫水の制御などによって被災する対象を減らす。

［関連キーワード］

輪中堤：ある特定の区域を洪水から守るために、その周囲を取り囲むように造られた堤防。
二線堤：従来の河川堤防と並んで造られる第二の堤防。氾濫水による被害を最小限に抑える。
社会資本の多面的活用：既存または事業中の社会資本にわずかな改良を加えたり、運用の改善を図ったりすることによって、その施設の本来の機能とは別の防災・減災機能を付加し、活用すること。

流域治水（160ページ）　**港湾の気候変動適応策**（170ページ）　**気候変動適応計画**（76ページ）　**地球温暖化**（54ページ）　**ハイブリッドダム**（164ページ）　**内水氾濫**（162ページ）　**総力戦で挑む防災・減災プロジェクト**（146ページ）　**BCP**（149ページ）　**パリ協定**（55ページ）

キーワード 59

流域治水

従来の河川や下水道などの担当者だけでなく、国や都道府県、市町村、企業や住民などのあらゆる関係者が流域全体で取り組む治水。**気候変動を踏まえた治水**対策に転換するとした2019年10月の提言や水害対策のあり方に関する20年7月の答申などを受け、従来の対策を見直す。河川の区域や氾濫域に集水域も含めて一つの流域として捉え、氾濫の防止や被害対象の減少、被害の軽減と早期の復旧に向けた対策をそれぞれ挙げている。例えば集水域では、雨水貯留浸透施設の整備やため池などを治水に利用することで雨水の貯留機能を拡大。**グリーンインフラ**も活用して氾濫を防ぐ。

流域治水の実効性を高めるため、「特定都市河川浸水被害対策法」などの改正法（流域治水関連法）が21年11月に施行。例えば「流域水害対策計画」では、施設の整備や河川改修のほか、浸水被害防止区域や貯留機能保全区域の指定などを進める。さらに、23年からは「流域治水プロジェクト2.0」として気候変動への対策を強化。流量が増えても、目標とする治水安全度を現行の計画と同じ完了時期までに達成する。

●流域治水プロジェクト2.0のイメージ

［現状や課題］

- 気温の上昇を2℃に抑えるシナリオでも降雨量は約1.1倍、流量は1.2倍、洪水の発生頻度は2倍になると試算
- グリーンインフラやカーボンニュートラルへの対応
- インフラ分野のデジタルトランスフォーメーション（DX）などの技術が進展

同じ治水安全度を確保するために、目標とする流量を1.2倍に引き上げ

完了時期は現行の計画と同じ

［対応のイメージ］

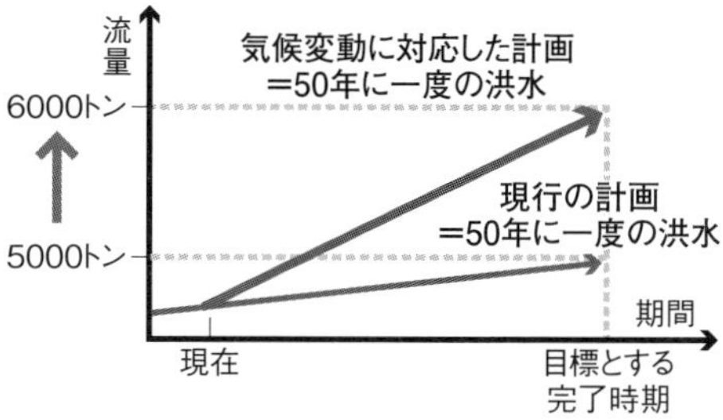

［活用する手法のイメージ］

手法	概要や例
あふれることも考慮した減災対策	•「粘り強い」河川堤防の整備 •「貯留機能保全区域」における宅地や事業所のかさ上げや移転
多面的な機能の活用	•ハイブリッドダムの推進や平時における遊水池内の利用や活用
流域で雨水をためる	•「田んぼダム」の取り組みの推進や旧川跡の雨水貯留の活用
DXなどの新技術の活用	•洪水予測の高度化や浸水センサーの導入、ドローンによる河川管理

（注）国土交通省が2023年8月に公表した資料を基に作成

●流域治水の本格的な実践に向けた施策のポイント

「流域水害対策計画」を制定 ← 流域水害対策協議会を設置 ← 「特定都市河川」を指定

↓

［流域水害対策計画に基づく主な施策］

施策		概要
施設の整備や河川改修		・遊水池や輪中堤の整備、排水機場の整備や機能の増強を加速 ・行政に加えて民間による雨水貯留浸透施設の設置や整備を促進
雨水の流出の抑制		・一定の規模以上の開発に対して貯留・浸透対策を義務付け
区域の指定	浸水被害防止区域	・浸水被害が頻発し、著しい危害が生じるおそれがある土地を指定 ・自己の住宅を除き、都市計画法上の開発を原則として禁止 ・住宅や要配慮者利用施設などの開発と建築を許可制に
	貯留機能保全区域	・洪水や雨水を一時的に貯留する機能を有する農地などを指定 ・盛り土などの事前の届け出を義務付け。助言や勧告も可能

（注）国土交通省の資料を基に作成

●流域治水関連法の概要

施策		概要
流域治水の計画と体制の強化	「流域水害対策計画」の拡大	・市街化の進展だけでなく、自然的条件によって被害の防止が困難な河川も対象に追加し、全国の河川に拡大
	協議会の創設と計画の充実	・国や都道府県、市町村などの関係者が一堂に会し、官民が雨水貯留浸透対策の強化や浸水エリアの土地利用などを協議 ・協議の結果を「流域水害対策計画」に位置付けて実施
氾濫をできるだけ防止	河川や下水道における対策の強化	・利水ダムの事前放流の拡大を図る協議会を創設 ・下水道で浸水被害を防ぐべき目標降雨を計画に位置付け ・下水道の樋門などの操作ルールの制定を義務付け
	雨水貯留対策の強化	・「貯留機能保全区域」を創設し、保水や遊水の土地を確保 ・都市部の緑地を保全し、グリーンインフラとして活用 ・認定制度や補助などによって雨水貯留浸透施設の整備を支援
被害の対象を減少	まちづくりとの連携や住まい方	・「浸水被害防止区域」を創設し、住宅などの安全性を事前確認 ・「防災集団移転促進事業」の要件などを拡充し、移転を促進 ・避難先の整備や地区単位の浸水対策によって安全性を強化
被害の軽減と早期の復旧・復興		・洪水などに対応したハザードマップの作成を中小規模の河川まで拡大し、リスクに関する情報の空白域を解消 ・要配慮者利用施設の避難計画や訓練に市町村が助言や勧告 ・国土交通大臣による権限代行の対象を拡大し、災害で堆積した土砂の撤去や準用河川を追加

（注）2021年11月に施行した特定都市河川浸水被害対策法などの改正法（流域治水関連法）を基に作成

［関連キーワード］

気候変動を踏まえた治水計画（158ページ）　**気候変動適応計画**（76ページ）　**地球温暖化**（54ページ）　**ハイブリッドダム**（164ページ）　**田んぼダム**（163ページ）　**輪中堤**（159ページ）　**グリーンインフラ**（188ページ）　**内水氾濫**（162ページ）　**ハザードマップ**（174ページ）　**総力戦で挑む防災・減災プロジェクト**（146ページ）　**インフラ分野のDX**（242ページ）

キーワード 60

内水氾濫

都市部に降った雨が河川などに排水できずに中心市街地などが浸水する現象。下水道の排水能力を雨水の量が上回る、または河川の水位が上昇したことによって下水道から河川に放流できずに浸水する。河川からあふれた水が市街地などに流れ込む「洪水（外水）氾濫」も都市における浸水の一つだが、洪水氾濫の場合は河川周辺のより広範囲な区域が浸水することから、河川から水があふれないように堤防を整備する

●気候変動を踏まえた都市の浸水対策の方針

方向性	対策	概要
中長期の計画の制定	計画雨水量の設定	・下水道による対策では、現行のハード整備に用いる計画降雨に降雨量の変化倍率を乗じて設定。例えば平均気温が2℃上昇する場合、北海道の北部や南部を除く14地域では1.1倍に ・より精緻な気候変動の予測モデルを採用するとともに、ヒートアイランドなどの都市の気候を反映した予測データも利用
	下水道による浸水対策	・「雨水管理総合計画」も降雨量の変化倍率を乗じて見直し。現時点では2℃の上昇を考慮。浸水リスクの評価や対策の効果、排水区の地形的な条件なども踏まえて計画
下水道施設の耐水化	対象外力の設定	・浸水深は中高頻度の確率で発生する河川氾濫を想定 ・より大きな浸水深にはBCPによるソフト対策で機能を回復
	対策の手法や進め方	・電気設備の上階への移設や防水仕様への更新、建物全体の耐水化など。自治体は2021年度までに耐水化計画を制定
早期の安全度の向上	ハード整備	・地下空間を活用した大規模な雨水貯留施設を整備。老朽化した施設の機能の確保を加速。対策を優先する区域も設定 ・流域治水プロジェクトや100mm／h安心プランなどを推進
	既存施設の工夫	・予備ポンプなどの既設の排水ポンプや排水ポンプ車を活用 ・遠隔操作や自動化などで樋門の操作性を向上
	まちづくりと連携	・グリーンインフラも含め、民間の雨水貯留施設を活用して雨水の流出を抑制。道路や公園、住宅などの部局とも連携
ソフト施策の強化	内水ハザードマップの周知	・計画降雨を含む複数の外力によるリスクの評価結果も公表 ・想定される最大規模の降雨に対応した内水浸水想定区域図の作成や公表、周知を促進するための仕組みを検討
	効果的な施策	・ICTの活用を含めた多様な手法で情報発信を充実。観測情報を活用して浸水シミュレーションのモデルの精度を向上
多様な主体との連携	既存の協議会の活用	・既存の協議会を活用し、河川の管理者、防災や都市計画の部局、企業や住民などと連携する枠組みを構築

（注）国土交通省が2021年4月に改訂した提言「気候変動を踏まえた下水道による都市浸水対策の推進について」を基に作成

●内水氾濫への新たな対策の概要

［現状］

- 市街地の排水機能が十分に発揮されず、内水氾濫が各地で発生。今後は気候変動の影響によって被害の拡大が懸念
- これまでは被災した地域を中心に、各施設の管理者がそれぞれ対策。地域で一体となった対策効果の発現が困難だった

↓

［今後］

- 対策の目標とする降雨を設定し、流域対策と一体で
- 下水道や河川の整備などの事業をパッケージ化

↓

「内水被害等軽減対策計画」に係る制度を創設

- 上記の対策計画に基づく事業を国が予算面で支援

↓

［対策計画の例］

必須の事業	例
下水道の整備	・下水道浸水被害軽減総合事業
河川改修	・広域河川改修事業 ・流域貯留浸透事業
ソフト対策	・内水ハザードマップの作成 ・情報基盤の整備事業

連携

ハード面の事業の例
・防災まちづくりや住まい方の工夫に関する事業 ・「田んぼダム」のための水田整備など

ソフト面の事業の例
・災害危険区域などにおける土地利用の工夫 ・対策計画が完了後の特定都市河川の指定

［事業の流れ］

都道府県が対象地域を選定 → 都道府県や市町村などが対策計画の暫定版を提出 → 内水ハザードマップを作成 → 対策計画の詳細を検討 → 国が対策計画を認定

（注）国土交通省の水管理・国土保全局の2024年度予算の概要を基に作成

ことが対策の基本になる。一方、内水氾濫では雨水を市街地から河川などへ排除または貯留するために雨水管やポンプ場、貯留浸透施設などを整備する。気候変動への対応では、下水道施設の耐水化やグリーンインフラも含めたまちづくりとの連携などを重視。24年度に創設した「内水被害等軽減対策計画」の登録も進めていく。

［関連キーワード］

田んぼダム：水田が持っている洪水緩和の機能を人為的に高めたもの。大雨が降った際に雨水を水田に一時的に貯留し、水田からのピーク流量を抑制して田んぼダム下流の農耕地や住宅地の被害を軽減する。例えば、水田の落水口に堰板や調整板などの器具を取り付けて流出量を抑制する。

雨水管理総合計画：下水道による浸水対策を実施すべき区域や対策の目標などを定めた計画。事業計画や人口の変化などを踏まえた「選択と集中」の観点から検討するほか、浸水のリスクを把握して「事前防災」や減災を推進。住民との連携も含めてより具体的な対策を講じることがポイント。

100mm／h安心プラン：浸水被害の多発を受けて国土交通省が2013年度に創設した登録制度。河川や下水道の事業を実施している住宅地などの浸水被害を軽減する。関係機関が連携して推進。

高規格堤防：堤防の高さの30倍程度の幅で整備する幅の広い堤防。洪水時の越水や浸食、浸透による堤防の決壊を防ぐとともに、液状化による大規模な損傷も回避できる。市街地再開発や区画整理などと共同で実施することで、良好な空間を形成する。「スーパー堤防」と呼ぶ場合もある。

洪水浸水想定区域：洪水で河川が氾濫した場合に浸水が想定される区域。水防法の2015年の改正によって、「想定し得る最大規模の降雨」を前提とした。浸水時の水深や浸水の継続時間も公表。

流域治水（160ページ）　**気候変動適応計画**（76ページ）　**グリーンインフラ**（188ページ）　**ハザードマップ**（174ページ）　**BCP**（149ページ）　**気候変動を踏まえた治水計画**（158ページ）

キーワード
61

ハイブリッドダム

治水機能の強化と水力発電の促進を両立させるダム。ダムが立地する地域の振興も図る。最新の気象予測の技術や既設ダムの改造技術を活用し、天候に応じて貯水量を柔軟に運用する。放流設備の改造や堤体のかさ上げ、**堆砂対策**などで治水機能を高めるとともに、発電施設の新設などによって発電容量を増やす。ダムの運用にあたって、治水と発電を両立させる「ハイブリッド容量」の考え方を導入した。従来の洪水調

●ハイブリッドダムの手法や取り組み

[課題]

激甚・頻発化する水害への対応、カーボンニュートラルの実現など

目標	概要や例
治水機能の強化	・ダムの運用の高度化によって治水に活用 ・放流設備の改造や堤体のかさ上げ、堆砂対策
水力発電の促進	・ダムの運用の高度化によって発電量を増加 ・発電施設の新設や増強、ダム湖の冷水の活用
地域振興	・発生した電力を活用してダムの立地地域を振興 ・ダム周辺の遊休地などを活用した太陽光発電

推進策
・最新の気象予測やダム改造の技術によってダムを運用 ・国や地方自治体などと多様な民間企業との連携を強化 ・治水と発電を両立できる「ハイブリッド容量」の考えを導入

[手法]

手法	概要	2024年度以降
洪水の後期放流の工夫	・洪水後にダムの貯水位を下げる放流を行う際、降雨が当面、予測されない場合は緩やかに放流し、水力発電を実施	・国土交通省や水資源機構のダムで試行を継続し、本格的な実施へ
非洪水期の弾力的な運用	・非洪水期にまとまった降雨が予測されるまでの間、一定の高さまで貯水位を上げ、安定的に放流して水力発電を実施	
発電施設の新設や増設	・発電施設が設置されていないダムに発電設備を新設し、水力発電を実施。設備を増設する場合もある	・民間事業者などを公募。事業化へ
ダムの改造や多目的ダムの建設	・堤体のかさ上げなどを行うダムの改造や多目的ダムの新設に併せ、発電容量の設定などによって水力発電を実施	・ダム改造などと併せて増電を検討

[2023年度の取り組み]

- 国土交通省や水資源機構が管理する72のダムで試行し、運用の高度化に伴うルール化を検討
- 国土交通省が管理する栃木県の湯西川ダムや島根県の尾原ダムなどで、既設のダムへの発電施設の新設や増設についてケーススタディーを実施し、事業のスキームや民間事業者などの参画方法を検討
- 治水と発電、地域振興を両立させる事業内容を検討

(注)2024年度以降の取り組みは予定。次ページも国土交通省が23年4月や7月、24年1月に公表した資料などを基に作成

●ハイブリッド容量のイメージ

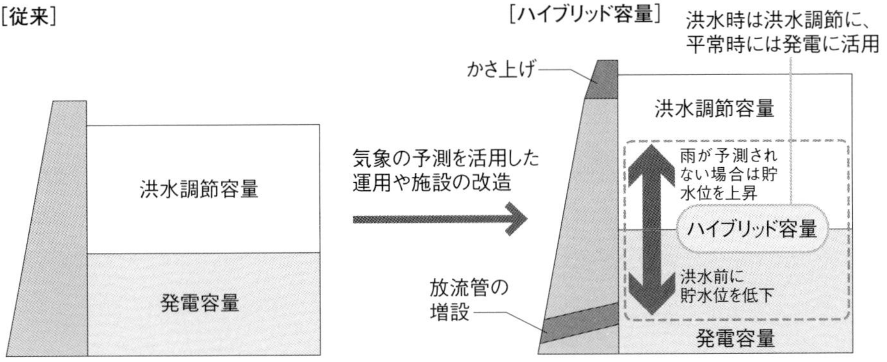

節容量を、洪水時には洪水調節に、平常時には最大限、発電のために活用する。

例えば非洪水期に、まとまった降雨が予測されるまでは一定の高さまで貯水位を上げて放流し、水力発電を実施する。一方、洪水前は貯水位を下げる。2022年度から試行を始めており、23年度は国土交通省や水資源機構が管理する72のダムで非洪水期の弾力的な運用などに取り組んだ。24年度からは試行の対象をさらに拡大する。発電施設の新設や増設では、栃木県の湯西川ダムや島根県の尾原ダムなどで23年度にケーススタディーを実施し、事業のスキームなどを検討した。24年度以降に民間の事業者を新たに公募して事業化を目指すとともに、地域振興への支援にも取り組む。

［関連キーワード］

ダム再生ビジョン：既設のダムを有効に活用する「ダム再生」を、さらに進展させるための方策をまとめたもの。国土交通省が2017年6月に公表した。社会資本のストック効果を高めるためにハードとソフトの両面から推進している。既設ダムの利水の容量を洪水調節に活用するなど運用の改善だけで新たな効果を発揮させたり、堤体をかさ上げすることで貯水容量を増やしたりする。

ダムの堆砂対策：近年の大雨の影響でダム貯水池の堆砂量が急増しており、洪水調節機能の低下が懸念されている。洪水調節容量を回復するため、浚渫などで堆砂を除去するほか、排砂バイパスを設けて下流に土砂を流すなどの対策を実施。貯砂ダムや土砂のストックヤードを整備するケースもある。

総合的な土砂管理：山地から海岸まで、土砂が移動する場の全体を「流砂系」という概念で捉え、流砂系の中で総合的に土砂の移動を把握し、必要な対策を講じること。例えば、土砂の大規模な流出を調節するほか、ダムに堆積した土砂をバイパストンネルなどで下流に還元する。堰を透過型などに改造して土砂の移動の連続性を確保することも対策の一つ。海岸ではサンドバイパスによって、堆積した土砂を浸食された箇所に供給し、砂浜の維持や回復を図る。土砂の移動という長期的な事象に対応するため、山地から海までの土砂の動態を継続してモニタリングすることも重要。

国土強靱化基本計画（74ページ）　**流域治水**（160ページ）　**総力戦で挑む防災・減災プロジェクト**（146ページ）　**2023年の梅雨前線による大雨**（46ページ）　**気候変動適応計画**（76ページ）　**ストック効果の最大化**（136ページ）　**カーボンニュートラル**（183ページ）

キーワード
62

盛り土対策

2021年7月に静岡県熱海市で発生した**土石流**災害などを受けて、危険な盛り土の発生を防止するために従来の「宅地造成等規制法」を改正して「宅地造成及び特定盛土等規制法」（盛り土規制法）とし、23年5月に施行した。盛り土によって人家などに被害を及ぼし得る区域を「規制区域」として指定。同区域の盛り土を都道府県知事の許可の対象にするなど、全国一律の基準で包括的に規制する。さらに、盛り土を行うエリアの地形や地質などに応じて、災害防止のために必要な許可基準を設定した。

安全性の確保に向けて、宅地造成などに関する「技術的基準」も改正した。なかでも排水対策を重視し、盛り土内に暗きょや水平排水層を設けるよう定めた。崩落リスクが高い盛り土の場合は、安定計算によって安全を確認する。既存の盛り土には、対策の必要性に基づいて応急対策や安全性の調査、経過観察などを実施する。

●既存の盛り土への対応の流れ

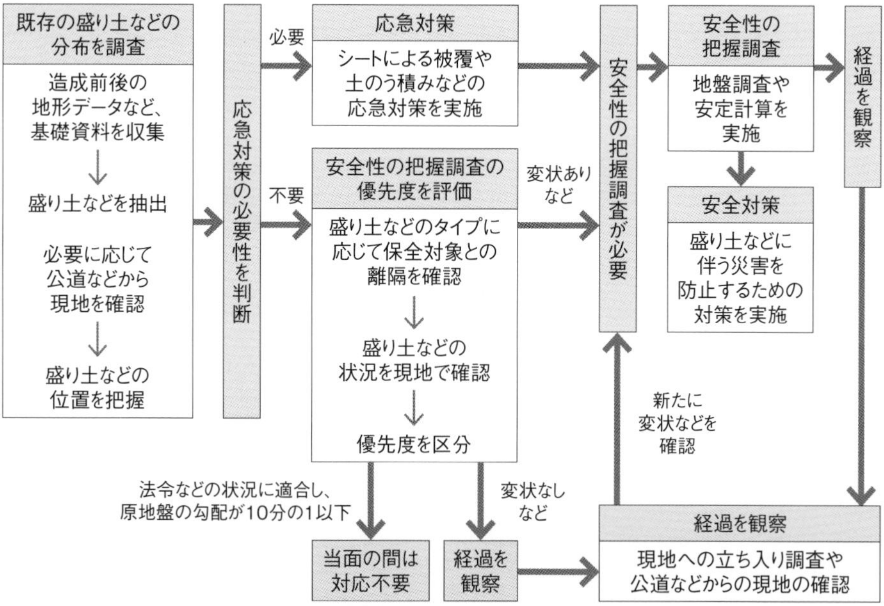

（注）次ページの上も国土交通省が2023年5月に開催した「盛土等防災対策検討会」の資料を基に作成

●盛り土の技術的基準の改正概要

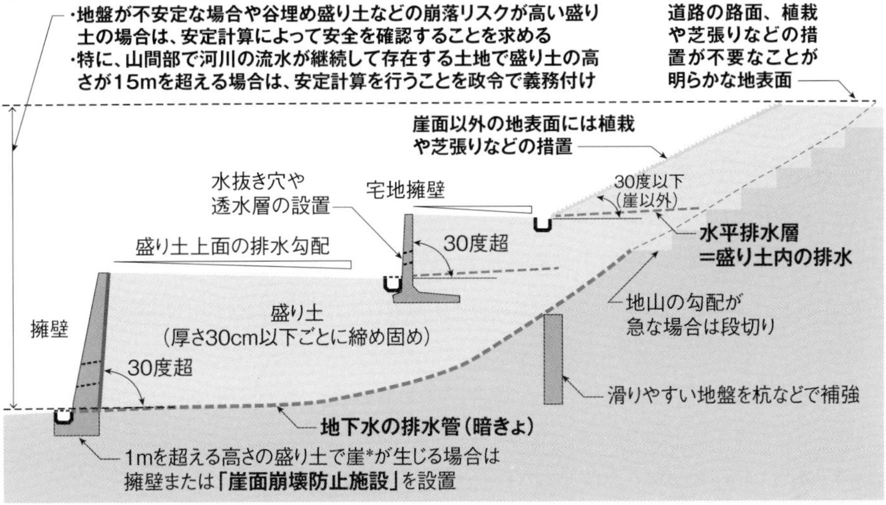

(注)宅地造成や特定盛り土など、土地の形質の変更に係る技術的基準(政令)の概念図。太字が改正箇所。崖とは地表面が水平面に対して30度を超える土地で、硬岩盤以外のもの

●盛り土規制法による対応策の概要

対応策		概要
「スキマ」のない規制	区域	・盛り土によって人家などに危害を及ぼしうる区域を「規制区域」として都道府県知事などが指定。人家が存在するエリアの森林や農地だけでなく、地形などの条件から人家に危害を及ぼし得る斜面なども指定
	対象	・規制区域内で行われる盛り土を都道府県知事などの許可の対象に
安全性の確保	許可基準	・地形や地質などに応じて、災害防止のために必要な許可基準を設定
	検査	・施工状況の定期報告や施工中の中間検査、工事完了時の完了検査によって、許可基準に沿った安全対策が行われているかどうかを確認
責任の所在の明確化	管理責任	・盛り土が行われた土地について、土地の所有者などが常時、盛り土を安全な状態に維持する責務を有することを明確化
	監督処分	・災害の防止にあたっては土地の所有者だけでなく、盛り土の造成主や施工者、過去の土地所有者なども「原因行為者」として是正措置を命令
実効性のある罰則	罰則	・抑止力として十分に機能するよう、無許可の行為や命令違反などに対する懲役刑と罰金刑を、条例で定めた罰則の上限より高い水準に強化

(注)2023年5月に施行された「宅地造成及び特定盛土等規制法」(盛り土規制法)を基に作成

[関連キーワード]

無降雨時崩壊：雨が降りやんだ後や全く雨が降っていないときに斜面が崩壊する現象。地下水が主な原因とみられているものの、発生のメカニズムには不明な点が多く、住民の事前の避難や警戒が難しい。2018年4月には大分県中津市耶馬渓町で民家の裏山が崩れ、6人が犠牲になった。

熱海土石流(50ページ)　**土石流**(51ページ)　**国土強靭化基本計画**(74ページ)　**建設リサイクル**(194ページ)　**土砂災害防止法**(169ページ)　**気候変動適応計画**(76ページ)

キーワード
63

土砂・洪水氾濫

上流の土砂災害によって発生した大量の土砂が洪水で河道を流下、下流に土砂が堆積して河床を上昇させ、土砂と泥水が氾濫する現象。流木が氾濫する場合もある。

豪雨などに伴う2023年の土砂災害は1471件だった。そのうちの397件が6月下旬からの**大雨**によるものだった。9月の台風13号による土砂災害も約300件に上る。

土砂災害のなかでも近年、頻発する傾向にあるのが土砂・洪水氾濫。すでに発生した流域などでは対策に着手している場合が多いものの、過去に発生した記録がない地

●土砂・洪水氾濫の検討の流れと抽出される流域のイメージ

［流れ］

土砂・洪水氾濫によって大きな被害のおそれがある流域を抽出

［発生のポテンシャル］
・過去に土砂・洪水氾濫が発生した流域
・近年に土砂・洪水氾濫が発生した流域と同様の地形的特徴を有する渓流

［被害のポテンシャル］
・保全対象がある
・調査要領（案）で対象流域を優先的に抽出

↓

河床変動計算による被害の想定と併せて施設の効果を評価

↓

砂防堰堤を整備するなど事業化を検討

［調査の主な項目］

①既往の災害資料
↓
②土砂・洪水氾濫による災害実績の有無
↓
③流域の地形の特徴や流出し得る土砂量
↓
④保全対象に関する調査

［調査要領（案）で抽出される流域のイメージ］

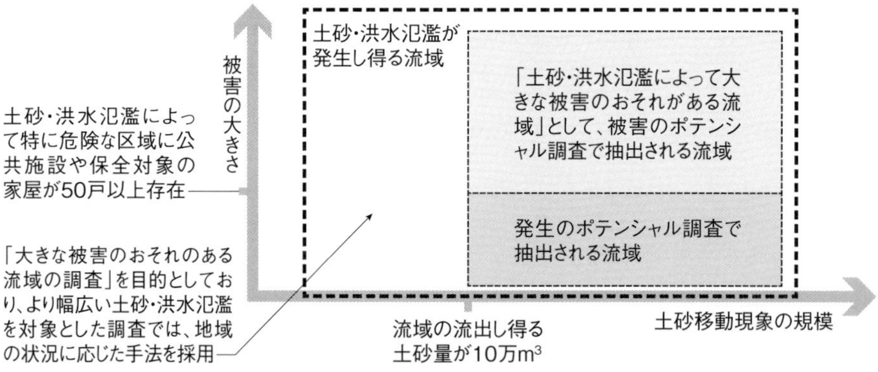

（注）調査要領（案）とは「土砂・洪水氾濫により大きな被害のおそれのある流域の調査要領（案）」。国土交通省の「気候変動を踏まえた砂防技術検討会」の2022年1月や4月の資料から抜粋して要約

●土砂・洪水氾濫時に流出する流木への対策

[検討の流れ]	[主な項目]
①既往災害の実態を整理	•当該流域や周辺の流域での流木に伴う被害例。水系内の砂防の領域に加えてダムや河川、海岸の領域の被害も対象
②流木発生のポテンシャルを調査	•植生の分布のほか、立ち木や倒木などの本数 •単位面積当たりの立ち木の量、間伐の予定など
③施設や「トラブルスポット*」を調査	•位置や緒元、「施設効果量」、橋や狭さく部などの通過能力
④被害のシナリオを想定	•流木の発生形態や被害の形態
⑤「計画流木量」を設定	•計画規模の降雨の際に斜面崩壊や土石流、浸食などによって発生する「計画発生流木量」や計画発生流木量が計画した基準点まで流出する「計画流出流木量」をそれぞれ検討 •河床の勾配が10度を境界として流木量を判定 •10度以上は「砂防基本計画策定指針(土石流・流木対策編)」に準拠。10度未満なら河床変動の計算などで算出
⑥被害を想定し、施設の配置を計画	

(注)トラブルスポットとは、土砂・洪水氾濫時に流出する流木によって被害をもたらす原因となる地点。流木による閉塞の可能性が高い。国土交通省が2023年8月に制定した「土砂・洪水氾濫時に流出する流木の対策計画の基本的な考え方(試行版)」を基に作成

域では、対策箇所を選定する際の目安があまり示されていなかった。大きな被害をもたらすおそれがある流域の抽出が課題となっており、国土交通省では発生のポテンシャルと被害のポテンシャルの主に2つの調査について流れや項目、留意事項などを示した試行版を作成。22年3月に調査要領(案)としてまとめた。23年8月には流木を対象とした試行版も制定し、対策計画の基本的な流れを整理した。これらを活用し、リスクの高い流域の抽出や流木対策も含めた一連の計画を定めるよう促していく。

[関連キーワード]

崩壊性地すべり:明瞭な地すべり地形や谷地形が認められない緩斜面で、降雨や地震時に突発的に発生する。土塊が高速かつ長距離で移動することから、土塊の大半が斜面から抜け出し、原形が崩れてバラバラになることも多い。斜面勾配や地質は地すべりに、活動状況は崩壊に近い特徴を有する。

深層崩壊:表層の風化した土層が崩れる表層崩壊と異なり、表土層の下の岩盤から根こそぎ崩れる現象。多量の降雨に伴って発生する。崩壊した土塊は高速で移動するほか、大部分が崩壊範囲の外へ移動する場合が多いといった特徴がある。土石流となって流下したり、天然ダムを形成したりする。

土砂災害防止法:正式な名称は「土砂災害警戒区域等における土砂災害防止対策の推進に関する法律」。急傾斜地の崩壊や土石流、地すべりといった土砂災害を対象とする。2001年に施行した。15年の改正で基礎調査の結果の公表を都道府県知事に義務付けたほか、土砂災害警戒情報を関係市町村長に通知し、一般に周知するための措置を講じることも義務付けた。さらに、土砂災害警戒区域に指定された場合は市町村地域防災計画に避難の場所や経路を明示する。

気候変動適応計画(76ページ) **流域治水**(160ページ) **複合災害**(47ページ) **2023年の梅雨前線による大雨**(46ページ) **総力戦で挑む防災・減災プロジェクト**(146ページ)

キーワード 64

港湾の気候変動適応策

海面水位の上昇や台風の強大化など、これから見込まれる**気候変動**の影響を踏まえて国土交通省は適応策の「実装」に向けた方針を2024年3月に公表した。気候変動に伴う平均海面水位や潮位偏差、波高などの設定の考え方を示したうえで、これらの外力が経年変化することを考慮。港湾施設の設計に、供用期間の初期で備える「事前適応策」と供用期間中に段階的に対応する「順応的適応策」の考え方を取り入れた。併せて、港湾には多様な関係者が関わっていることから「協働防護」も推進する。適応策の水準や目標などを関係者の合意の下で定め、それぞれが施設の改良などを実施する。さらに、23年7月に公表した答申に基づき、臨海部の強靭化も進める。

●適応策の実装方針

［基本的な方針］

・最新の気候変動のシナリオなどに基づき、施設に作用する外力の将来を予測
・施設の供用性や追加工事の難易度などを踏まえて「事前適応策」または「順応的適応策」を選定
・既存施設の脆弱性を評価して施設を改良。不適格な施設については維持管理のあり方を見直す

↓

外力の設定	気候変動の概要	・平均海面水位の上昇や高潮のリスクの増大、猛烈な台風の頻度や高波の波高の増加など、気候変動による災害リスクの増大が懸念される状況に
	外力の変動や推計	・日本の沿岸の平均海面水位は1980年以降、上昇傾向に。2℃上昇のシナリオの場合、21世紀末の平均海面水位は20世紀末から平均0.39m上昇 ・大きな高潮は1990年代から頻発。高波の波高も増加傾向。2℃上昇の場合、潮位偏差と波浪は台風の強度と同様に変化し、2040年まで増大
要求性能の考え方		・気候変動によって増大する潮位や波高などの外力に対し、設計供用期間にわたって港湾施設に要求される性能を満足することが必要
適応策の選定	事前適応策	・設計供用期間中の外力の変化に、供用期間の初期の段階で対応
	順応的適応策	・供用中の外力の増大とともに、施設の耐力を追加工事で段階的に増加
各施設の適応策	航路や泊地など	・「避泊水域」の減少や埋没の可能性があり、防波堤の整備による漂砂の制御や浚渫による維持管理などで対策。防波堤の延伸で静穏度も確保
	防波堤や護岸など	・安定性や後背地の防護性能が低下。かさ上げや堤体の拡幅などで護岸の後背地への浸水を防ぎ、防波堤背後の航路や泊地の静穏度も確保
	岸壁など	・後背地の利用や船舶の航行などの制約条件を整理したうえで、係留施設のかさ上げや背後地への防潮壁の整備などの対策工法を検討
「協働防護」の推進		・すべての関係者の合意の下、気候変動への適応水準や適応時期に係る共通の目標などを定め、関係者がそれぞれの施設の改良などを実施

（注）次ページの上も国土交通省が2024年3月に公表した「港湾における気候変動適応策の実装方針」から

●供用期間中における要求性能の確保のイメージ

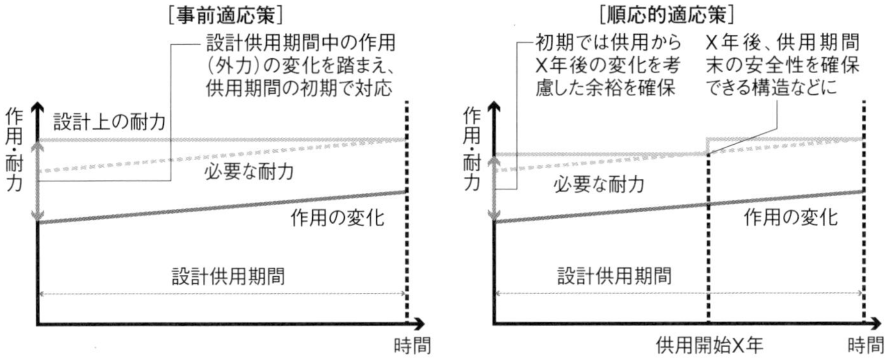

●臨海部の強靱化に向けた主な施策

施策		概要
災害に強い海上交通ネットワークの構築	気候変動への適応	・発生する確率の高い災害の情報を関係者で共有して公開 ・埠頭用地や防波堤のかさ上げや補強。倉庫や電源設備のかさ上げも ・暴風や高潮の予報に基づくコンテナの固縛や船舶の「避泊水域」への錨泊など、公共や民間企業の事業を継続するための体制を構築
	早期の啓開と復旧	・被災した施設の使用の可否をリモートセンシングの技術で判断 ・リダンダンシーの確保の観点から「インランドポート*」の活用も検討
面的な強靱化	脆弱性の評価	・高潮などによる浸水リスクや施設の損壊リスク、リスクの影響が及ぶ範囲などを総合して脆弱性を評価。評価の結果を関係者が共有
	官民連携	・脆弱性の評価に基づいて、官民の関係者が連携して対策
	海岸保全施設の整備	・気候変動を踏まえて施設の整備を加速。防護ラインの強化や見直しも ・災害時に人命や財産を守り、港湾の機能を継続させるために、水門や陸閘などの統廃合や常時の閉鎖、自動化や遠隔操作も推進
	投資の誘導	・ESG投資やブルーカーボンなど、民間の投資を誘導する環境を整備

（注）インランドポートとは内陸の輸送ルートに造られた輸出入の貨物の輸送基地。上記の施策には地震への対策も含まれる。交通政策審議会の2023年7月の答申から抜粋して要約

［関連キーワード］

多重防御：堤防や防潮堤などを主とした従来の「一線防御」の津波対策ではなく、最大クラス（L2）の津波には、住民などの避難を軸にハードとソフトの複数の施策を組み合わせて安全を確保する方法。
港湾の開発などに関する基本方針：正式な名称は「港湾の開発、利用及び保全並びに開発保全航路の開発に関する基本方針」。改正港湾法の2022年12月の施行を受けて23年3月に告示した新たな方針では、港湾における脱炭素化の取り組みや緑地の再整備の効果的な推進策、臨海部の防災・減災などに関する内容をそれぞれ追加したほか、サイバーポートの構築などについて更新している。
タイムライン：災害時の行動を事前に時系列で整理した防災行動計画。例えば台風の接近などの数日前から、自治体や鉄道会社などがどのような行動を取るのかを時系列で定める。水害などの「進行型災害」を基本としているが、地震などの「突発型災害」を対象にすることもできる。
気候変動適応計画（76ページ）　**気候変動を踏まえた治水計画**（158ページ）　**地球温暖化**（54ページ）　**ブルーカーボン**（179ページ）　**みなとオアシス**（203ページ）　**ESG投資**（59ページ）

キーワード
65

火山対策

日本の111の活火山のうち、気象庁は監視体制の強化が必要な50火山を常時観測火山として地震計や傾斜計、GNSS観測装置などを設置して24時間体制で監視。50火山のうち、2022年3月時点で49火山を対象に「噴火警戒レベル」を運用している。

監視や観測に加え、泥流や土石流への対策として砂防ダムや「導流堤」、スリットタイプの堰堤《えんてい》などを整備しているほか、土砂の生産を防ぐために崩壊した山腹の緑化にも取り組んでいる。このようなハード面の対策だけでなく、突発的な火山噴火に伴

●「火山噴火緊急減災対策」のイメージ

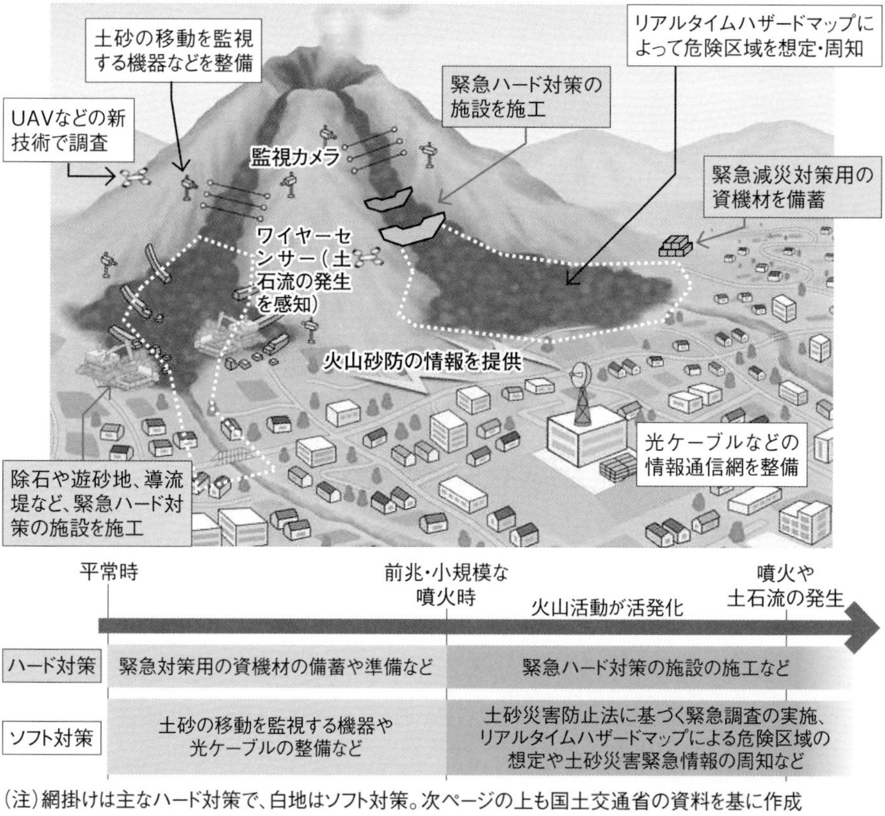

（注）網掛けは主なハード対策で、白地はソフト対策。次ページの上も国土交通省の資料を基に作成

●リアルタイムハザードマップの概要

[作成の際の入力条件]
- 想定される現象
- 噴火の規模
- 各種の条件の設定
- 施設の整備状況

→

[土砂移動の影響範囲の想定]

リアルタイムハザードマップ

プレアナリシス型	噴火前に想定して作成
リアルタイムアナリシス型	想定した火口の位置や地形の変化を取り入れて噴火の継続期などに作成

→

[災害対策に活用*]
- 緊急ハード対策やソフト対策などを検討
- 火山防災協議会などに提供、避難指示などの警戒避難体制を支援

土石流や火山泥流、溶岩流や火砕流など

(注)*はリアルタイムハザードマップの活用例

●国による主な火山対策

対策や対象		対策の概要
噴火災害や噴石などからの避難		・避難用の道路のほか、海上からの避難に備えて港湾や漁港を整備 ・退避壕を整備。火山周辺にある避難施設の不燃化や無線の整備なども
降灰	除却	・市町村道や下水道、排水路、公園、宅地の降灰除去事業に補助
	防除	・「降灰防除地域」内の教育施設などに防じん用の窓枠や空気調和設備
泥流や土石流	ハード対策	・崩壊した山腹を緑化することによって土砂生産を防止 ・噴火物の流れを抑える「減勢工」を設置。治山ダムや砂防ダムを整備 ・泥流などを安全な地域に導く「導流堤」や「流路工」、大きな岩石の流下を防ぐ「スリットタイプの堰堤」、泥流などを堆積させる「遊砂地」を整備
	ソフト対策	・土砂災害のシミュレーションを基に、土砂災害予想区域図(火山砂防ハザードマップ)を作成。リアルタイムハザードマップの提供体制も構築 ・監視カメラや各種のセンサーによる情報の伝達体制を整備

(注)内閣府や国土交通省の資料を基に作成

う土砂災害などに対して、国土交通省は「火山噴火**リアルタイムハザードマップ**システム」を開発し、23年3月時点で14の火山で運用している。噴火前に想定して作成する「プレアナリシス型」と噴火の継続期などに作成する「リアルタイムアナリシス型」があり、土砂移動の影響範囲を想定して市町村による避難指示などに役立てる。

併せて49火山では、ハードとソフトの対策からなる「火山噴火緊急減災対策砂防計画」を作成しており、23年12月時点で49火山のすべてで制定を終えている。

[関連キーワード]

干渉SAR：SAR(合成開口レーダー)を利用し、人工衛星で宇宙から地球表面の変動を監視する技術。地震や火山噴火に伴う地球表面の変動を目で見える形で捉えることができる。
リアルタイムハザードマップ：火山噴火や洪水などの刻々と変化する情報を反映してシミュレーション。例えば噴火の前兆期以降に、火山噴火の状況に合わせて土砂の移動現象の影響範囲や堆積深さなどを想定して予想区域図を作成し、避難支援のための情報提供などに活用する。
ハザードマップ(174ページ)　**タイムライン**(171ページ)　**土石流**(51ページ)　**復興事前準備**(148ページ)　**建設機械施工の自動化**(252ページ)　**土砂災害防止法**(169ページ)

キーワード
66

ハザードマップ

自然災害による被害を予測し、その被害範囲や災害の危険度などを示した地図。「災害の発生前に勉強する場面」と「災害時に緊急的に確認する場面」を念頭に作成するもので、予測される災害の発生地点や避難経路、避難場所などを示す。堤防の建設などのハード面の対策だけでは被害を防ぎ切れないことから、住民への災害情報の提供といったソフト面の対策が重視される傾向にある。その対策でハザードマップは欠

●ハザードマップの主な作成手順と記載情報

［浸水想定区域図の作成］

①降雨を設定
②河川の流量を設定
③河川の水位と「破堤」の地点を設定
④氾濫の条件と流下能力を把握
⑤氾濫計算
⑥浸水解析

↑ 想定し得る最大規模の降雨で計算

→

［ハザードマップの作成］

①複数の決壊箇所を想定
②それぞれの最大の浸水域を計算
③決壊箇所の浸水域を重ね合わせる
④浸水想定区域を公表

↓ 避難場所の情報や情報伝達の方法などを表示

ハザードマップ

［ハザードマップに記載する主な内容］

洪水や内水、高潮	•想定する最大規模の降雨のほか、高潮による浸水想定区域や水深を示した図 •洪水予報などの伝達方法や避難訓練の実施に関する事項 •避難施設や場所、避難路。浸水想定区域内に存在する要配慮者利用施設など
土砂災害	•土砂災害警戒区域や同特別警戒区域。これらの区域で土砂災害の発生原因となる自然現象の種類を示した図。土砂災害に関する情報の伝達方法 •急傾斜地の崩壊などが発生するおそれがある場合の避難施設や避難路など

［ハザードマップの「地図面」と「情報・学習編」の構成案］

地図面	情報・学習編		
リスクを確認	**水害を知る** →	**リスクを知る** →	**対応を知る**
基礎知識を取得	水害を意識する	居場所の危険度を知る	行動に移す
•水害を知る	•国土の特徴 •水害の可能性	•水害の危険性 •自分の居場所のリスク	•避難のきっかけとなる情報
地図面を活用	現状を認識する	避難を考える	避難行動と避難生活
•自分の居場所のリスクや居場所における適切な対応を知る	•気候の変化 •災害の頻発化	•避難の方法 •避難先の選定	•個人の特性に応じた避難行動や避難生活

（注）作成の手順は洪水災害の例。国土交通省の「ハザードマップのユニバーサルデザインに関する検討会」の2021年12月や23年4月の資料を基に作成

●住民の避難行動を促す取り組み

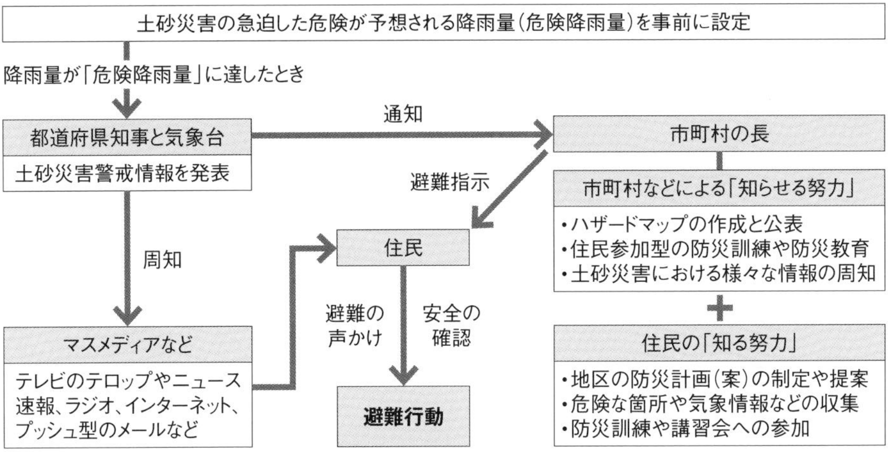

(注)土砂災害の例。国土交通省が2023年6月に開催した「住民自らの行動に結びつく水害・土砂災害ハザード・リスク情報共有プロジェクト」の資料を基に作成

●ハザードマップの整備状況

	洪水		内水		津波	高潮*4	土砂災害	火山
	計画規模*1	最大規模*2	既往最大*3	最大規模*2				
対象市町村	1406	1406	1110	1110	689	229	1601	49
公表済み	1386	1290	434	101	655	131	1558	49
整備率(%)	99	92	39	9	95	57	97	100

(注)*1は計画規模の降雨に、*2は想定する最大規模の降雨に、*3は既往の最大降雨にそれぞれ対応。*4は水防法に基づいて高潮浸水想定区域が指定された市町村が対象。洪水と内水、土砂災害は市区町村の、火山は対象火山の数。洪水と津波、土砂災害は2022年3月末、内水は22年9月末、高潮は22年10月末、火山は19年8月末時点。国土交通白書2023の関連データ集を基に作成

かせない。洪水や津波などの災害ごとに、各法制度に基づいてそれぞれ作成している。

一方、ハザードマップを十分に活用していない場合もあり、国土交通省では「地図面」と「情報・学習編」のそれぞれがわかりやすく伝わるように整備する方針だ。

[関連キーワード]

洪水予報河川：流域面積が大きく、洪水などによって国民経済上、重大または相当な損害が生じるおそれのある河川。水位などの予測が技術的に可能な河川が主な対象になり、水防法に基づいて国土交通大臣または都道府県知事が2023年3月末時点で合計429の河川を指定している。

水位周知河川：洪水予報河川以外の主要な河川で、特別警戒水位に到達した旨の情報を出す。洪水予報を行う時間的な余裕がない河川が中心で、2023年3月末時点で合計1774の河川を指定。

タイムライン(171ページ)　**流域治水**(160ページ)　**内水氾濫**(162ページ)　**総力戦で挑む防災・減災プロジェクト**(146ページ)　**火山対策**(172ページ)

第3章

分野別解説

3.4 環境・エネルギー

キーワード 67

GX

グリーントランスフォーメーションの略。脱炭素社会の実現に向けた取り組みを通じて、経済や社会のシステムを変革すること。脱炭素と経済成長の両立を図る。

2023年2月に閣議決定した「GX実現に向けた基本方針」で示した方向性や5月に成立した**GX推進法**などを踏まえ、国土交通省では省エネルギー化や**再生可能エネルギー**の導入などを推進。例えば省エネルギー化では、**MaaS**を活用して公共交通の利用を促すほか、**モーダルシフト**やドローンによる物流の実装を進める。さらに、**カーボ**

●GXの実現に向けた主な施策

施策	分野や対象		概要や例
省エネルギー化	公共交通や物流のGX	次世代自動車	•電気自動車（EV）や燃料電池自動車の普及を促進
		インフラ	•EVの充電施設の公道設置に向けてガイドライン •サービスエリアやパーキングエリア、道の駅でEVの充電施設や水素ステーションの設置に協力
		公共交通	•EVバスの導入、蓄電池や充電施設の共同利用
		MaaS	•MaaSを活用して公共交通の利用を促進。データの連携基盤の構築などで交通事業者の連携を後押し
		グリーン物流	•モーダルシフトやドローンによる物流を社会に実装
	住宅や建築物の省エネルギー対策		•ZEHやZEB、LCCM住宅を普及。省エネ改修に支援 •2025年度からすべての新築住宅などに省エネルギー基準への適合を義務付け。木材の利用も促進
	都市や地域の脱炭素化		•エネルギーの面的な利用を図って効率化。脱炭素に資するグリーンインフラの技術も開発して実装
再生可能エネルギーの拡大	港湾のカーボンニュートラル	CNP	•2022年11月に成立した改正港湾法に基づき、カーボンニュートラルポート（CNP）の形成を推進
		洋上風力発電	•促進区域の指定や事業者の公募のほか、設置や維持管理に欠かせない基地港湾の整備を推進
	インフラ空間の活用	太陽光発電	•道路空間を活用。空港脱炭素化推進計画も作成
		水力発電	•「ハイブリッドダム」で治水機能の強化も図る
「非化石化」などの推進	建設施工のカーボンニュートラル	建設材料	•CO_2を固定するコンクリートなどを現場で試行中 •低炭素型コンクリートブロックのモデル工事も実施
		建設機械	•電気や水素、バイオマスなどを動力源とする建設機械の普及を促すために認定制度を創設
		ICT施工	•ICT建設機械の認定制度を整備。技術者も育成

（注）国土交通省が2023年5月に開催した社会資本整備審議会などの環境部会の資料を基に作成

●建設や維持管理の段階における主な取り組み

建設の段階	
考え方	材料や機械、施工方法をトータルで改善し、CO_2の排出を削減
生産性の向上	・プレキャスト化やICT施工の推進 ・ダンプトラックの待ち時間の短縮など、工事監理の高度化
低炭素の材料や建設機械	・木材や低炭素コンクリートのほか、バイオ燃料なども活用 ・水素やバイオなどを動力源とする建設機械やゼロカーボンスチールなどの研究開発を推進
成績評定	・工事成績評定などで加点

維持管理の段階	
考え方	省エネルギー化と再生可能エネルギーの創出でカーボンマイナスに
発電やエネルギー	・LED照明の導入や車両の電動化 ・小水力発電の設備を導入 ・治水の容量を発電に活用 ・樋管などを無動力に
インフラ空間の活用	・道路や河川、公園などのインフラ空間を活用して太陽光発電を導入
CO_2の吸収	・使用中のコンクリート構造物におけるCO_2の吸収量の同定や認証などに向けて技術開発を推進

↓

・インフラのライフサイクル全体を通してCO_2の排出削減に役立つ計画・設計の手法を導入
・建設や維持管理の段階の工程や工種ごとにCO_2の排出を「見える化」

（注）2023年2月に開催された社会資本整備審議会の技術部会の資料を基に作成

ンニュートラルポートの形成や**洋上風力発電**の導入によって再生可能エネルギーの利用を拡大する。空港や道路、ダム、港湾などのインフラ空間を利用した太陽光発電や水力発電などにも取り組む。治水機能の強化も図る**ハイブリッドダム**を重要な施策の一つとして示している。施工のカーボンニュートラルも推進する。国交省は建設の段階と維持管理のトータルでカーボンニュートラルを目指す考えで、インフラのライフサイクル全体を通してCO_2の排出削減に役立つ計画や設計の手法を導入する。

［関連キーワード］

GX推進法：正式な名称は「脱炭素成長型経済構造への円滑な移行の推進に関する法律」。政府によるGX推進戦略の制定や実行、先行投資を支援するGX経済移行債の発行、炭素の排出に値付けする成長志向型カーボンプライシングの導入などについて定めている。2023年5月に成立した。

CCS：CCSとはCarbon dioxide Capture and Storageの略。火力発電所などから排出される二酸化炭素を分離・回収して輸送し、地中や海底などに貯蔵して大気から隔離する技術。日本では2030年までにCCSの事業を開始する予定で、50年の年間貯留量は1.2億～2.4億トンを想定している。

ブルーカーボン：陸上の森林などが吸収・固定する「グリーンカーボン」に対し、海洋の海藻などに蓄積される炭素のこと。こうした作用を有する生態系を「ブルーカーボン生態系」と呼ぶ。国土交通省では藻場や干潟などと生物共生型の港湾構造物を「ブルーインフラ」として整備している。

カーボンオフセット：企業などが温室効果ガスの排出量の削減に努めたうえで、削減が困難な量を他の場所で実現した削減活動への投資やクレジットの購入などによって埋め合わせる考え方。

地球温暖化対策計画（78ページ）　**国土交通省の環境行動計画**（80ページ）　**道路のカーボンニュートラル**（182ページ）　**再生可能エネルギー**（184ページ）　**グリーンインフラ**（188ページ）　**ハイブリッドダム**（164ページ）　**カーボンニュートラルポート**（187ページ）　**洋上風力発電**（186ページ）　**MaaS**（107ページ）　**ICT建設機械**（245ページ）　**モーダルシフト**（113ページ）

キーワード
68

ヒートアイランド現象

等温線を描くと都心部の気温が島のように見えることから、ヒートアイランド現象と呼ばれる。IPCC（気候変動に関する政府間パネル）の第4次評価報告書によれば、過去100年で地球全体の平均気温は約0.7℃上昇した。一方、日本では都市化の影響が少ないと考えられる中小規模の都市が年平均で約1.5℃、主要な大都市では約2～3

●ヒートアイランド現象の要因と対策

要因	概要
緑地や水面の減少	都市では地表面がアスファルトやコンクリートなどで覆われており、森林や水面などに比べて水分の蒸発による冷却作用が働きにくい。地表面から大気に多くの熱が伝わって気温が上昇する。主に日中のヒートアイランド現象の要因
建築物の増加	建築物が日中に吸収して蓄積した熱を夜間に放出する。天空率の低下によって地表面からの放射冷却が妨げられるので、気温が低下しにくくなる。海風などの流入も阻害される。風通しが悪くなって地表面にさらに熱がこもりやすくなる
人工排熱の増加	都市の産業活動などに伴って熱が排出される。人口が集中する地域の局所的な高温の要因と考えられ、昼間の排熱量は100W／m^{2}を超えるといった試算も

↓ 大都市ではヒートアイランドに気候変動による気温の上昇が加わり、気温は引き続き上昇

対策や適応策		概要や例
地表面被覆の改善	民有地や民間建築物の緑化	・大規模な建築物の新築などの際に一定の緑化を義務付ける制度や補助事業、容積率の割増制度などを活用
	公共空間の緑化や農地の保全	・都市公園を整備。道路や下水処理場などの公共空間、官庁施設の構内を緑化。都市や周辺地域の農地の保全も
	水面積の拡大	・下水処理水のせせらぎ用水や河川の維持用水などの利用を拡大。雨水貯留浸透施設の設置も推進
人工排熱の低減	省エネルギー化	・「建築物のエネルギー消費性能の向上に関する法律」などに基づいて住宅や建築物を省エネルギー化 ・都市鉄道などの整備によって公共交通機関の利用を促進
	交通や物流への対策	・ビッグデータを活用して渋滞対策。モーダルシフトも推進 ・トラック輸送の共同輸配送などを通じて輸送を効率化
都市形態の改善	風の通り道の確保	・「ヒートアイランド現象緩和に向けた都市づくりガイドライン」を活用して、都市を流れる「風の道」を確保 ・緑地の保全に加え、雨水や下水の再生水の利用によるせせらぎの整備などで、水と緑のネットワークを形成
ライフスタイルの改善	都市における熱の発生の抑制	・市民活動による打ち水の実施や「緑のカーテン」の普及、自転車通勤の促進、省エネルギー製品の導入のほか、自動車の効率的な利用を図る「エコドライブ」など

（注）対策や適応策は2021年10月に閣議決定した気候変動適応計画を基に作成

●気温と都市化との関係

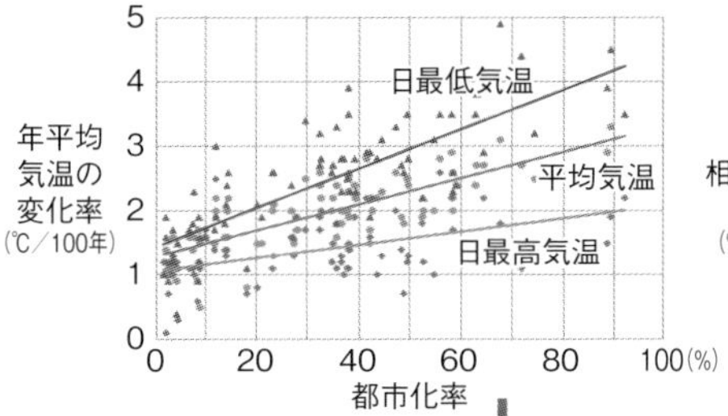

●相対湿度と都市化との関係

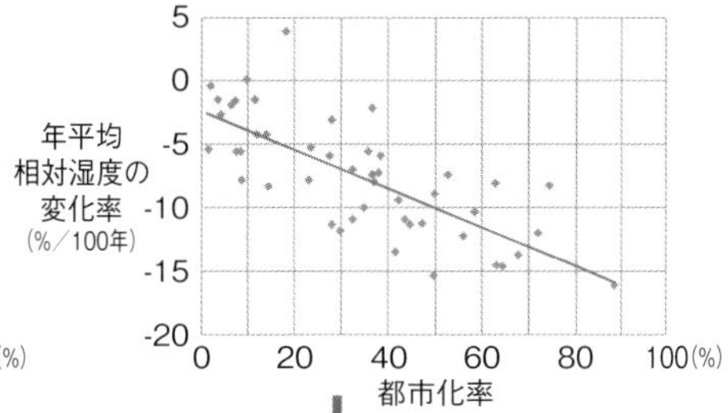

[大都市*でみられる長期的な傾向]

- 平均気温、日最高気温、日最低気温とも都市化率が高い地点ほど、上昇率が高い傾向がある
- 大都市では気温が長期的に上昇しており、特に日最低気温の上昇率が高い。これは地球温暖化に加え、都市化の影響が現れているものと考えられる
- 1950年代後半から70年ごろにかけて、東京などの大都市と15地点*の平均との差が急速に広がった
- 冬日は減少し、熱帯夜や真夏日、猛暑日は増加

- 年平均の相対湿度は、都市化率が高い地点ほど低下率が高い傾向があり、都市化の影響が明瞭に現れている
- 都市化によって、相対湿度が長期的に低下していると考えられる
- 季節別でみた相対湿度の低下率は、梅雨の時期に最小となる都市が多い
- 霧の日数は各都市で減少している

（注）統計期間は1927年～2022年。大都市とは札幌や東京、名古屋、大阪などの11都市、15地点とは都市化などによる環境の変化が比較的小さい網走や山形、銚子、彦根、石垣島など。気象庁のヒートアイランド現象のウェブサイトを基に作成

℃、それぞれ上昇している。ヒートアイランド現象を深刻にしている要因は、大きく分けて3つある。①エアコンなどからの人工排熱が増えたこと、②緑地の減少に伴って水の蒸発による冷却作用が減ったこと、③建築物の増加によって放射冷却が妨げられるようになったことだ。気象庁のシミュレーションによると、昼間の気温上昇は緑地の減少の影響が大きいという。夜間に気温が下がらない主な要因は建築物の影響だ。

2021年10月に閣議決定した**気候変動適応計画**では、地表面被覆の改善や人工排熱の低減、都市形態の改善、ライフスタイルの改善の主に4つの対策が必要だとし、**都市の緑化**や雨水貯留浸透施設の設置、省エネルギー化や**モーダルシフト**、都市を流れる「**風の道**」の確保、自転車通勤の促進などをそれぞれ挙げている。人の健康に与える影響を軽減するために短期間で効果が表れる対策も求められており、例えば都市の緑化に際しては、建築物の壁面などを覆うようにつる性の植物を育てる。

[関連キーワード]

風の道：海や山、緑地などからの風を都市の空間内に導く連続したオープンスペース。河川や街路、建物の隙間の連なりなどが風の通り道となり、ヒートアイランド対策に有効とされている。

都市の緑化（192ページ）　**グリーンインフラ**（188ページ）　**気候変動適応計画**（76ページ）　**モーダルシフト**（113ページ）　**自転車通行空間の整備**（108ページ）　**GX**（178ページ）

キーワード 69

道路のカーボンニュートラル

国土交通省の試算によれば、日本におけるCO_2（二酸化炭素）の排出量のうち、間接的なものも含めると、インフラに関わりのある分野からの排出が約6割を占めている。なかでも、道路の整備や利用などに伴う排出量は16％程度に上ることから、国交省

●カーボンニュートラルの推進策

［現状］

・インフラに関わりのある分野の2020年度のCO_2排出量は国内全体の62％
・道路を走行する自動車からの排出量など、道路分野における2021年度の排出量は全体の16％

［施策の方向性］

柱	施策	ポイント
道路交通の適正化	ネットワークの構築	・三大都市圏の環状道路や地方の高規格道路を整備。4車線化も
	渋滞ボトルネックの解消	・交差点を改良。沿道の施設への「道路交通アセスメント」を推進 ・立体交差化で「開かずの踏切」に対策。周辺のう回路も整備 ・路上工事の抑制期間の設定や調整会議などで路上工事を削減 ・駐車場の予約サービスやパークアンドライドを導入
	自動車の利用の抑制と分散	・交通需要マネジメント（TDM）によって偏在する交通需要を分散 ・「ゾーン30プラス」などによって自動車の速度や進入を抑制
低炭素な人の流れや物流への転換	公共交通の利用	・BRTを導入。交通拠点の「バスタ」を整備し、MaaSも活用
	自転車の利用	・走行環境を整備して自動車から転換。シェアサイクルも普及
	歩行空間の整備	・「ほこみち」（歩行者利便増進道路）などで徒歩による移動に転換 ・景観向上の観点も踏まえて人優先の通行空間を整備
	輸送量の向上や輸送の効率化	・ダブル連結トラックを利用。対象路線を拡充して駐車マスも整備 ・サービスエリアなどに自動運転車の拠点施設と駐車場を一体で
	モーダルシフト	・空港や港湾、貨物駅などへのアクセス道路を整備して促進
道路交通のグリーン化	再生可能エネルギーの活用	・道路空間に太陽光発電の設備を導入。路面での太陽光発電や次世代型の太陽電池の導入のほか、風力などの活用も検討
	充電環境の充実	・サービスエリアや道の駅などへの急速充電器の設置を促進
ライフサイクル全体での低炭素化	長寿命化	・予防保全の観点から長寿命化を図り、インフラの更新頻度を削減
	計画や建設、管理の低炭素化	・縦断勾配が緩やかで線形が良い道路などの計画や設計を推進 ・LEDの道路照明を導入。直轄国道では2030年度にほぼLEDに
	低炭素材料の活用	・街路樹の育成や機能の拡充など道路緑化を推進 ・CO_2を固定するコンクリートや中温化アスファルト舗装を導入 ・新たな建設機械やプレキャスト化、ICT施工を活用

（注）次ページも国土交通省が2023年9月に公表した「道路におけるカーボンニュートラル推進戦略」の中間取りまとめを基に作成

●インフラの分野に関係するCO_2の排出状況

[国内全体]

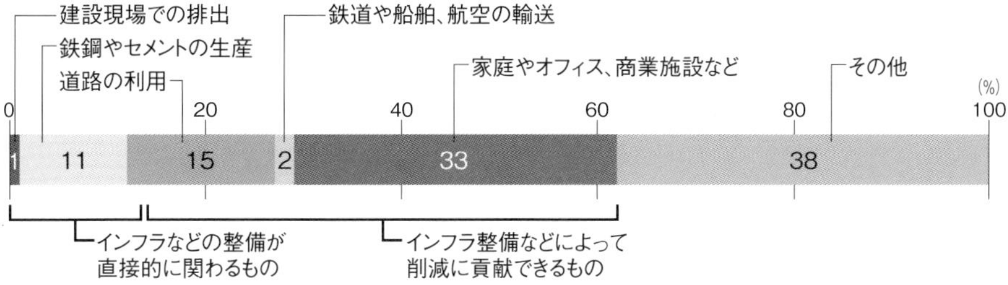

[2021年度の道路分野の排出量]

	排出量	割合
道路整備	約1330万トン	1.3%
道路の利用	約1億6000万トン	15.0%
道路の管理	約140万トン	0.1%

(注)グラフの数値は2020年度の排出量の割合(%)で概数。道路の利用には建設関係の輸送を含む。元の資料は23年2月に社会資本整備審議会の技術部会が公表したもの。「日本の温室効果ガス排出量データ」や「総合エネルギー統計」などを基に国土交通省が試算

は2023年9月、道路分野を対象とした**カーボンニュートラル**の推進戦略をまとめた。30年度のCO_2排出量を13年度に比べて35%以上、削減することを目指している。

推進戦略では4つの柱を設けた。例えば道路交通の適正化では、道路ネットワークの構築や渋滞のボトルネックの解消などで旅行速度の向上を図る。併せて、生活空間では「ゾーン30プラス」などの交通安全対策によって自動車の速度や侵入を抑制することで、場所に応じた適正な移動方法を選択できるような環境を整える。交通需要マネジメント(**TDM**)によって、偏在する交通需要の分散も図る。低炭素な人の流れや物流への転換では、公共交通や**自転車**の利用を促すとともに、歩行空間を整備する。さらに、**予防保全**の観点からインフラの長寿命化を図るほか、CO_2の排出を削減できる縦断勾配や線形など、エネルギー効率の良い道路の計画や設計も推進する。

[関連キーワード]

カーボンニュートラル:温室効果ガスの排出量と吸収量を均衡させること。日本は2020年10月、削減策に吸収源対策などを組み合わせて50年までに排出を全体としてゼロにする「2050年カーボンニュートラル」を宣言。21年4月には30年度の排出を13年度比で46%減とする目標も示した。

温室効果ガスの排出量:吸収量も含めると、日本の2022年度の排出量は約10.85億トン(二酸化炭素換算)。節電や省エネルギー化などで産業部門や家庭部門などからの排出が減り、21年度から2.3%減少した。ブルーカーボン生態系や環境配慮型コンクリートによる吸収量も初めて算定した。

国土交通省の環境行動計画(80ページ) **GX**(178ページ) **TDM**(201ページ) **自転車通行空間の整備**(108ページ) **BRT**(99ページ) **モーダルシフト**(113ページ) **再生可能エネルギー**(184ページ) **予防保全**(132ページ) **i-Construction**(244ページ)

キーワード
70

再生可能エネルギー

経済産業省が2020年12月に公表した「2050年カーボンニュートラルに伴うグリーン成長戦略」によれば、50年には発電量の50～60％を再生可能エネルギーで補うとしている。21年12月に改定した**国土交通省の環境行動計画**では、太陽光発電や**洋上風**

●再生可能エネルギーの活用に向けた主な施策

対象や施策		概要や方向性
太陽光発電	道路	・道路空間を活用し、道路管理に必要な電力を太陽光などで
	港湾や空港	・港湾ではコンテナターミナルの管理棟や上屋、倉庫などを活用。空港では再生可能エネルギーの拠点化を推進
	ダム	・太陽光発電の設置を求める事業者に占用許可の要件を整理
洋上風力発電	導入の促進	・「再エネ海域利用法」に基づき、促進区域を指定。政府の主導による案件形成や事業の障壁となり得る規制の総点検を推進 ・建設や維持管理の基地となる港湾を整備。必要な機能も検討
	浮体式の普及	・コストを削減するとともにガイドラインを作成して普及を図る
バイオマス発電	木質材の活用	・河川などの維持管理で発生する伐採木や流木などを資源として利用。都市公園での伐採木などもチップとして引き続き活用
水力エネルギー	小水力発電	・農業用水などを利用した「従属発電」を促進。併せて、2021年5月に成立した改正「地球温暖化対策の推進に関する法律」で創設された「地域脱炭素化促進事業」も活用して円滑な利用を推進 ・砂防堰堤への導入も支援。ダムでは、治水だけでなく発電増強の観点も踏まえて堤体のかさ上げなどのダム再生を推進
地域での活用	所有者不明土地	・所有者不明土地を公的な事業に活用できる「地域福利増進事業」に、地産地消に資する発電設備の整備事業などを追加
	気象情報の提供	・施設の立地の選定に風や日射量などの解析データを提供。次期気象衛星などの最新技術の導入を通じて安定した運用を支援
水素社会の実現	輸送機関	・燃料電池のタクシーを導入。燃料電池自動車に係る基準も整備
	インフラ	・カーボンニュートラルポートの形成を推進 ・下水道に由来する水素に関して技術開発

（注）2021年12月に改定した国土交通省の環境行動計画を基に作成

●2050年の電源構成

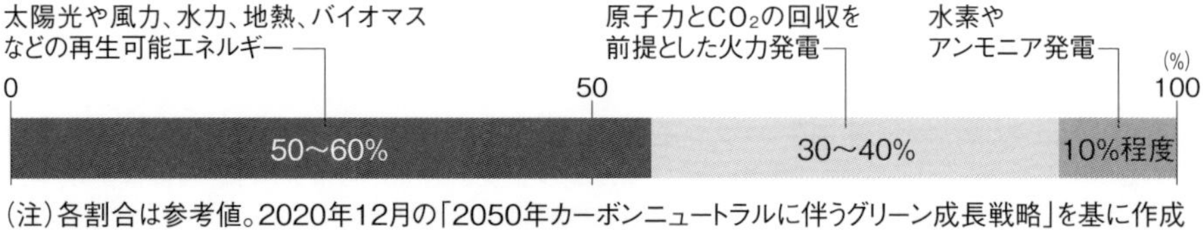

（注）各割合は参考値。2020年12月の「2050年カーボンニュートラルに伴うグリーン成長戦略」を基に作成

●主な再生可能エネルギーの課題や特徴

種類	概要	
太陽光発電	課題	・気候条件によって発電出力が左右。コストの低減に向けた技術開発が必要
	特徴	・基本的に設置する地域に制限がなく、送電設備のない山岳部などの遠隔地でも活用。屋根や壁などの未利用スペースに設置でき、非常用電源にも
風力発電	課題	・日本では発電コストが高止まり。環境アセスメントの迅速化や地元調整も
	特徴	・陸上と洋上で発電。太陽光発電と異なり、風さえあれば夜間でも可能 ・風車やブレード（羽根）で異なるものの、電気エネルギーに高効率で変換 ・大規模に発電できればコストは火力並みで、経済性も確保できる可能性がある
水力発電	課題	・事業の開始前に長期にわたる調査が必要。開発初期のリスクが大きい ・環境への影響や水利権の調整など地域住民などの理解 ・未開発の地点は奥地で小規模なため、開発済みの地点と比べてコストが高い
	特徴	・自然条件によらず、一定量の電力を安定的に供給。技術とノウハウも蓄積 ・発電所を造れば、その後は数十年にわたって発電が可能
バイオマス発電	課題	・資源が広い地域に分散し、収集や管理などにコストがかかる小規模分散型に
	特徴	・燃料とする廃棄物の再利用や減少につながり、循環型社会の構築に寄与 ・家畜の排せつ物や生ゴミなどを活用することで地域の環境を改善
地熱発電	課題	・立地地区は公園や温泉などが点在する地域と重なり、地元との調整が必要
	特徴	・発電に使った高温の蒸気や熱水は地域の暖房などに再利用 ・化石燃料のように枯渇する心配がなく、長期間にわたる供給が期待 ・昼夜を問わずに天然の蒸気を噴出させるため、連続して発電
温度差熱	課題	・工事の規模が大きくイニシャルコストが高い。自治体などとの連携が必要
	特徴	・熱源と消費地が近い。寒冷地の融雪用の熱源や温室栽培などにも利用
地中熱	課題	・設備の導入に係る初期コストが高く、費用の回収期間が長い
	特徴	・放熱用の室外機がなく、稼働時の騒音が非常に小さい ・冷暖房の熱を屋外に放出せず、ヒートアイランド現象の原因になりにくい

（注）資源エネルギー庁の「再生可能エネルギーとは」のウェブサイトを基に作成

力発電、水力エネルギーなどの対象ごとに活用策を整理。さらに、**所有者不明土地**に関わる法制度を改正して発電設備の整備を可能にするなど、地域での活用も促す。

24年4月には改正「再生可能エネルギー電気の利用の促進に関する特別措置法」が施行。周辺地域への事前周知など、地域との共生を図るための措置を盛り込んだ。

［関連キーワード］

エコエアポート：空港や空港の周辺で、環境の保全と良好な環境の創出に向けて対策を実施している空港。例えば二酸化炭素の削減では、低公害車やLED照明の導入、庁舎の屋上緑化などが挙げられる。周辺への環境対策として、消音設備や緑地の整備、水質の管理に取り組んでいるケースもある。国土交通省では太陽光発電や電気自動車、地中熱の利用なども推進している。

国土交通省の環境行動計画（80ページ）　**GX**（178ページ）　**洋上風力発電**（186ページ）　**再エネ海域利用法**（187ページ）　**カーボンニュートラルポート**（187ページ）　**所有者不明土地**（102ページ）　**エネルギー基本計画**（82ページ）　**ハイブリッドダム**（164ページ）

キーワード
71

洋上風力発電

2020年12月に定めた「洋上風力産業ビジョン」で30年に1000万kW、40年に3000万～4500万kWの目標を設定するなど、**再生可能エネルギー**の中でも拡大が見込まれる発電方式の一つ。日本には適地が多く、国内のエネルギー源を活用できることか

●洋上風力発電をめぐる主な動き

[再エネ海域利用法を2019年4月に施行]

- 長期にわたって海域を占用する海洋再生可能エネルギーの発電設備に対し、「促進区域」の指定や占用などに係る計画の認定制度を創設
- 事業者の「公募占用計画」や申請を踏まえて最大で30年間の占用を許可

[促進区域を指定]

- 長崎県五島市沖や長崎県西海市江島沖、山形県遊佐町沖など2024年1月時点で11区域を指定

[発電事業者を選定]

- 上記の長崎県五島市沖など、2024年1月時点で7区域の事業者をそれぞれ選定済み
- 青森県沖の日本海（南側）や山形県遊佐町沖では24年1月から事業者の公募を開始

[港湾法を改正して2020年2月に施行]

- 洋上風力発電設備を設置する際の基地として規模などの要件を満たす港湾を国が指定し、埠頭を発電事業者に長期間、貸し付ける制度を創設
- 国は埠頭における複数の事業者の利用を調整
- 港湾区域における公募占用計画の認定の有効期間を20年から30年に延長

[基地となる港湾を指定]

- 2024年1月時点で能代港と秋田港、新潟港、鹿島港、北九州港を「海洋再生可能エネルギー発電設備等拠点港湾」（基地港湾）に指定

[洋上風力発電の導入目標]

2020年12月の「洋上風力産業ビジョン」で30年に1000万kW、40年に3000万～4500万kWの目標を設定

（注）国土交通省の資料を基に作成

●洋上風力発電で港湾に求められる機能や必要な施設

工程		求められる主な機能	必要な施設や能力の例
資機材の生産		・風車の資機材の生産や保管、搬出入 ・「バージ」（はしけ船）などの係留や艤装	・重量物を取り扱うための地耐力 ・工場の立地に必要な背後用地
設置や組み立てなどの施工		・資機材の搬入や保管、事前の組み立て ・SEP船*による積み出し、係留や艤装	・重量物である風車の資機材を取り扱うための地耐力
維持管理	運転や保守	・事務所、資材の保管、作業員や資材の輸送に用いる「CTV」の係留や艤装	・事務所のための背後用地、日常的に利用できるCTVの係留施設
	大規模な修繕	・資機材の交換や修理、作業船の係留など	・重量物を取り扱うための地耐力
風車の撤去や解体		・撤去した後の資機材の保管や解体 ・作業船の係留や艤装など	・重量物である風車の資機材を取り扱うための地耐力

（注）SEP船とは自己昇降式の作業台船。国土交通省が2023年5月に開催した「洋上風力発電の導入促進に向けた港湾のあり方に関する検討会」の資料を基に作成

●洋上風力発電における新たな環境アセスメントの流れ

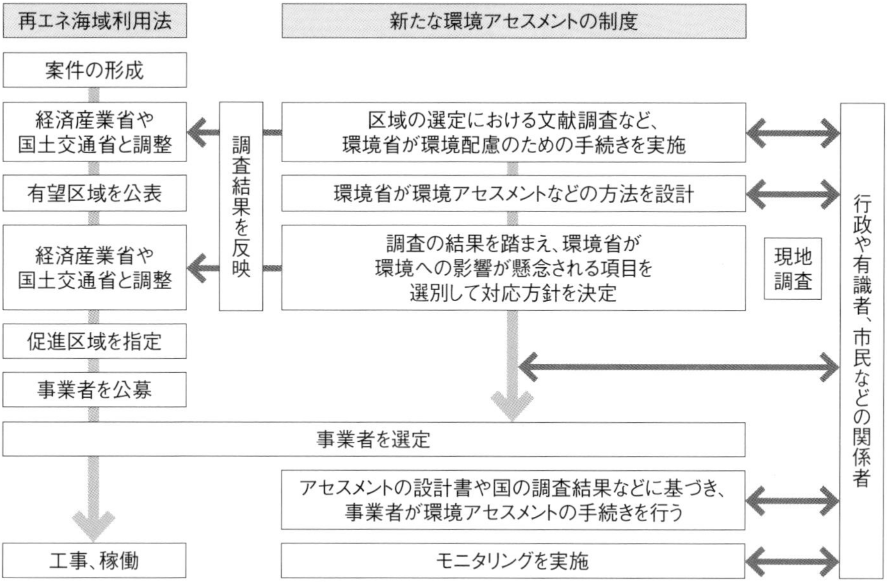

(注)環境省が2023年8月に公表した「洋上風力発電に係る新たな環境アセスメント制度の在り方について」を基に作成

ら、エネルギーの自給率の向上や地域経済の活性化にもつながる。24年1月時点で、7区域で事業者の選定を終え、「基地港湾」として5港を指定している。導入を促すうえで、洋上風力発電の特性を踏まえた環境アセスメントの制度が求められており、環境省は23年8月、早期の段階から国がアセスメントの方法などを決める新たな制度を公表。**再エネ海域利用法**に基づく手続きなどに反映させる仕組みを示した。

[関連キーワード]

再エネ海域利用法：正式な名称は「海洋再生可能エネルギー発電設備の整備に係る海域の利用の促進に関する法律」。2019年4月に施行した。24年3月に閣議決定した改正案で、排他的経済水域(EEZ)でも洋上風力発電設備の長期間の設置を認める制度を創設。さらに「促進区域」を指定する際には海洋環境などの保全の観点から国が必要な調査を行うこととし、案件の形成を促進する。

カーボンニュートラルポート：温室効果ガスの排出を全体としてゼロにする港湾。CNPと略す場合も多い。CNPの形成などを進めるため、港湾法を改正して2022年12月から施行。脱炭素化に関する事項を基本方針に明記したほか、官民の連携による推進計画や協議会の制度を創設した。

航空脱炭素化推進基本方針：航空における脱炭素化の基本的な方向性を示したもの。国が定めた同基本方針に基づき、航空運送事業者や空港管理者が脱炭素化に向けた推進計画をそれぞれ定める。

GX(178ページ)　**再生可能エネルギー**(184ページ)　**エネルギー基本計画**(82ページ)　**環境影響評価法**(196ページ)　**カーボンニュートラル**(183ページ)　**地球温暖化**(54ページ)

キーワード
72

グリーンインフラ

社会資本整備や土地利用などのハードとソフトの両面で、自然環境が有する多様な機能を活用し、持続可能で魅力ある国土づくりや地域づくりを進めるもの。自然環境に配慮しながら自然が有する機能を引き出し、地域などが抱える課題に対応する。

2023年9月に国土交通省が公表した推進戦略2023では、**ネイチャーポジティブ**や**カーボンニュートラル**、**GX推進法**の成立などのグリーンインフラに関連する社会情勢の変化や課題を踏まえ、19年に定めた推進戦略を大幅に改定。「連携」や「技術」、

●グリーンインフラ推進戦略2023の概要

［背景や課題］

- 災害の激甚・頻発化やインフラの老朽化
- 魅力とゆとりのある空間へのニーズ
- 人口減少社会における土地利用の変化
- SDGsやウェルビーイング、地方創生

- 2020年10月に「2050年カーボンニュートラル」を宣言
- 22年12月の「昆明・モントリオール生物多様性枠組み」
- 23年3月に生物多様性国家戦略（2023-30）を閣議決定
- 23年5月に「GX推進法」が成立

［実装に向けた視点］

連携　コミュニティー　技術　評価　資金調達　グローバル　デジタル

［グリーンインフラが目指す「自然と共生する社会」に向けた取り組み］

目指す社会	関連する主な施策や例	
安全・安心に暮らせる	温室効果ガスの吸収源対策	・森林の吸収源対策や建築物における木材の利用 ・都市の緑化や都市公園の整備、ブルーインフラの拡大
	防災機能の向上	・流域治水、雨水の貯留施設の整備、公園の緑地による延焼の防止 ・海岸の保全、気候変動を考慮した港湾や臨海部の強靭化
健康・快適で楽しく活動	快適な空間の形成	・環境性能などに配慮した不動産の投資市場の形成 ・地表面被覆の改善、「風の道」の活用、緑地のネットワークの形成
	楽しく暮らせる空間づくり	・「居心地が良く歩きたくなる」まちなかづくりの支援制度との連携 ・住宅や公共施設、跡地や低・未利用地の緑化、かわまちづくり
	水環境の構築など	・多自然川づくり、バイオマスの活用、下水処理水や雨水の再利用 ・ブルーインフラ、浚渫土砂を活用した海域環境の保全や再生
子どもたちが健やかに育つ	コミュニティーの醸成	・各種のエリアマネジメントの活動におけるグリーンインフラの推進 ・緑地や都市公園の整備、自然豊かな遊び場の確保
豊かさやにぎわい	人や投資の呼び込み	・カーボンクレジットの活用やグリーンファイナンスの導入 ・歴史まちづくりの推進、風致の維持や歴史的風土の保全 ・「居心地が良く歩きたくなる」まちなかづくり、かわまちづくり

（注）2023年9月に公表されたグリーンインフラ推進戦略2023を基に作成

●社会の課題とグリーンインフラの取り組み例

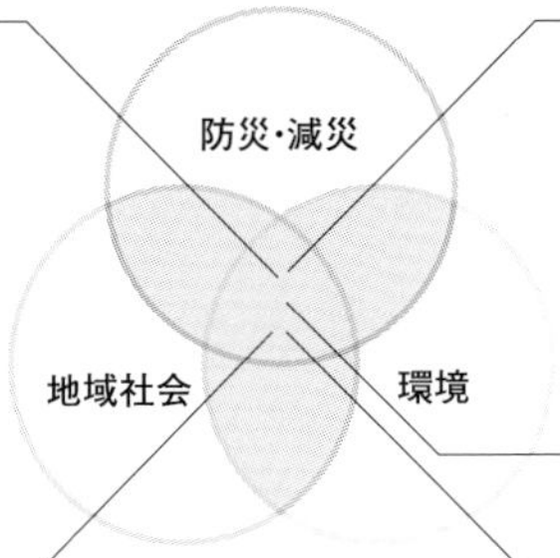

ネイチャーポジティブの実現
- 自然の再生や希少種の保全、鳥獣の保護や管理
- OECM*による保全
- 森林の整備や保全、管理
- 水路や防風林などの保全
- 都市公園の整備や水辺の創出など、都市における水と緑のネットワークの形成
- 藻場や干潟などの保全

気候変動への対策
- 森林の整備や保全、ブルーカーボンなどの吸収源対策による緩和策
- 遊水池の整備や湿地の保全などの流域治水、雨水の貯留と浸透
- 砂浜の回復や防潮林の整備などによる津波や高潮への対策

地域の活性化や観光振興
- エコツーリズムや環境学習

「居心地が良く歩きたくなる」まちなかづくり
- 官民連携による公園や広場、水辺空間の創出
- 街路樹などの緑化による連続した緑陰の形成
- 公園や道路などの緑を生かしたにぎわいの創出

交流やコミュニティーの形成、健康の増進
- 住民などとの協働による公園などの維持管理
- 空閑地や低・未利用地を活用した農園など

（注）OECMとは保護地域以外で生物多様性の保全に資する地域。2023年10月に発行されたグリーンインフラ実践ガイドを基に作成

「資金調達」、「デジタル」などの視点を示したうえで、「自然と共生する社会」を実現するための施策や取り組みをそれぞれ挙げている。例えば温室効果ガスの吸収源対策として、**都市の緑化**や都市公園の整備などを進める。自然環境の機能を活用した流域治水や延焼防止に役立つ緑地の整備、海岸の保全などによって災害への対応力も高める。

さらに、快適な都市空間の形成や水環境の構築などに向けて、地表面被覆の改善や「風の道」の活用、**多自然川づくり**や雨水の再利用などを推進する。カーボンクレジットの活用など、自然を生かして人材や投資を呼び込むことも考えている。併せて、景観や観光資源の保全、歴史まちづくりなどを通して地域の活性化につなげる。

［関連キーワード］

河川を基軸とした生態系ネットワーク：川の中を主とした取り組みから「流域の生態系ネットワークの形成」へと視点を拡大し、農地や緑地なども含めて魅力的で活力ある地域づくりを支援する取り組み。流域の自治体や住民、NPO、企業、農林漁業者などの多様な主体と連携して進める。

生態系ネットワーク：生態系の拠点の適切な配置やつながりのこと。エコロジカル・ネットワークと呼ばれることもある。保全・再生した自然地をつないで生物の移動経路を確保し、自然の働きを回復させる。形成にあたっては、核となる地域と外部との相互の影響を軽減する緩衝地域を適切に配置して保全するとともに、生物の生息・生育地をつなげる「回廊」を確保することが大切になる。

生物多様性（190ページ）　**多自然川づくり**（191ページ）　**都市の緑化**（192ページ）　**気候変動適応計画**（76ページ）　**Eco-DRR**（77ページ）　**公共空間のオープン化**（138ページ）　**ネイチャーポジティブ**（191ページ）　**国土形成計画**（62ページ）　**国土利用計画**（64ページ）　**OECM**（81ページ）　**GX推進法**（179ページ）　**カーボンニュートラル**（183ページ）

キーワード
73

生物多様性

生物の種類などが多様で、バランスを保っていることを指す。様々な生物が相互に影響し合ってできる生態系が地域ごとに多様であることも含む。従来の自然保護と比べ、生態系が人間の暮らしに与える恩恵をより重視する。最近ではEco-DRRやグリーンインフラなど、防災・減災にも自然環境が有する多様な機能を活用しようとする傾向が強まっており、2023年3月に閣議決定した生物多様性国家戦略（2023-2030）では「自然を活用した課題の解決」（NbS）を基本戦略の一つとして位置付けている。

同国家戦略では、ほかにも生態系の健全性の回復や「ネイチャーポジティブ経済」

●生物多様性国家戦略（2023-2030）の概要

基本戦略	行動目標の主な項目	関連する施策や取り組みの例
生態系の健全性の回復	「30by30」など	・国立公園などの拡張や点検、モニタリング
	生態系の再生や生態系ネットワークの形成	・生態系に配慮した道路整備や都市の緑化 ・河川を基軸とした生態系ネットワークの形成や多自然川づくり、総合的な土砂管理
	汚染や外来種への対策	・ダムの貯水池における水質の保全 ・閉鎖性海域の水環境の改善 ・外来種の使用の回避と拡散の防止
自然を活用した課題の解決（NbS）	生態系が有する機能の活用	・Eco-DRRやグリーンインフラの推進
	自然を生かした地域づくり	・「かわまちづくり」など魅力ある水辺空間の創出 ・風致地区の活用や歴史的風土の保存
	気候変動への対策	・都市の緑化などによる吸収源対策、自然環境が有する多様な機能を活用した流域治水
	再生可能エネルギーの導入	・環境影響評価や生物多様性への配慮
「ネイチャーポジティブ経済」の実現	事業活動での負の影響の削減や情報開示	・生物多様性や自然資本に関する情報開示、グリーンファイナンスの促進
生活・消費活動における生物多様性の価値の認識と行動	環境教育の推進	・下水道を活用した学習や河川における環境教育、環境教育の場となる都市公園の整備
	触れ合う機会の増加	・海辺の環境教育の推進、港湾における教育活動の場や港湾緑地の整備
取り組みを支える基盤整備と国際連携の推進	基礎調査やモニタリング	・海域環境のデータベースの充実、リサイクル材の実証試験、浚渫土砂の品質調整
	計画制定の支援	・国土利用計画などによる国土の適正な利用と管理、緑の基本計画の制定の推進

（注）2023年3月に閣議決定した生物多様性国家戦略（2023-2030）や環境省が23年1月に開催した生物多様性国家戦略小委員会の資料などから、国土交通省の施策を中心に抜粋して要約

●生物多様性の保全に向けた取り組み

「自然を活用した解決策」(NbS)の考え方を取り入れ、G7サミットで合意された「30by30」にも貢献

施策	概要や取り組みの例
都市の緑化	•「特別緑地保全地区制度」などによって都市に残る自然環境を保全。公共施設や公益施設、民有地の緑化には「市民緑地認定制度」などを活用 •都市公園を整備して緑地を確保。屋上緑化などで新たな緑化空間を創出 •「まちなかウォーカブル推進プログラム」も踏まえて緑化を展開
水辺空間の創出	•地域特有の景観や歴史、文化などを生かした「かわまちづくり」を推進 •多自然川づくりによって生物の生息・生育環境や景観を保全または創出
広域的な生態系ネットワークの形成	•流域の多様な主体と連携して河川を基軸とした生態系ネットワークを形成 •人口減少下における国土管理のあり方を示す「国土の管理構想」を2021年6月に公表。同構想に基づき、持続可能な国土管理を推進 •上記の施策は次期の国土利用計画や国土形成計画に反映
砂浜の保全と回復	•海岸保全施設となる砂浜を含め、予測を重視した「順応的砂浜管理」を実施 •離岸堤の整備や養浜、「サンドバイパス」や「サンドリサイクル」で浸食対策
ブルーカーボン生態系の創出	•護岸の前面に藻場や干潟を整備し、生物共生型の護岸に •藻場などを対象とした「ブルーカーボン・オフセット・クレジット制度」を構築
健全な水循環の確保	•水循環基本計画を踏まえ、流域マネジメントなどによって水循環を改善 •河川や湖沼の環境整備や下水道の高度処理で公共用水域の水質を改善 •流域の住民などとの協働を通して水環境に対する関心や理解を醸成
海の再生と保全	•浚渫土砂を活用した覆砂や窪地の埋め戻しによって海域の環境を改善 •漂流・漂着ごみへの対策で海岸環境を保全。ヘドロの除去による浄化も

(注)生物多様性国家戦略小委員会の2021年11月の資料から、国土交通省の施策を基に作成

の実現などの5つの基本戦略ごとに、「**30by30**」や気候変動への対策、再生可能エネルギーの導入、事業活動における負の影響の削減などの目標をそれぞれ設定。目標ごとに関連する施策を示した。例えば、生態系の健全性の回復では、**都市の緑化**や**河川を基軸とした生態系ネットワーク**の形成、**多自然川づくり**などに取り組む。都市の緑化は気候変動への対策でも、流域治水とともに重要な施策の一つになる。自然を生かした地域づくりに向けて、「**かわまちづくり**」や歴史的風土の保存も推進する。

[関連キーワード]

多自然川づくり：1990年から始まった自然環境に配慮した河川整備事業。当初は「多自然型川づくり」と呼ばれていたが、2006年の基本方針を受けて名称を変更した。河川が本来、有している生物の生息や繁殖の環境、多様な景観を保全・創出することが目的。地域の歴史や文化にも配慮する。

30by30：2030年までに陸と海のそれぞれ30%以上を健全な生態系として保全しようとする目標。

ネイチャーポジティブ：生物多様性の損失を食い止めて反転させ、回復軌道に乗せること。

グリーンインフラ(188ページ)　**都市の緑化**(192ページ)　**Eco-DRR**(77ページ)　**EbA**(77ページ)　**「かわまちづくり」支援制度**(87ページ)　**河川を基軸とした生態系ネットワーク**(189ページ)　**気候変動適応計画**(76ページ)　**ブルーカーボン**(179ページ)　**水循環基本計画**(81ページ)　**国土利用計画**(64ページ)　**国土形成計画**(62ページ)　**歴史まちづくり**(202ページ)

キーワード
74

都市の緑化

都市公園をはじめとする緑とオープンスペースは、良好な都市環境の提供だけでなく、災害時の避難地や延焼の防止、復旧や復興の拠点、市民の活動や憩いの場などの多様な機能を有する。最近では**地球温暖化**への対策や**ヒートアイランド現象**の緩和といった課題も踏まえ、**緑の基本計画**や「特別緑地保全地区」、**生産緑地制度**や「市民緑地認定制度」などを活用しながら、都市の緑化に取り組んでいる。緑の基本計画は、1994年の都市緑地保全法（現在の都市緑地法）の改正に伴って全国の市区町村に義務付けられたもので、2022年3月末時点で695の市区町村が制定している。

都市公園の1人当たりの面積は、22年度末時点で前年度と同等の10.8m^2。諸外国の都市と比べると低い水準にあり、緑地の充実度は低いといった指摘もある。さらに、

●都市緑地法などの改正概要

［背景］

・気候変動への対応や生物多様性の確保、ウェルビーイングの向上などで緑地の機能に期待
・ESG投資など、環境分野に対する民間の投資の機運が拡大
・地方自治体で緑地の整備などに係るノウハウが不足、財政の制約も。民間でも取り組みは限定的
・都市の脱炭素化を進めるうえで、エネルギーの効率的な利用も重要に

↓

［法案の概要］

施策		概要
国の主導による緑地の確保	方針や計画	・国土交通大臣が緑地の保全などに関する基本方針を制定 ・都道府県が緑地の保全などに関する「広域計画」*を制定
	都市計画	・計画の基準に「自然的環境の整備または保全の重要性」を位置付け
緑地の保全と更新	機能の維持や増進	・緑地の維持や増進のための再生や整備を「機能維持増進事業」*に ・特別緑地保全地区で行う「機能維持増進事業」の手続きを簡素化
	緑地の買い入れ	・都道府県などの要請に基づき、特別緑地保全地区内などでの緑地の買い入れや「機能維持増進事業」を担う「都市緑化支援機構」*の指定制度を創設。同機構の業務を都市開発資金の貸し付けによって支援
民間の投資の呼び込み	緑地の確保と認定制度	・民間の事業者などが講ずべき措置に関して国が指針を制定 ・民間の事業者などによる取り組みを国土交通大臣が認定する制度を創設。認定を受けた場合は都市開発資金の貸し付けによって支援
	脱炭素化と認定制度	・緑地の創出や再生可能エネルギーの導入、エネルギーの効率的な利用など、脱炭素化に資する都市開発事業を認定する制度を創設 ・上記の認定を受けた事業を民間都市開発推進機構が金融面で支援

（注）＊は仮称。2024年2月に閣議決定した都市緑地法などの改正案を基に作成

●都市の緑化や緑地に関する主な制度

制度	概要	
緑の基本計画	・都市緑地法に基づいて、都市公園の整備や緑地の保全、緑化の推進に関する総合的な計画として市区町村が定める。2021年度末で695の市区町村が制定	
特別緑地保全地区	・緑地を市町村などが都市計画に定め、開発行為などを許可制によって規制 ・開発行為などが不許可となって土地の利用に著しく支障を来す場合は、土地の所有者の申し出によって地方自治体などが買い入れを実施	
	指定対象の主な要件	・災害の防止などに必要な避難地帯や雨水貯留浸透地帯、文化的意義を有するもの、動植物の生息地として保全が必要な区域
緑化地域	・緑が不足している市街地などで、市町村が緑化地域を都市計画に定めることによって、敷地面積の一定の割合以上の緑化を義務付けることができる制度	
	対象区域	・用途地域内で必要な緑地が不足している地域
	規制の対象	・敷地面積が300m^2*〜1000m^2以上の建築物の新築や増築
市民緑地認定制度	・NPO法人や企業などが「設置管理計画」を作成。市区町村の認定を受け、空き地などを住民が利用できる「認定市民緑地」として設置・管理する制度 ・緑地やオープンスペースの不足、空き地の増加などを背景として2017年に創設	
緑地保全・緑化推進法人制度	・一般社団法人や一般財団法人、NPO法人などを対象に市区町村が指定し、民間が主体となって自発的な緑地の保全を図る。「みどり法人」と呼ぶ場合もある ・市民緑地の設置や管理、特別緑地保全地区内の緑地の管理などを実施する	
生産緑地制度	・市街化区域内で、公共施設などの敷地として適している500m^2以上の農地を都市計画に定め、建築行為などを許可制によって規制し、農地の保全を図る ・面積の要件は、市区町村の条例で300m^2まで引き下げることが可能	

（注）条例で300m^2までの引き下げが可能。国土交通省が2022年11月に開催した都市計画基本問題小委員会などの資料を基に作成

気候変動への対応や**生物多様性**の確保、ウェルビーイングの向上などの課題も背景に24年2月、都市緑地法などの改正案を閣議決定した。特例や指定制度の創設などによって緑地の保全や更新を促す。資金面で支援する制度を設けて民間による緑地の確保を進めるほか、都市の脱炭素化に向けて**再生可能エネルギー**の導入も求めていく。

［関連キーワード］

緑の回廊：野生の動植物の移動経路を確保し、生息・生育地の拡大と相互の交流を促すために国有林の保護林を中心に形成するネットワーク。必要に応じて下層植生の発達や裸地化の抑制も図る。
生産緑地制度：良好な都市環境を確保するため、都市に残存する農地の計画的な保全を図る制度。都市農地の保全と活用に向け、生産緑地法を改正して2017年6月に施行。生産緑地地区の面積の要件をそれまでの500m^2以上から300m^2以上に引き下げることを可能にしたほか、申し出る時期を10年延期する「特定生産緑地制度」を創設した。国土交通省の調査によれば、22年12月末時点で、1992年に定められた生産緑地の約9割が特定生産緑地に指定されている。
緑の基本計画：正式な名称は「緑地の保全及び緑化の推進に関する基本計画」。緑地の保全や緑化の推進に関して、市区町村が将来のあるべき姿や目標、施策などを定めた総合的な計画。
グリーンインフラ（188ページ）　**生物多様性**（190ページ）　**GX**（178ページ）　**公共空間のオープン化**（138ページ）　**ヒートアイランド現象**（180ページ）　**地球温暖化対策計画**（78ページ）　**再生可能エネルギー**（184ページ）　**ESG投資**（59ページ）

キーワード 75

建設リサイクル

国土交通省の「平成30年度建設副産物実態調査」によれば、建設発生土の有効利用率は79.8%に高まったものの、目標の「80%以上」をやや下回った。他の副産物に比べて建設発生土の利用が進んでいないことに加え、不適切な**盛り土**によって土砂災害のリスクが高まっていることなどを背景に、「**資源の有効な利用の促進に関する法律**」の省令などを改正。勧告や命令の対象となる事業者の範囲を拡大し、2023年1月に施行した。併せて、**再生資源利用促進計画**制度や元請け会社の責任も強化した。

●建設発生土の再生利用や適正処理に向けた主な動き

[再生利用や処理の流れ]

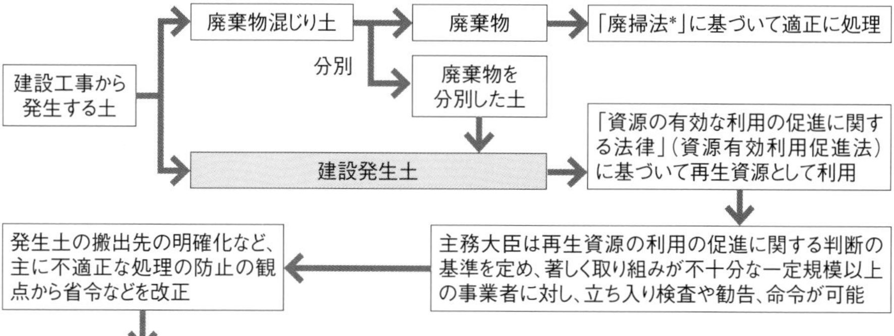

[2023年1月や5月に施行した省令などの概要]

省令の改正項目や強化策		概要
計画制度や元請け会社の責任を強化	「再生資源利用促進計画」の対象を拡大	・地下階を含む小規模な建築工事も想定し、同促進計画の対象工事を従来の搬出土砂量「1000m^3以上」から「500m^3以上」に拡大 ・同促進計画の保存期間を従来の1年から5年に延長
	説明や掲示などの義務付け	・再生資源利用促進計画の作成後、発注者への説明を義務付け ・発注者からの請求に応じて実施結果を報告 ・同計画の現場での掲示やインターネットでの公表を努力義務に
	盛り土規制法の許可を確認	・元請け会社は搬出先が盛り土規制法の許可地であるかなどを事前に確認し、結果を現場に掲示。受領書などの確認も義務付け
	土壌汚染対策	・元請け会社は発注者の土壌汚染対策法などの手続きを確認
	登録制度を創設	・ストックヤード運営事業者の登録制度を創設し、搬出先を明確化

(注)正式には「廃棄物の処理及び清掃に関する法律」。次ページも国土交通省の資料や「資源の有効な利用の促進に関する法律」の省令の改正内容などを基に作成

●「ストックヤード運営事業者登録制度」の概要

制度の目的	・建設発生土の適正処理の観点で、一定の要件を満たす運営事業者を国に登録 ・優良なストックヤードの事業者を育成し、発生土の適正な処理とリサイクルを促進
登録した事業者の業務	・搬出先が盛り土規制法の許可地であるかなどを確認した書面を搬出前に作成 ・搬出後に、受領書の交付を搬出先に求めて確認 ・上記の搬出先からさらに他へ搬出された場合、その搬出先が国や自治体が管理する場所や登録ストックヤードの場合などを除き、最終の搬出先まで確認した書面を作成
国の対応など	・報告または資料の提出を請求。不正行為などに対して勧告、登録の取り消しも

●建設発生土の処理の主な流れ

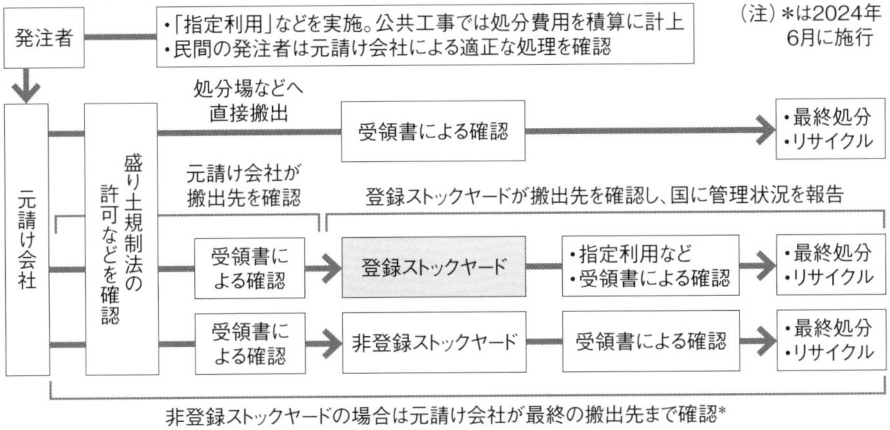

さらに、盛り土規制法の施行に合わせて5月に改正した省令では、盛り土規制法の許可を事前に確認することなどを義務付けた。5月からは**ストックヤード**の運営事業者の登録制度も施行。盛り土規制法と併せて発生土の適正な処分とリサイクルを促進する。

［関連キーワード］

ストックヤード：再び搬出することを目的に、外部から搬入された土砂を一時的に堆積する場所。

建設リサイクル推進計画：建設副産物のリサイクルや適正処理などを中期的に推進するために国土交通省が定める計画。2020年9月に公表した同計画2020では、リサイクルの「質」の向上を重視するとしたうえで、循環型社会の形成や生産性の向上などの課題ごとに主な施策を示している。

再生資源利用促進計画：他の工事現場や残土の処分場など元請け会社が搬出先を記載した計画。

資源の有効な利用の促進に関する法律：1991年に制定された「再生資源の利用の促進に関する法律」を改正して2001年に施行。リサイクルの強化や廃棄物の発生抑制（リデュース）、再使用（リユース）に努めることを定めた。建設業は再生資源などの利用に取り組む「特定再利用業種」に。

リサイクルポート：循環資源の「環」を形成するため、同資源の広域流動の拠点となる港湾。「総合静脈物流拠点港」と呼ばれ、2023年時点で22港が指定されている。

循環型社会形成推進基本計画（197ページ）　**3R**（197ページ）　**盛り土対策**（166ページ）　**国土交通省の環境行動計画**（80ページ）　**地球温暖化**（54ページ）　**熱海土石流**（50ページ）

キーワード
76

環境影響評価法

規模が大きく、環境に著しい影響を与えるおそれがある事業について、環境影響評価の手続きなどを定めた法律。例えばスクリーニングは、「第二種事業」で環境影響評価を行うか否かを個別に判断する手続き。第二種事業の規模は、必ず環境影響評価を実施する「第一種事業」のおおむね75%になる。「計画段階環境配慮書」は、事業の位置や規模などを選定するにあたって、環境を保全するために配慮すべき事項についてまとめるもの。事業が環境に及ぼす影響は地域によって異なることから、環境影響

●主務省令に定められている影響要因や環境要素の区分と「参考項目」の例

環境要素の区分			影響要因の区分	工事			存在・供用	
			細区分（影響要因）／細区分（環境要素）	建設機械の稼働や運搬車両の運行、ヤードや工事用道路の設置など			道路の存在や自動車の走行、休憩所の供用など	
環境の自然的構成要素の良好な状態の保持	大気環境	大気質	二酸化窒素					
			浮遊粒子状物質					
			粉じんなど					
		騒音	騒音					
		振動	振動					
	水環境	水質	水の濁り					
			水の汚れ					
	土壌環境・その他	地形・地質	重要な地形・地質					
		その他	日照阻害					
生物の多様性の確保と自然環境の体系的保全	動物		重要な種や生息地					
	植物		重要な種や群落					
	生態系		地域の生態系					
人と自然との豊かな触れ合い	景観		主要な眺望点や景観資源など					
	人と自然との触れ合い活動の場		主要な触れ合い活動の場					
環境への負荷	廃棄物など		工事に伴う副産物					
一般環境中の放射性物質	放射線の量		放射線の量					

主務省令で示された「参考項目」を勘案しつつ、それぞれの事業や地域の特性に応じて、環境影響評価の項目を選定していく

（注）道路事業の例。主な項目を抜粋し、表記は一部、略した。環境省が2017年3月にまとめた「環境影響評価法における報告書の作成・公表等に関する考え方」を基に作成

●環境アセスメントの手続きの主な流れ

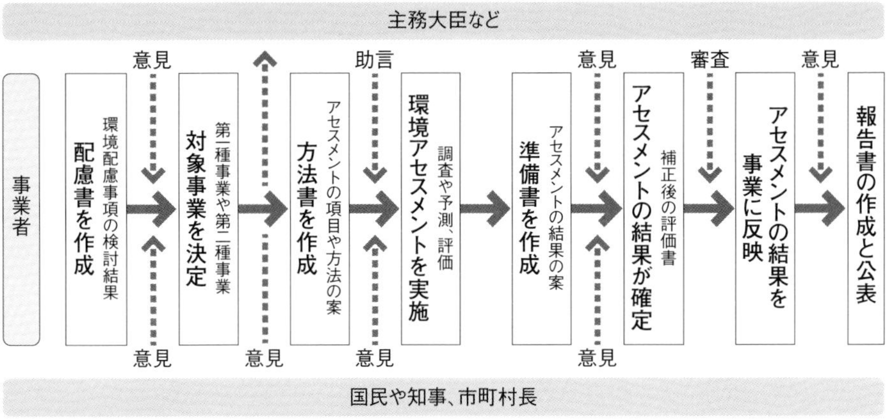

(注)環境省の「環境アセスメント制度のあらまし」を基に作成

評価も各地域の状況に応じて行う必要がある。その方法を決めるにあたって必要な手続きが、環境影響評価方法書になる。方法書に対して、住民や知事が意見を出す。

環境影響評価で実施すべき具体的な内容は、「基本的事項」と事業の種類別の「主務省令」に規定されている。主務省令には対象となる「参考項目」が示されており、同項目を勘案しつつ、事業や地域の特性に応じて環境影響評価の項目を選定する。

[関連キーワード]

循環型社会形成推進基本計画：循環型社会形成推進基本法に基づいて、循環型社会の形成に関する施策の基本的な方針や政府が講じるべき施策を定めた計画。現行の第4次の計画は2018年6月に閣議決定したもので、環境省は23年10月に新たな計画の制定に向けた指針を公表。循環経済への移行やライフサイクル全体での資源の循環、地域の循環システムの構築と地方創生などの項目ごとに施策の方向性についてそれぞれ示した。例えば、地域においても脱炭素社会と循環型社会、自然共生社会の統合を図る。災害廃棄物の処理体制の構築を促すほか、デジタル技術の活用も求める。

3R：廃棄物の発生抑制（Reduce）、部品などの再使用（Reuse）、リサイクル（Recycle）の総称。これらに搬入抑制（Refuse）を加えて4Rと称して活動しているケースもある。

リサイクル原則化ルール：国土交通省が発注する工事において、経済性のいかんにかかわらず、特定の建設副産物のリサイクルを原則として実施することを求めるもの。2006年6月に定められた。

拡大生産者責任：生産者が、生産した製品の使用段階に加えて廃棄された後でも、適正なリサイクルや処分について、物理的または財政的に一定の責任を負うという考え方。

グリーン購入法：2001年4月に施行した「国等による環境物品等の調達の推進等に関する法律」の通称。循環型社会形成推進基本法の個別法の一つで、需要面の取り組みになる。国が資材を調達する場合には環境に配慮しなければならない。グリーン購入法に沿って調達に関する基本方針が閣議決定されている。公共工事でも、木材や舗装材などを調達する際の基準が定められている。

生物多様性（190ページ）　**洋上風力発電**（186ページ）　**建設リサイクル**（194ページ）　**グリーンインフラ**（188ページ）　**SDGs**（58ページ）　**再エネ海域利用法**（187ページ）

第3章

分野別解説

3.5 景観・観光

キーワード
77

オーバーツーリズム

国連世界観光機関（UNWTO）によると「観光地や観光地に暮らす住民の生活の質や訪れる旅行者の体験の質に対して、観光が過度に与えるネガティブな影響」と定義。観光客の著しい増加は自然環境や景観などにも悪影響をもたらし、観光客の満足度も大きく低下させる。「観光公害」と呼ばれる場合もある。コロナ禍を経て観光需要が急速に回復するなか、政府は2023年10月、オーバーツーリズムの未然の防止や抑制に向けた対策を決定した。観光客の受け入れと住民の生活の質の確保とを両立させる。

例えば、観光客の集中による過度な混雑などに対応するため、**MaaS**などで混雑の緩和を図るほか、駅の改良などによって輸送力を増強する。道路空間を再編して歩行

●オーバーツーリズムの防止や抑制に向けた対策

［背景や現状］

・観光需要は急速に回復してきたが、都市部を中心に一部の地域に偏在する傾向も見られる
・観光客が集中する地域や時間帯によっては住民の生活への影響や旅行者の満足度の低下に懸念
・地方への誘客を推進するとともに、観光客の受け入れと住民の生活の質の確保を両立

↓

対策や施策		対策の概要や例
過度な混雑などへの対応	混雑の緩和	・観光客が集中する路線バスから鉄道への分散や乗り換えを促す ・キャッシュレスや多言語化のほか、MaaSや配車アプリも導入
	輸送力の増強	・長編成のLRTの車両や連節バスを採用。通路の新設などで駅を改良
	受け入れ環境の充実	・道路空間の再編などによる歩行空間の拡大や交通結節点の整備 ・道路や歩道の整備、無電柱化を加速。路肩も活用して発着場所を拡大
	需要の適切な管理	・観光施設や駐車場の予約システムによって面的に渋滞対策 ・「パークアンドライド」の駐車場や代替交通を整備して乗り入れを抑制 ・運賃や料金を需要に応じて柔軟に設定。混雑時の運賃の設定を可能に
	需要の分散	・混雑状況を可視化してリアルタイムで発信。空いているルートに誘導
	マナー違反の抑制	・看板やデジタルサイネージなどを設置し、多言語で情報を提供 ・私有地や文化財などを対象に防犯カメラを設置。「ピクトグラム」を統一
地方への誘客の推進	観光地の魅力の向上	・モデル地域における高付加価値な観光地づくりを促進 ・国立公園の魅力を高めてブランド化
	環境の整備	・クルーズ船の旅客に対する2次交通の手段として小型船を利用
地域の住民との協働		・住民を含めた関係者による協議に基づいて、オーバーツーリズムの防止や抑制のための計画を定めて実践。先駆的なモデルを創出して展開 ・住民などに向けて観光の意義や効果に係る説明資料を作成して活用

（注）2023年10月に観光立国推進閣僚会議が決定した対策パッケージから主な項目を抜粋

●ICTやAIを活用した観光地の渋滞対策のイメージ

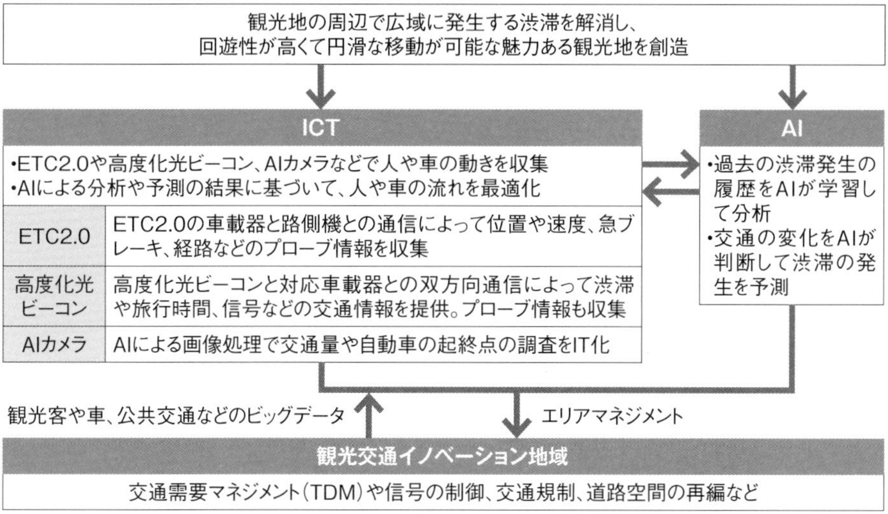

（注）国土交通省の「ICT・AIを活用したエリア観光渋滞対策について」を基に作成

空間を拡大するとともに、**交通結節点**を整備して受け入れ環境を充実させる。予約システムなどを利用して需要の適切な管理や分散・平準化も図る。国土交通省が選定した「**観光交通イノベーション地域**」で取り組んでいるICTやAIを活用した渋滞対策も有効な方法の一つだ。混雑への対応と併せて観光地の魅力を高め、受け入れ環境も整備して地方への誘客を推進する。地域の住民との協働による観光振興も展開する。

［関連キーワード］

TDM：道路の利用者の時間の変更、経路の変更、手段の変更、自動車の効率的な利用、発生源の調整などによって交通需要量（交通行動）を調整する手法。交通需要マネジメントと呼ばれる。

ダイナミックプライシング：需要と供給の状況に応じて商品やサービスの価格を柔軟に変動させる手法。例えば価格を閑散期には安く、繁忙期には高く設定することで需要を喚起または抑制する。

エリアプライシング：渋滞や大気汚染などの問題を改善するために、一定の区域内を走行する自動車に課金すること。観光地の交通量を制御する手法の一つとして取り組むケースが見られる。

ロードプライシング：特定区域への進入や特定の道路の通行に対し、課金などを行うことで交通量を抑制する考え方。沿道環境の改善を目的とする場合は「環境ロードプライシング」と呼ばれる。

観光交通イノベーション地域：ICTやAIを活用して観光地の渋滞対策に取り組む地域。国土交通省が2017年9月に神奈川県鎌倉市と京都市の2つを実証実験の対象地域として選定した。

インフラツーリズム：利用者や観光客にインフラを楽しんでもらうため、橋やダムなどを観光資源として活用する試み。民間の旅行会社が企画・立案して有料で催行するツアーもある。

観光立国推進基本計画（86ページ）　**公共空間のオープン化**（138ページ）　**道路空間の再配分**（109ページ）　**無電柱化**（204ページ）　**MaaS**（107ページ）　**交通結節点**（135ページ）　**道路の交通安全**（110ページ）　**ETC2.0**（131ページ）　**歴史まちづくり**（202ページ）

キーワード
78

歴史まちづくり

歴史的な建造物や人々の伝統的な生活の営みなどを反映したまちづくり。「地域における固有の歴史と伝統を反映した人々の活動、歴史的な建造物や周辺の市街地が一体となって形成してきた良好な市街地の環境」を「歴史的風致」と定め、このような良好な環境を維持・向上させるために2008年11月に**歴史まちづくり法**を施行した。

市町村は国が定める基本方針に基づき、歴史まちづくり計画（歴史的風致維持向上計画）を制定し、認定を申請する。「重点区域」を設定することが必須で、計画を定めた自治体は、「街なみ環境整備事業」や「都市再生整備計画事業」、「景観改善推進事業」などの支援措置や制度を活用できる。24年3月時点で95の市や町が認定を受けており、そのうちの42が、第1期の計画を完了して第2期の取り組みを進めている。今後は民間の資金やノウハウを資産の保全や活用に取り入れるほか、重点区域における**無電柱化**なども促進する。第1期の計画に対する適切な評価も求められている。

●「歴史まちづくり計画*」に関わる主な事業や支援措置の概要

街なみ環境整備事業
- 公共施設や修景施設の整備、電線の地中化など、良好な街並みの維持と再生を支援
- 「歴史的風致形成建造物」の買い取りや移設、修理なども対象

都市公園等事業
- 地域活性化の核となる貴重な歴史的資産の保存と活用に資する都市公園の整備を支援
- 古墳や城跡などの遺跡、これらを復元したもので歴史上の価値が高いものも対象

都市再生整備計画事業
- 地域の歴史や文化などの特性を生かした個性あふれるまちづくりを総合的に支援
- 交付率の上限をかさ上げ。土塁や堀跡の整備も対象

景観改善推進事業
- 景観計画の制定や改定に要する経費、外部の専門家の登用やコーディネート活動を支援
- 景観規制上、既存不適格となる建築物などへの是正措置も対象

重点区域
「歴史まちづくり」を重点的に進める区域
↓
核となる文化財と一体で「歴史的風致」を形成する周辺の市街地

歴史的観光資源高質化支援事業
- 歴史的な街並みを阻害する建築物や空地などの美装化や緑化、除却などが対象

地域用水環境整備事業
- 歴史的風致維持向上計画に位置付けられた農業水利施設などの土地改良施設の整備

重点区域の要件	「重要文化財」や「重要有形民俗文化財または史跡名勝天然記念物として指定された建造物の用に供される土地」または「重要伝統的建造物群保存地区内の土地の区域」と「周辺の土地の区域」

（注）正式には歴史的風致維持向上計画。国土交通省が2023年3月にまとめた歴史まちづくり法のパンフレットや21年3月に改定した「『歴史的風致維持向上計画』策定に向けた手引き」を基に作成

●「歴史まちづくり計画」で活用できる主な制度

制度	概要
歴史的風致形成建造物の指定制度	・市町村は歴史まちづくり計画の指定方針に基づき、歴史的風致の維持や向上のために保全を図る必要がある建造物を歴史的風致形成建造物として指定 ・指定によって、建造物の所有者に管理義務や増築などに関する届け出の義務が生じる。所有者は管理や修理に関して文化庁の指導を求めることが可能
歴史的風致維持向上支援法人	・市町村は、歴史的風致の維持や向上について専門的な知識や実績などを有するNPO法人などを、歴史的風致維持向上支援法人として指定 ・指定によって、関係する施設の整備と管理に加え、「歴史的風致形成建造物」の所有者に対する助言などの援助、協議会への参画などが可能に
歴史的風致維持向上地区計画制度	・地域の歴史と伝統を生かした物品の販売や料理の提供などでふさわしい用途の建造物などについて、用途制限の特例によって立地を可能とする制度
重点区域への特別用途地区の指定	・用途地域内の一定の地区において、地区の特性にふさわしい土地利用の増進や環境の保護などを図るために、用途地域の指定を補完する制度

（注）「『歴史的風致維持向上計画』策定に向けた手引き」を基に作成

●歴史まちづくりのあり方や方向性

施策	概要
民間の資金やノウハウによる資産の保全と活用	・歴史的建造物の保存や活用にクラウドファンディングなどの民間資金を活用した好事例を周知。例えば銀行と行政などによる協調支援で資金を調達したケースも ・「歴史的風致形成建造物」や「歴史的風致維持向上地区計画制度」を活用
景観に関わる施策の充実	・第2期の計画*の認定に合わせて景観計画を制定。屋外広告物の条例制定も促進 ・景観と観光の両面で先進的な取り組みを進める地域をモデルとして推進 ・「重点区域」などにおける無電柱化を促進
ノウハウの共有とネットワーク化の推進	・歴史的建造物の整理や明示の観点からも、「歴史まちづくり計画」の作成を促進 ・「歴史まちづくり計画」の認定都市の間でノウハウを共有し、ネットワーク化も推進 ・「歴史まちづくりサミット」などの広域連携を推進して発展させる
第1期計画の適切な評価	・「歴史まちづくり計画」の認定都市に対して評価制度を導入して施策を充実。毎年度の進捗を評価するほか、中間年度や最終年度の評価を第2期の計画に反映

（注）「歴史まちづくり計画」の計画期間をおおむね10年としている自治体が多く、第2期の計画に取り組むケースが増えつつある。国土交通省が歴史まちづくり法の概要と取り組み状況などについて2022年11月に公表した資料を基に作成

［関連キーワード］

歴史まちづくり法：正式には「地域における歴史的風致の維持及び向上に関する法律」。城や神社などの歴史的な建造物や市街地、祭礼行事や人々の伝統的な生活の営みなどを地域固有の資産として捉え、これらの良好な環境を維持・向上させて継承するために2008年11月に施行した。

景観行政団体：都道府県や政令市、中核市、または都道府県知事とあらかじめ協議したうえで景観行政事務を処理する市町村。「景観計画」を定めることができる。2023年3月末時点で806に増加。

みなとオアシス：「みなと」を核としたまちづくりを通して地域を活性化するため、住民などが継続して地域振興に取り組む施設として国土交通省の港湾局長が登録する。旅客船ターミナルや資料館、地元産品の物販や飲食の施設などからなる。2024年4月時点で161カ所が登録されている。最近では災害発生時の復旧や復興の拠点として位置付けるとともに、これらをネットワーク化して広域の災害に対応可能な「みなとオアシス防災ネットワーク」の構築も進めている。

観光立国推進基本計画（86ページ）　**オーバーツーリズム**（200ページ）　**バリアフリー・ユニバーサルデザイン**（206ページ）　**無電柱化**（204ページ）　**公共空間のオープン化**（138ページ）

キーワード 79

無電柱化

国土交通省は「良好な景観の形成や観光振興」、「安全で快適な通行空間の確保」、「道路の防災性の向上」の観点から、大きく2つの手法で無電柱化を進めている。一つは、電線共同溝などによる電線類の地中化。もう一つは、裏通りなどに電線類を配置

●無電柱化の今後の方針や推進策

方針や推進策	施策の概要や取り組みの例	
優先区間の明確化	・緊急輸送道路や地域防災計画などで防災上、重要性の高い区間を「優先区間」として選定し、無電柱化の区間の連続性を確保。整備の目標も明確化 ・沿道の利用状況や電柱の設置状況を踏まえ、道路管理者や電線の管理者が進める無電柱化の事業や電柱の占用制限によって電柱の撤去を推進 ・特にDID*区間への集中的な投資によって整備を促し、早期に電柱を撤去	
	区間の例	・交通の拠点と「広域防災拠点」とを結ぶ区間や広域防災拠点と「防災拠点」を結ぶ区間、防災拠点と防災拠点の間。道路啓開の優先区間も
効率的な整備の促進	計画	・地方版の「無電柱化推進計画」の制定を促し、計画に対して補助
	設計や工事	・既存のストックを活用。直接埋設方式や新材料によってコストを削減 ・昼間に施工。設計や工事において包括的な委託も採用
電線の管理者による一体的な推進	・電線の管理者が道路管理者の窓口となって、すべての設計と施工や調整を一体的に実施。従来の道路管理者が調整する方法も含めて現場ごとに選択	
緊急輸送道路における対策	・緊急輸送道路では電柱の倒壊リスクが高い市街地などで無電柱化を推進 ・倒壊による道路閉塞のリスクを低減するため、占用禁止の措置などを導入	

（注）DIDとは人口集中地区のことで、市街地または都市的な地域を表す地域区分の一つ。下も国土交通省が2024年2月に開催した「無電柱化推進のあり方検討委員会」の資料を基に作成

●緊急輸送道路における電柱の倒壊リスクへの対策

新設電柱への対策	沿道の民地への対策	既設電柱への対策
道路法によって新設電柱の占用を禁止。電線共同溝の整備区間は「電線共同溝の整備等に関する特別措置法」（電共法）によって占用を禁止	民地への電柱の設置による道路閉塞のリスクを低減するため、2021年5月の道路法の改正によって沿道区域の届け出・勧告制度を創設	2023年6月の通知によって、道路閉塞の影響が大きい区間など、優先順位の高い区間から既設電柱の占用を禁止する措置の運用を開始

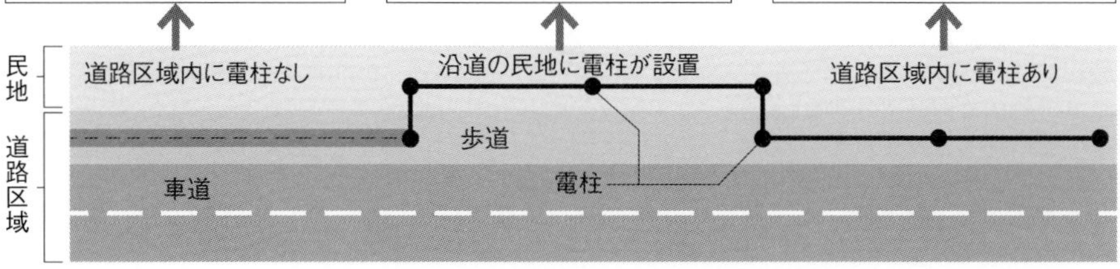

●届け出・勧告制度の概要

[届け出対象区域などのイメージ]　[手続きの流れ]

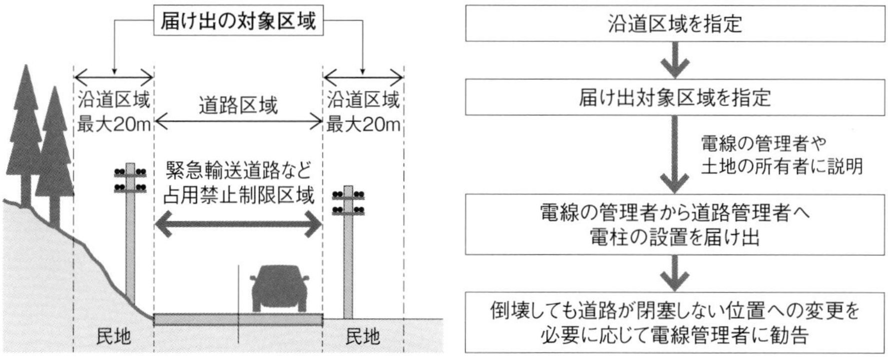

(注)沿道区域とは道路に損害や危険を及ぼす場合、防止措置を命じることが可能な区域。届け出対象区域は沿道区域の中で設定し、電柱を設置する際に届け出が必要な区域。国土交通省の資料を基に作成

して主要な通りから電線をなくす裏配線や軒下配線などの地中化以外の方法だ。

無電柱化を進めるために「**無電柱化推進計画**」を定めて取り組んできたものの、毎年、数万本単位で増え続けている。2022年度は前年度から約5万本増加した。今後は優先区間を明確に定めたうえで集中して管路などを整備し、電柱の撤去を促す方針だ。**緊急輸送道路**をはじめ、地域防災計画などで防災上、重要な区間を優先区間として選定する。優先区間の中でも市街地から集中して整備するなど、整備済みの区間との連続性を確保する。優先区間の選定とともに効率的な整備も推進する。例えば地方版の「無電柱化推進計画」の制定を促し、計画に対して補助する。既存のストックや新材料を活用した設計も求めていく。緊急輸送道路では沿道区域の届け出・勧告制度や占用禁止の措置などを通して、電柱の倒壊によって道路が閉塞するリスクを低減する。

[関連キーワード]

無電柱化推進計画：2016年12月に施行した「無電柱化の推進に関する法律」に基づいて定める計画。21年5月に決定した同推進計画では、新たに約4000kmの無電柱化が必要とし、緊急輸送道路の電柱の減少や新設電柱の抑制、コスト削減や事業のスピードアップを主な施策として挙げている。

踏切道改良促進法などの改正：踏切道の改良を促すとともに、道路と鉄道の防災機能の強化を目指して2021年4月から施行。同促進法などの改正によって道路法も改正され、沿道区域に電柱などの工作物を設置する場合の道路管理者への届け出・勧告制度のほか、防災機能を有する「道の駅」などを「防災拠点自動車駐車場」として指定する制度が創設された。いずれも2021年9月に施行。

緊急輸送道路(155ページ)　**気候変動適応計画**(76ページ)　**合意形成**(118ページ)　**観光立国推進基本計画**(86ページ)　**道路の交通安全**(110ページ)　**自転車通行空間の整備**(108ページ)　**道路空間の再配分**(109ページ)　**バリアフリー・ユニバーサルデザイン**(206ページ)

キーワード
80

バリアフリー・ユニバーサルデザイン

バリアフリーとは、高齢者や障害者などが社会生活をしていくうえで障壁（バリア）となるものを除去（フリー）すること。さらにユニバーサルデザインでは、障害の有無や年齢、性別、人種などにかかわらず、誰もが利用しやすいように都市や生活環境をデザインする。このユニバーサルデザインの考え方を踏まえて2006年12月に「高齢者、

●バリアフリー・ユニバーサルデザイン関連の2024年度の主な施策

対象など		施策や取り組みの例
踏切道	ガイドライン	・事故を受けて2024年1月に「道路の移動等円滑化に関するガイドライン」を改定
	改良	・上記のガイドラインを踏まえ、「特定道路」上などの踏切道を国土交通大臣が指定し、踏切道内の誘導表示や誘導用ブロック、歩行者の立体横断施設を整備
道路	特定道路	・段差や傾斜、勾配を改善。歩道を拡幅。視覚障害者の誘導用ブロックを整備
	道路空間	・「道路の移動等円滑化に関するガイドライン」を周知 ・横断歩道の縁端を視覚障害者や車椅子の使用者に配慮した形に。隙間を空けずに停留所に停車可能な縁石を設置。当事者による点検も実施
	歩行空間	・歩行空間の3次元点群データを活用して多様な移動主体の走行を支援
鉄道	鉄道駅	・エレベーターの設置による段差の解消、線状の突起を設けた「内方線付き点状ブロック」の設置による転落の防止、バリアフリートイレの設置など
	ホームドア	・バリアフリー法に基づく基本方針を踏まえ、2025年度までに鉄軌道駅全体で3000番線、1日当たりの平均利用者数が10万人以上の駅では800番線を整備
まちづくり		・歩きやすい歩行空間やバリアフリーの交通施設の整備に関する支援の対象区域に、立地適正化計画に基づく居住誘導区域などを追加

（注）国土交通省の2024年度予算の概要を基に作成

●歩行空間における移動支援サービスの施策の方針

施策の方針	概要
データの整備と更新の効率化	・ドローン搭載型のレーザースキャナーなどを活用して効率的にデータを取得 ・歩行空間のネットワークデータやバリアに関する情報の自動生成なども検討 ・道路管理などで取得した3次元の点群データを活用。他のプラットフォームとも連携
オープンデータ化	・「歩行者移動支援サービスに関するデータサイト」の機能性や操作性を改善
新たなニーズへの対応	・ニーズに合わせた柔軟なバリアの選択を可能に。画像データの追加なども検討 ・視覚障害者向けのサービスに必要なデータの仕様などを検討 ・ハザードマップなどとの連携を想定して歩行空間のネットワークデータを整備するほか、避難所の位置情報などの関連するデータのオープンデータ化も考える

（注）2023年3月に国土交通省が公表した「歩行空間における移動支援サービスのDXによる普及・高度化の実現」に向けた提言から抜粋して作成

●2021年度以降のバリアフリーの目標

対象		2025年度末までの目標など
旅客施設	全般	•バリアフリーの指標に案内設備の設置を追加。例えば、文字や音声で運行情報を提供する設備や案内用の図や記号による標識など
	鉄軌道駅やバスターミナル	•1日の平均利用者数が3000人以上の施設に加え、基本構想の生活関連施設に位置付けられた同2000人以上の施設もすべてバリアフリー化
	旅客船ターミナル	•1日の平均利用者数が2000人以上の施設をすべてバリアフリー化
	航空旅客ターミナル	•1日の平均利用者数が2000人以上の施設をすべてバリアフリー化
道路		•重点整備地区内の主な生活関連経路を構成する約4450kmの道路のうち、70%をバリアフリーに。例えば誘導用ブロックの設置や勾配の改善など
約2ha以上の都市公園		•園路や広場は70%を、駐車場は60%をバリアフリーに

(注)国土交通省が2020年11月に公表した「バリアフリー法に基づく基本方針における次期目標の最終とりまとめ」を基に作成

●旅客施設のバリアフリー(段差の解消)の整備状況

	鉄軌道駅	バスターミナル	旅客船ターミナル	航空旅客ターミナル
総施設数	3460	44	15	42
基準に適合している施設数	3237	41	14	39
総施設数に対する割合	93.6%	93.2%	93.3%	92.9%

(注)2022年度末時点。総施設数は上記の21年度以降の方針に基づく施設を計上。国土交通省が23年12月に公表した集計結果を基に作成

障害者等の移動等の円滑化の促進に関する法律」(バリアフリー法)を施行した。

併せて、国土交通省は「移動等円滑化の促進に関する基本方針」を定めて整備目標を設け、21年度からは1日の利用者数が2000人以上の施設も対象に加えた。道路では、例えば**特定道路**の段差などを改善するほか、「**道路の移動等円滑化に関するガイドライン**」の周知を図る。歩行空間の3次元点群データを活用した支援策も検討する。

[関連キーワード]

歩行者移動支援サービス:個人の身体的な状況やニーズに応じてバリアフリーの経路をスマートフォンで案内するなど、移動を支援する様々な情報をオープンデータやICTを活用して提供する。

特定道路:「生活関連経路」を構成する道路のうち、多数の高齢者や障害者などが通常、徒歩で移動する道路。国土交通大臣が指定する。バリアフリー法に基づいて2008年に約1700kmを、19年7月に新たに2740kmを指定し、バリアフリー化を進めている。生活関連経路とは、高齢者や障害者などが日常生活で利用する旅客施設や官公庁の施設、福祉施設などの生活関連の施設の間を結ぶ道路。

道路の移動等円滑化に関するガイドライン:2020年のバリアフリー法や21年の道路移動等円滑化基準の改正を受けて、ユニバーサルデザインによる道路空間のあり方を具体的に示した。「心のバリアフリー」に関する記載を充実させたほか、「ほこみち」(歩行者利便増進道路)や「ゾーン30プラス」などの施策におけるユニバーサルデザインへの配慮も取り上げている。踏切道内での22年4月の事故を受けて22年6月や24年1月に改定し、視覚障害者の誘導用ブロックの設置方法などを規定した。

無電柱化(204ページ)　**公共空間のオープン化**(138ページ)　**少子高齢化**(34ページ)

第3章

分野別解説

3.6 建設産業

キーワード
81

雇用・労働環境

建設投資の増加や人手不足を受けて、技能労働者の賃金水準が高まってきた。例えば国土交通省は2024年3月、賃金などのベースとなる「公共工事設計労務単価」を全職種の平均で5.9%引き上げた。12年連続の引き上げとなり、12年度に比べて75.3%増加した。業務委託で用いる「設計業務委託等技術者単価」も24年3月から全職種の平均で5.5%引き上げた。一方、建設業の年間の労働時間は23年の平均で1972時間。全産業の平均より2割ほど長い状態が続いており、労働基準関係の法令違反では「36協定なく時間外労働を行わせている」など、違法な時間外労働に対する指摘が多い。

労働環境の改善が求められるなか、国交省は23年度に取り組んだ「週休2日の質の向上」を24年度はさらに拡大。月単位の週休2日に向けて補正係数を新設した。時間

●労働環境の改善に向けた2024年度の施策

施策		概要
週休2日の「質の向上」の拡大	2024年度の発注方針	・緊急の復旧工事を除き、2024年度から月単位の週休2日を推進 ・土日を休日とする週休2日の実施に努めることを、土木工事共通仕様書に規定するとともに、実施企業には工事成績評定で加点
	補正係数の新設	・月単位の週休2日の補正係数を新設。工期全体の週休2日についても2024年度に限り、23年度までの補正係数の一部を適用 ・2025年度以降の補正係数は実施状況を踏まえて検討
工事や業務の現場環境の改善	ウイークリースタンス	・すべての工事と業務*を対象に、現場環境の改善に向けた実施要領を制定。標準の項目として「依頼日と時間、期限」、「会議や打ち合わせ」、「業務時間外の連絡」に関することを設ける ・例えば、休日などに作業しなければならないような期限を設定しない、業務の時間外にかかるおそれのある時間に打ち合わせの開始を設定しない、打ち合わせはウェブ会議の活用に努めるなど
書類作成業務の負担の軽減	スリム化の横展開	・特に現場の技術者を対象に、書類の電子化や二重作成の防止、役割分担の明確化などの「工事書類スリム化のポイント」を盛り込んだガイドラインなどを作成し、受注者と発注者に展開
	「書類限定検査」の原則化	・完成工事における検査書類を通常の44種類から10種類に限定する工事を「原則実施」とし、「書類限定検査」として標準化
	積算への計上	・書類関係業務の外注費を2023年度に調査して積算を適正化
現場管理費の見直し		・書類作成の経費などによる現場管理費の増加を反映
移動時間を踏まえた積算の適正化		・路上工事などで常設の作業帯を現場に設けられない工事では、資材基地からの移動時間を適切に反映して歩掛かりを改正

(注)国土交通省の直轄の土木工事などが対象。*は災害対応などの緊急を要する場合は除く。国交省が2024年2月に公表した「令和6年度 国土交通省土木工事・業務の積算基準等の改定」を基に作成

●時間外労働などに関する法令違反の割合

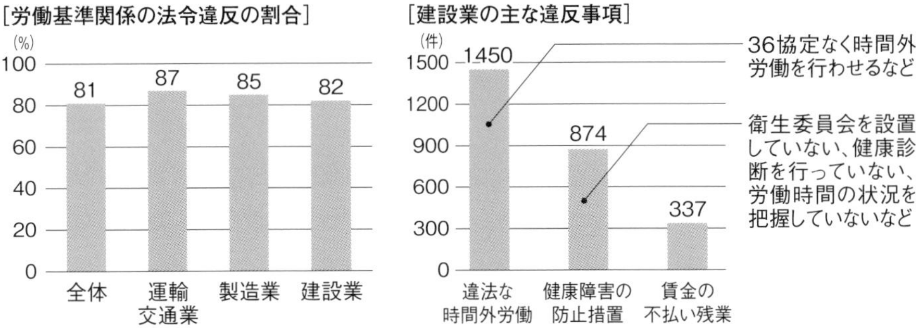

(注)左のグラフは長時間労働が疑われる事業場に対する2022年度の監督指導の結果から主な業種を抜粋。厚生労働省が23年8月に公表した資料を基に作成

●都道府県における「週休2日工事」の取り組み状況

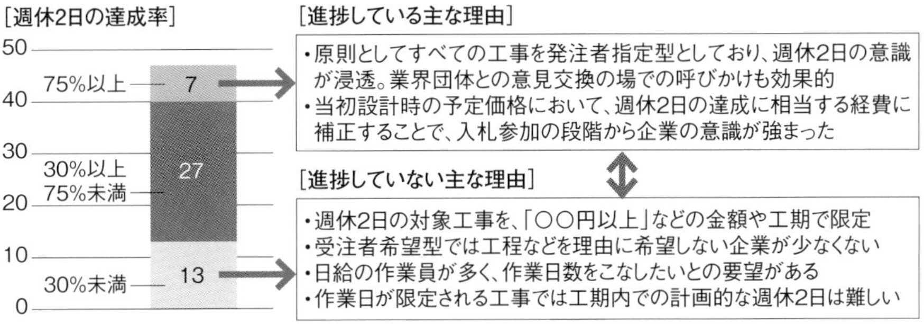

(注)グラフの数値は都道府県の数。2022年度に完了した工事が対象。達成率とは4週8休以上を達成した工事件数を22年度に完了した工事件数で除したもの。国土交通省が24年1月に公表した同省の調査結果を基に作成

外労働の上限規制に対応するため、「**ウイークリースタンス**」を徹底して勤務時間外の作業を避けるよう求めていく。書類作成の負担も軽減する。都道府県では週休2日の工事を発注者指定型とすることで、達成率を高めているケースが見られる。

[関連キーワード]

建設職人基本法：正式な名称は「建設工事従事者の安全及び健康の確保の推進に関する法律」。2017年3月に施行した。公共や民間を問わず、すべての建設工事で作業員などの安全と健康を確保するよう求めている。同基本法に基づいて17年に定めた基本計画を、その後の状況の変化を踏まえて23年6月に変更した。女性や外国人、高年齢者などの多様な人材に対応した安全や健康の確保、熱中症の防止対策などについて追記したほか、建設工事の従事者の処遇の改善、働き方改革やデジタルトランスフォーメーションの推進、墜落・転落災害の防止策に関する記載なども充実させた。

担い手の確保や育成(212ページ)　**働き方改革実行計画**(84ページ)　**施工時期の平準化**(232ページ)　**建設業法の改正**(218ページ)　**ウイークリースタンス**(91ページ)

キーワード 82

担い手の確保や育成

建設産業への新規入職者数が回復しつつある。例えば大学や高等学校などの卒業生の入職は2009年の2.9万人から徐々に増え、最近は4万人前後で推移している。担い手の確保や育成を進めるとともに、資材価格の高騰や時間外労働規制にも対応する必要があることから、中央建設業審議会などは23年9月、**建設業法などの改正**も視野に、契約の透明化や適切な労務費の確保、魅力ある就労環境の実現などの方向性を示した。高齢者や女性、外国人労働者が働きやすい環境の整備も求められている。

●担い手の確保や持続可能な建設業に向けた対応策

［背景］

・建設業の持続的な発展には新規の入職を促し、将来の担い手の確保と育成を図ることが不可欠
・資材価格の高騰や時間外労働の規制に対応しつつ、適正な代金や工期での契約も欠かせない

対応の方向性		ポイント
契約の透明化による適切なリスク分担	情報の非対称性の解消	・建設工事に関する「リスク情報」を受注者から注文者に提供 ・契約書に予備的経費などに関する事項を明記 ・「オープンブック・コストプラスフィー方式」の契約約款を制定
	契約での明確化	・価格変動に伴う請負代金の変更に関する条項を契約書に明示
	契約の適正化	・公共事業の発注者だけでなく民間の事業者も、不当に低い請負代金での契約は国土交通大臣などの勧告の対象に
適切な労務費の確保と賃金の行き渡り	標準労務費の勧告	・計上されるべき標準的な労務費を中央建設業審議会が勧告
	不当に低い請負代金の禁止	・労務費を原資とする廉売行為を制限するため、受注者による不当に低い代金での契約を禁止し、指導や勧告の対象に
	適切な水準の賃金の支払い	・労働者の適切な処遇の確保に努めるよう建設会社に求める ・適正な賃金支払いへのコミットメントや賃金および社会保険の加入状況の開示への合意に関する条項を標準約款に追加
魅力ある就労環境の実現	適正な工期の確保	・受注者による著しく短い工期を禁止 ・「工期に関する基準」などを周知。先進的な取り組みの普及も
	生産性の向上	・ICTの活用などによる現場管理のための指針を国が作成。同指針に則した管理に努めるよう「特定建設業者」に求める ・監理技術者の専任義務などを緩和

建設業法などを改正

［今後の主な検討事項］

・重層下請け構造の実態を踏まえた建設業許可の合理化
・繁閑に応じた労働力の需給調整や多能工の評価のあり方

（注）中央建設業審議会などの基本問題小委員会が2023年9月に公表した中間取りまとめを基に作成

●多様な人材の活躍に向けた取り組み

ポイント	取り組みの概要や例	
高年齢労働者の安全と健康の確保	事業者	・安全衛生管理体制の確立、身体機能の低下を補う設備の導入など職場環境の改善、写真や映像などを活用した安全衛生教育
	労働者	・自らの身体機能や健康状況を客観的に把握して体力を維持
女性の定着促進	柔軟な働き方	・短時間勤務やフレックスタイム制、テレワークなどを可能に
	現場の環境	・建設現場のトイレや更衣室などを整備して働きやすい環境に
	復職への支援	・建設キャリアアップシステムを活用して復帰時に就業履歴を証明
外国人労働者の安全衛生対策	教育の支援	・未熟練の労働者を対象に教育マニュアルを作成 ・動画やVR、コミックなどの視聴覚教材を作成。標識や掲示、表示に図解を用いるほか、注意を喚起する用語を母国語で表示

（注）2023年2月に開催された「建設工事従事者安全健康確保推進専門家会議」や20年に公表された「女性の定着促進に向けた建設産業行動計画」を基に作成

●建設産業の新規入職者数の推移

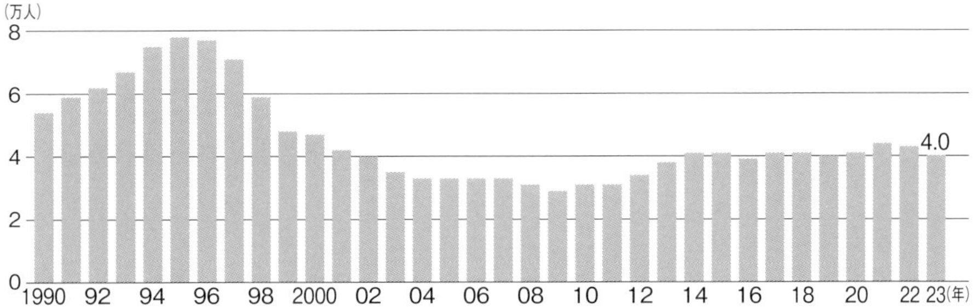

（注）各年とも5月1日時点。高等学校や大学・短大などの卒業者で中学卒は含んでいない。文部科学省の「学校基本調査」などを基に作成

［関連キーワード］

育成就労法：正式な名称は「外国人の育成就労の適正な実施及び育成就労外国人の保護に関する法律」。2024年3月に閣議決定した法案で、それまでの技能実習法（外国人の技能実習の適正な実施及び技能実習生の保護に関する法律）を大幅に改正するとともに名称も改めた。「特定技能1号」の水準の技能を有する人材の育成と確保を目的に「育成就労」の制度を新設。併せて出入国管理法なども改正し、育成就労の在留資格を創設した。就労期間は原則として3年間とし、特定技能に移行しやすくして長期間、産業を支える人材を確保する。転籍の制限も緩和する。建設分野に携わる外国人は22年10月末時点で11.7万人。そのうち、技能実習生が約7万人を占めている。

女性活躍推進法：正式な名称は「女性の職業生活における活躍の推進に関する法律」。2016年4月に施行した。女性の活躍に関する状況の把握や課題の分析、数値目標などを盛り込んだ行動計画の制定や公表、女性の活躍に関する情報の公表などが国と自治体、労働者が301人以上の企業に義務付けられた。この行動計画の制定義務を101人以上に拡大する改正法が19年5月に成立した。

建設業法の改正（218ページ）　**雇用・労働環境**（210ページ）　**特定技能**（215ページ）　**施工時期の平準化**（232ページ）　**働き方改革実行計画**（84ページ）　**スライド条項**（236ページ）　**監理技術者制度運用マニュアルの改正**（219ページ）　**建設職人基本法**（211ページ）

キーワード
83

建設キャリアアップシステム

技能労働者の就労履歴や就業実績、保有資格、社会保険の加入状況などのデータベース。個々の経験や能力に見合った処遇が受けられるよう、建設産業として統一したルールを設ける。技能労働者にICカードを配布して履歴などを蓄積していく。事業者は、自社が抱える技能労働者の水準を把握できることに加え、発注者や元請け会社に対して施工能力をアピールすることも可能になる。建設現場での技能労働者の就業状況を日単位で把握したり、現場の状況を一元的に確認したりできる利点もある。

2019年4月から本格的な運用が始まり、24年3月末時点で技能労働者は約140万人が、事業者は約26万社がそれぞれ登録している。建設キャリアアップシステムの普及や活用に向けて、国土交通省は公共工事での加点措置や技術者の専任要件の緩和などによって元請け会社の利用を促している。労務費や処遇の改善では22年12月から、公共工事の発注者が「週休2日工事」の達成状況を確認できる機能の供用も始めた。

●建設キャリアアップシステム（CCUS）の普及に向けた主な取り組み

テーマや課題	取り組み	施策の概要や方向性
元請け会社による利用の促進	公共工事などでのインセンティブ	•カードリーダーの設置などに対して経営事項審査で加点 •自治体では40道府県と17の政令指定都市が企業評価 •国土交通省の直轄工事でモデル工事を実施
	建退共制度とのデータ連携	•元請け会社や一次下請け会社が、CCUSの就業データを建退共制度*の掛け金の納付と連携。事務作業を簡略化
	技術者の専任要件の緩和	•監理技術者などの現場の兼任を認める要件に、CCUSなどによる施工体制の把握を位置付けることを検討
労務費や処遇改善への展開	労務費調査との連携	•CCUSの登録技能者の技能や経験別の賃金を調査。レベル別の賃金の目安を示すことで能力評価を労務費に反映
	技能のレベルを反映した手当	•CCUSの能力評価などを企業独自の手当に反映する取り組みを水平展開。大手や中堅の建設会社などが導入
	「週休2日工事」での活用	•公共工事の発注者が、CCUSの管理機能を用いて「週休2日工事」の達成状況を円滑に確認できる機能を供用
就業履歴の蓄積と能力評価の加速	環境の整備	•市販の安価なカードリーダーでも対応できるシステムの提供や電話で履歴を蓄積できる実験を2023年中に開始
	業界団体への支援	•能力評価の基準が制定されていない分野の基準の作成、実施体制の整備や周知活動で専門工事業の団体を支援

（注）正式には建設業退職金共済制度。2023年2月に開催された「建設工事従事者安全健康確保推進専門家会議」や「建設キャリアアップシステム処遇改善推進協議会」の23年6月の資料などを基に作成

●建設キャリアアップシステムの仕組み

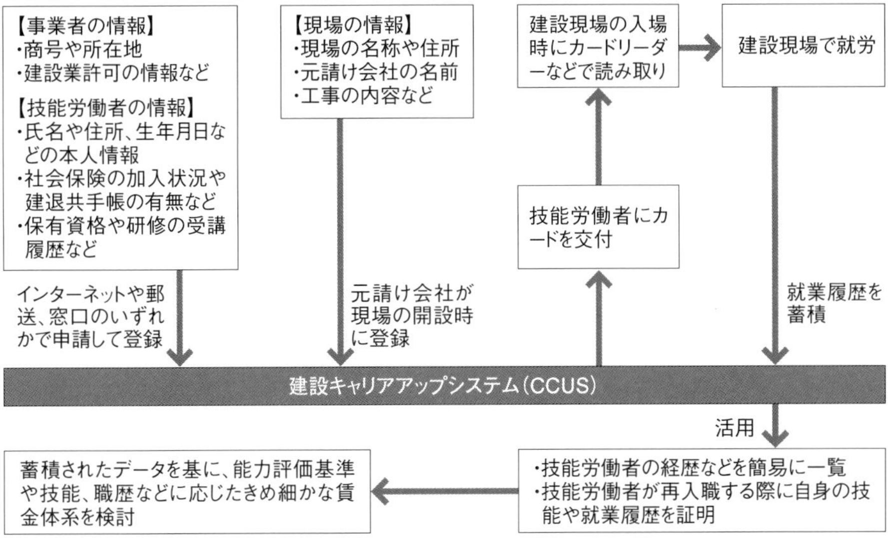

［期待される主なメリット］

技能労働者の処遇の改善	・就業履歴や保有資格を基に技能労働者をレベル分け。経験や技能に応じて処遇 ・技能労働者の能力評価と連動して専門工事会社の能力も「見える化」。良い職人を育て、雇用する企業が選ばれる環境を整備
現場管理の効率化	・社会保険への加入状況の確認を効率化 ・施工体制台帳や作業員名簿の作成の手間やミスを削減。書類の作成を合理化 ・建退共関係の証紙を交付する際の事務作業が軽減。貼付状況の確認も容易に

［発注者が確認可能な主な項目］

・施工体制台帳などの帳票
・発注工事でのCCUSの利用状況
・技能労働者の週休2日の達成状況

↓

事務作業の効率化や週休2日の推進

(注)元請け会社の同意を得たうえで、発注者は2022年12月から確認が可能に。国土交通省などの資料を基に作成

［関連キーワード］

特定技能：2019年4月に施行した出入国管理などの改正法で創設した在留資格。「特定技能1号」は「相当程度の知識または経験を要する技能」を、「特定技能2号」ではより高度な「熟練した技能」を持つ外国人がそれぞれ対象になる。建設分野を含む14分野で19年度からの5年間に最大で34.5万人を見込んでいたが、24年3月の閣議決定によって鉄道や林業などを対象分野に追加したほか、人数の上限も見直した。建設分野では生産性の向上や国内の人材の確保を進めても、28年度時点で不足するとみられる8万人を、24年度からの5年間で受け入れる。特定技能の外国人は23年10月末時点で約2.2万人が建設分野に携わっており、特定技能2号は26人を占めている。

社会保険の加入状況：公共工事に従事する建設企業や労働者を対象に国土交通省が実施した2023年10月時点の調査結果によれば、雇用保険と健康保険、厚生年金の3保険への加入状況は企業別が前年度を0.3ポイント下回る99.2%、労働者別では前年度から1ポイン上昇して92%だった。

雇用・労働環境（210ページ）　**担い手の確保や育成**（212ページ）　**建設業法の改正**（218ページ）　**働き方改革実行計画**（84ページ）　**建設職人基本法**（211ページ）　**育成就労法**（213ページ）　**建設産業の就業者数**（36ページ）　**適正な施工確保と品質管理**（94ページ）

キーワード
84

建設産業の生産性

加速する少子高齢化や人材不足などを受けて、建設産業で生産性の向上は欠かせない。i-ConstructionやDXを推進するとともに、国土交通省の建設産業政策会議では、生産性の向上には手戻りの回避や関係者相互の円滑な意思の疎通が課題とし、建設事業に携わる発注者や設計者、施工者の連携も求めた。併せて、クラウドによるリアルタイムの施工管理や情報の共有、ビッグデータの活用も例示した。BIM／CIMやフロントローディング、CM方式の活用などを必要な視点の例として挙げている。

労働集約型で現地での単品生産が求められる産業の特性から、建設業の労働生産性は長年、製造業などに比べて低い水準にあったが、建設投資の回復とともに上昇

●労働生産性の推移

[製造業や全産業との比較]

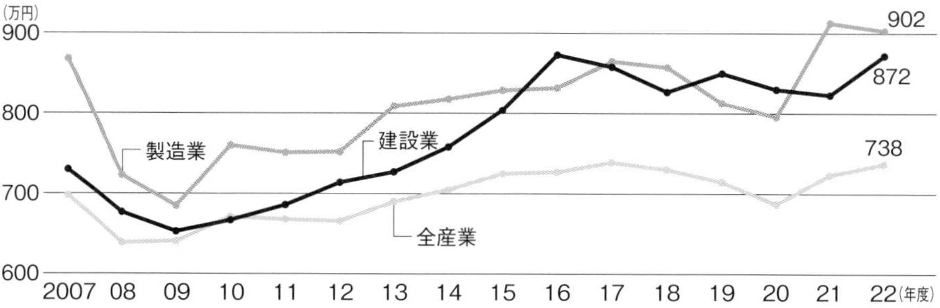

[建設業の資本金別の生産性]

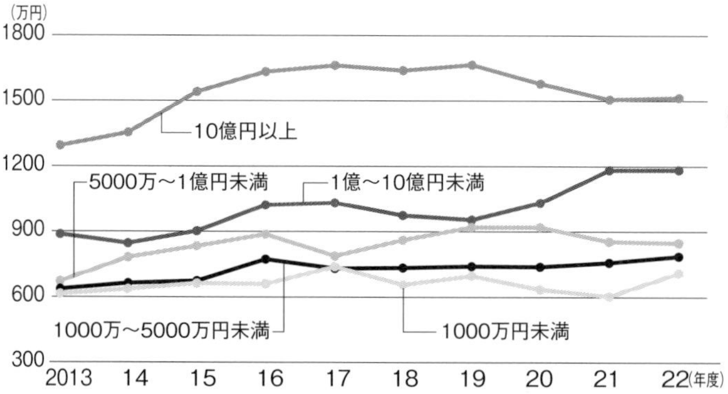

(注)労働生産性は、営業利益から支払利息などを除いた「営業純益」に人件費などを加えた付加価値額を従業員数で除して算出。全産業には金融業と保険業は含まれていない。財務省の法人企業統計年報のデータを基に作成

●建設産業の生産性の向上に向けた課題や視点

［背景］

・労働力人口は国内全体で減少し、人材確保に向けて他産業と競うことに
・他産業との競争に勝ったとしても、人材を十分に確保できない時代になる
・AI（人工知能）や様々な物をインターネットにつないで制御するIoTなどが進展

［基本的な視点］

・建設生産システムが様々なプロセスや従事者の相互関係からなり立っていることを踏まえ、それらの円滑な連携を図ることで個別の企業の努力だけでは達成し得ない生産性の向上を実現
・AIなどの劇的な進展を踏まえ、個々の企業も一層の努力を継続

［主な課題］

・施工に手戻りが生じない設計や適切な積算
・発注体制が弱い発注者でも対応可能な制度
・CM（コンストラクション・マネジメント）への対応
・受発注者間や元請け・下請け会社間の片務性
・プレキャストコンクリートなどの工場製品の増加
・施工段階で生じ得る様々な追加リスク
・ICTを活用した資材の納入などの効率化
・AIやIoTなどの活用

［求められる視点の例］

従事者の連携による生産性の向上

・適正な工期や請負代金の設定
・発注時における条件の整理
・BIM／CIMの活用やICT建設機械による施工
・「フロントローディング」の活用
・受発注者の負担を軽減する入札・契約制度
・小規模な発注者におけるCMなどの活用

最新技術の活用

・クラウドサービスを利用した情報の集約と活用
・気象や事業量などのビッグデータの活用
・電子情報の活用を踏まえた許可申請
・様々な主体が保有する地理空間情報の集約
・VR（仮想現実）などを利用した安全教育や設計

（注）国土交通省の建設産業政策会議の資料を基に作成

傾向にある。21年度と22年度は製造業を下回ったものの、高い水準を維持している。ただし、労働時間を加味すると、製造業などを大きく下回るといった指摘もある。さらに、建設業の大半を占める中小企業の生産性をいかに高めるかも課題となる。

［関連キーワード］

多能工：鉄筋や型枠の組み立て、コンクリートの打設など、複数の異なる作業や工程を1人で遂行する技能を身に付けた人材。工種を入れ替える必要がないことから工期の短縮や手戻りの減少、コスト削減などの利点が挙げられる。特に中小や中堅クラスの建設会社の生産性を高めるうえで有効で、工期を約2割短縮できるといった試算もある。一方、複数の業種にわたる建設業許可の取得や初期費用、適切な評価や処遇などが課題や留意点となる。国土交通省の2019年の調査によれば約9割の企業が多能工を必要としていたが、多能工を希望する人材がいないといった声も少なくない。

フロントローディング：業務の初期の工程（フロント）に負荷をかけ（ローディング）、作業を前倒しで進めること。建設産業の場合は、例えば初期の段階から設計と施工が協働して設計図書を作成するといったことが想定されている。後工程での手戻りを防ぎ、コストダウンや工期の短縮、品質の向上などを図る。技術提案・交渉方式の活用とも相まって、重視される傾向にある。

インフラ分野のDX（242ページ）　**i-Construction**（244ページ）　**BIM／CIM**（246ページ）　**働き方改革実行計画**（84ページ）　**建設業法の改正**（218ページ）　**担い手の確保や育成**（212ページ）　**建設産業の就業者数**（36ページ）　**全体最適**（250ページ）　**CM方式**（235ページ）

キーワード
85

建設業法の改正

建設業法が公布されたのは1949年5月。最近では、2012年に社会保険への未加入企業に対する減点幅をそれまでの倍に拡大したのに続き、14年の改正では建設会社などの責務として、建設工事の**担い手の育成と確保**などに関する責務を追加した。

19年9月からは、建設業法と**入札契約適正化法**を改正して施行を開始。常態化する長時間労働の是正や処遇の改善、人材の有効な活用などに対して必要な施策や規制を盛り込んだ。なかでも長時間労働を是正するために、著しく短い工期による請負契約の締結を禁止したのが特徴だ。違反者には国土交通大臣が勧告する。公共工事の発注者には、必要な工期の確保と**施工時期の平準化**に向けた方策を講じるよう求めた。

24年3月の改正案では、担い手を確保するために契約や取引のルールを整備。労働

●建設業法などの2024年の改正概要

施策		法案の概要
労働者の処遇改善	処遇の確保	・労働者の処遇の確保を建設会社の努力義務に ・国は処遇の確保に係る取り組み状況を調査して公表
	労務費の確保と行き渡り	・中央建設業審議会が「労務費の標準」を作成して勧告 ・著しく低い労務費などによる見積書の作成や見積もりの依頼を禁止。違反した発注者には国土交通大臣などが勧告して公表 ・違反した建設会社には現行の規定によって指導・監督
	原価割れ契約	・不当に低い請負代金による契約締結の禁止を受注者にも導入
資材高騰に伴う労務費へのしわ寄せ防止	契約前のルール	・資材の高騰など、請負代金に影響を及ぼす事象やリスクの情報は、契約の締結までに受注者から注文者に提供するよう義務化 ・資材の高騰など、資材価格が変動した際における請負代金などの「変更方法」を、契約書の記載事項として明確化
	契約後のルール	・資材の高騰が顕在化し、受注者が上記の「変更方法」に従って契約変更の協議を申し出た際は、注文者は誠実に応じることを努力義務に。公共工事の発注者は誠実に協議に応じることが義務
働き方改革と生産性の向上	長時間労働の抑制	・長時間労働を抑制するために、著しく短い工期による契約の締結を受注者にも禁止。「工期ダンピング」への対策を強化
	ICTの活用	・ICTの活用などを要件に現場の技術者に係る専任義務を緩和 ・遠隔通信など、ICTの活用によって施工体制を確認できれば、公共工事の発注者に対する施工体制台帳の提出を省略可能に ・ICTを活用した現場管理の「指針」を国が作成。「特定建設業者」や公共工事の受注者は、効率的な現場管理が努力義務に

（注）入札契約適正化法に関わる部分も含む。2024年3月に閣議決定した建設業法などの改正案を基に作成

●労務費の確保のイメージ

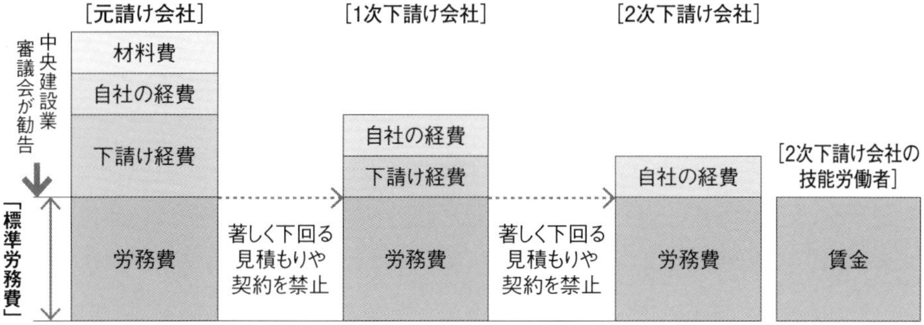

（注）国土交通省の資料を基に作成

●働き方改革や生産性の向上に関わる施策のイメージ

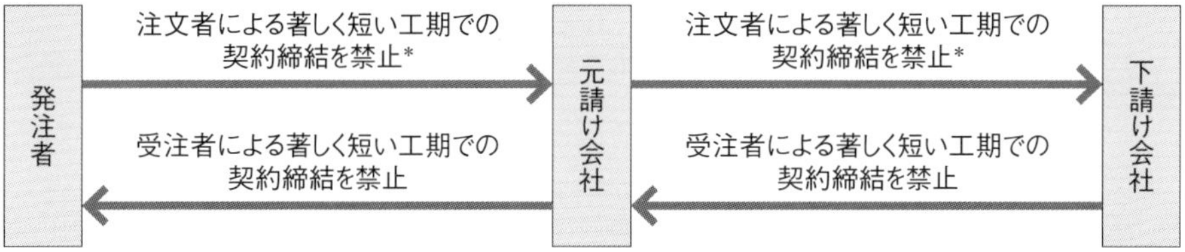

（注）＊は2024年に改正される前の建設業法で規定。中央建設業審議会などの基本問題小委員会が23年9月に公表した中間取りまとめなどを基に作成

・工事現場を適切に管理するための指針を国が作成
・「特定建設業者」などは同指針に則した管理に努める
・一定の遠隔による施工管理などを行う場合は、監理技術者などが2つの現場を兼任することを可能に

者の処遇の改善に向け、労務費を確保して下請け会社まで行き渡るよう、著しく低い労務費などによる見積もりを禁止した。資材価格の高騰に伴う労務費へのしわ寄せも防止する。**働き方改革**や生産性の向上を図るために、受注者にも著しく短い工期での契約を禁止したうえで、ICTの活用を要件に現場の技術者に係る規制などを緩和した。

［関連キーワード］

監理技術者制度運用マニュアルの改正：遠隔からの施工管理の進展やバックオフィスによる効果的な支援の事例の増加などを背景に改正し、2024年4月に施行した。主任技術者や監理技術者の働き方改革に役立てる。建設現場を不在にする際の合理的な理由の例示として「リアルタイムの映像・音声による通信手段の確保」などを追加。併せて、監理技術者などを支援する者の配置も推進する。

入札契約適正化法：正式な名称は「公共工事の入札及び契約の適正化の促進に関する法律」。公共工事における入札や契約の透明化、公正な競争の促進などを掲げて2001年4月に施行した。15年4月に全面施行した改正法の主なテーマはダンピング対策。19年に著しく短い工期による下請契約を改めるよう求めたのに続き、24年には資材価格の高騰やICTの進展などを踏まえて見直した。

担い手の確保や育成（212ページ）　**働き方改革実行計画**（84ページ）　**公共工事の品質確保の促進に関する法律**（230ページ）　**施工時期の平準化**（232ページ）　**雇用・労働環境**（210ページ）

キーワード
86

建設業法令順守ガイドライン

元請け会社と下請け会社との対等な関係や公正な取引の実現などを目的として、国土交通省が2007年6月にまとめた。元請け会社のどのような行為が建設業法に違反するのかを、事例を挙げて解説している。下請け代金をめぐる指し値発注や**赤伝処理**といった問題にも踏み込んだ。さらに、発注者と受注者との契約でも不適正な取引が存在しており、これが元請け会社と下請け会社との取引にも影響していることから、11年8月には「発注者・受注者間における建設業法令順守ガイドライン」も定めた。

●2023年6月に改訂されたガイドラインの概要

建設業法の項目		概要
見積もり条件の提示など		・工事内容や「工事を施工しない日または時間帯の定めをするときはその内容」など、元請け会社が下請け会社に契約内容を具体的に提示 ・地盤沈下などの事象や騒音などが発生するおそれがあることを知っているときは、契約の締結前に下請け会社に対して必要な情報を提供 ・予定価格の額に応じて、見積もりを行うために必要な期間を設ける
書面による契約の締結	当初契約	・契約は着工前に書面で行い、工事内容や請負代金の額、着工の時期など建設業法で定められた15の事項を記載。電子契約も可能
	追加・変更契約	・着工前に書面による契約の変更が必要。元請け会社が合理的な理由なく下請け工事の契約を変更しない場合は建設業法に違反
工期	著しく短い工期の禁止	・「著しく短い期間」とは、2020年7月に中央建設業審議会が勧告した「工期に関する基準」などに照らして不適正に短く設定された期間 ・2024年4月からの時間外労働の上限規制を踏まえ、同規制を上回る違法な時間外労働時間を前提として設定される工期は、元請け会社と下請け会社との間で合意していても「著しく短い工期」と判断
	工期の変更に伴う費用	・下請け会社の責任とならない理由で工期が変更になり、それに伴って下請け工事の費用が増加した場合は元請け会社がその費用を負担
不当に低い請負代金の禁止		・下請け会社の実行予算のほか、下請け会社による再下請け先や資材会社などとの取引状況などから「通常必要と認められる原価」を判断
材料費の高騰などにおける適正な請負代金の設定と工期の確保		・原材料費などの高騰や納期の遅延が発生している場合は、取引価格や納期の実態を踏まえて適正に請負代金や工期を設定 ・元請け会社が下請け会社との協議や変更契約に応じない場合は「不当に低い請負代金の禁止」や「著しく短い工期の禁止」に違反するおそれ ・原材料費などの上昇分を取引価格に反映せずに価格を据え置くことは、独占禁止法上の優越的地位の濫用の要件の一つに該当するおそれ
下請け代金の支払い	支払い手段	・下請け代金の支払いはできる限り現金によるものとし、少なくとも下請け代金の労務費に相当する部分については現金で支払うように配慮 ・下請け代金を手形で支払う際は現金化にかかるコストなどに配慮

（注）2023年6月に改訂された建設業法令順守ガイドライン（第9版）から主な項目を抜粋して要約

●建設工事における下請け取引の状況

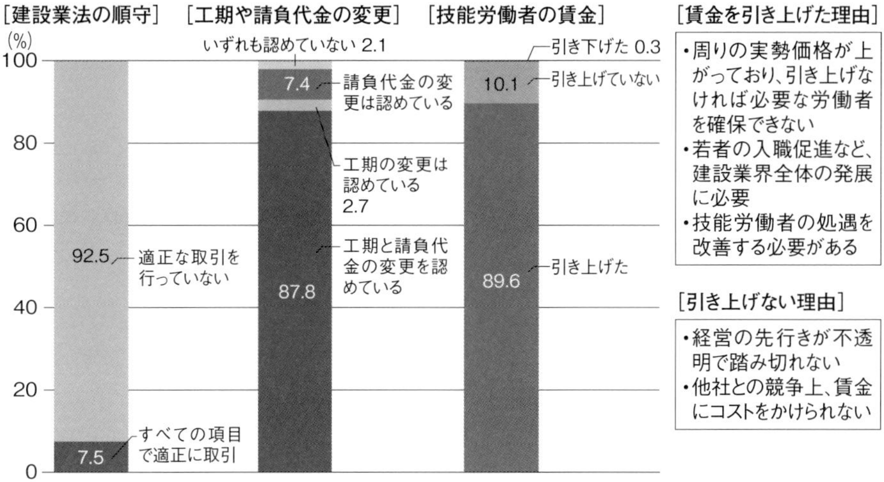

(注)2022年7月～23年6月の取引が対象で、9136社の回答を集計。建設業法の順守状況や技能労働者の賃金は元請け会社に下請け会社を含めた全体の、工期や請負代金の変更は下請け会社からの変更交渉を受けた元請け会社の回答。賃金は予定も含む。国土交通省が24年1月に公表した「令和5年度下請取引等実態調査の結果」から抜粋して作成

改正建設業法の20年の施行を踏まえ、20年9月に改訂したガイドラインでは、見積もり条件の提示や著しく短い工期の禁止、下請け代金の現金払いなどの項目ごとに、違反となる行為の例などを示した。23年6月の改訂では、材料費の高騰などにおける適正な請負代金の設定と工期の確保に関する記載を追加した。元請け会社が下請け会社との協議や変更契約に応じない場合は「不当に低い請負代金の禁止」や「著しく短い工期の禁止」に違反するおそれがあると指摘している。24年1月に国交省が公表した23年度の調査結果によると、9割弱が工期と請負代金の変更を認めていた。技能労働者の賃金を引き上げた割合は9割を占め、前年度を約5ポイント上回っている。

[関連キーワード]

赤伝処理：元請け会社が、建設工事で発生する費用などを下請け代金の支払時に差し引く行為。赤伝処理を行う際には、差し引く内容や根拠などについて下請け会社とあらかじめ協議して合意し、見積もりの条件や契約書面に明示しておく必要がある。国土交通省が2024年1月に公表した調査結果によれば、「差し引いたことはない」と答えた建設会社を含めて適正に処理しているとした割合は回答者の約75%。前年度と同等の25%が適正な手続きを経ないまま諸費用を差し引いている。

建設業法の改正（218ページ）　**入札契約適正化法**（219ページ）　**施工時期の平準化**（232ページ）　**雇用・労働環境**（210ページ）　**担い手の確保や育成**（212ページ）　**働き方改革実行計画**（84ページ）　**スライド条項**（236ページ）　**建設職人基本法**（211ページ）　**建設キャリアアップシステム**（214ページ）　**公共工事の品質確保の促進に関する法律**（230ページ）

キーワード
87

労働災害

2022年の建設業の死亡者は281人だった。21年に続いて前年を上回っている。一方、休業4日以上の死傷者数は1万4539人で、前年から2.6%減少した。依然として死亡災害、死傷災害ともに「墜落・転落」が最も多く、死亡者数では全体の41%を、死傷者数では32%を占めている。死亡災害では屋根などの端や開口部のほか、足場から墜落するケースが多く、最近は脚立やはしごからの墜落・転落災害が増えている。

●建設業における労働災害の型別の発生状況

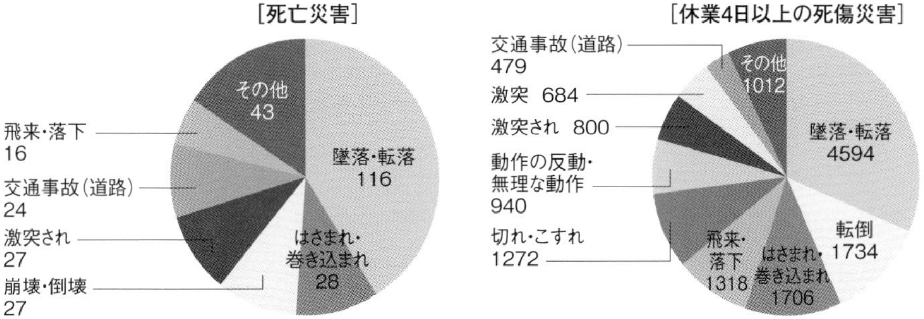

(注)2022年の状況。いずれもグラフの各数値は人数。下のグラフも新型コロナウイルス感染症の罹患による労働災害を除いたもので、厚生労働省が23年5月に公表した労働災害の発生状況を基に作成

●労働災害における死亡者数の推移

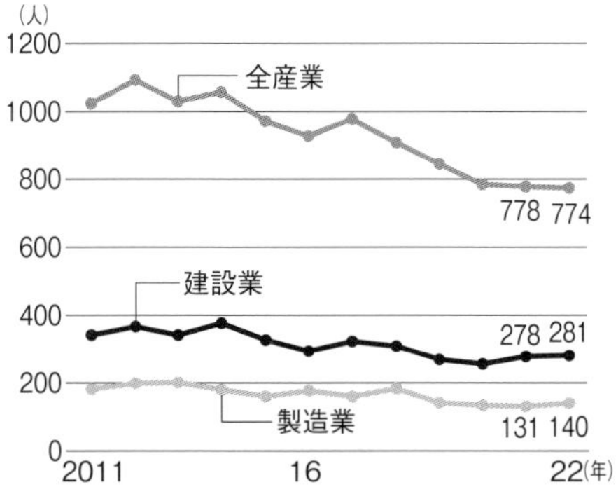

(注)右は厚生労働省が2022年10月にまとめた「建設業における墜落・転落災害防止対策の充実強化に関する実務者会合報告書」を基に作成

●建設業の墜落・転落災害の特徴や課題

発生状況	•建設業の死亡災害では屋根などの端や開口部からの墜落が約3割、足場からが約2割を占めている •はしごや脚立からの墜落・転落が増加
特徴や課題	•特に小規模な工事では、対策に必要なノウハウの不足などから、手すりの設置や「墜落制止用器具」の使用など、法令上の措置が不十分 •足場での作業中に手すりなどがなく、足場の安全点検も行われていない事例が散見される •一側足場における手すりなどの設置 •足場の組み立てや解体中の墜落災害では、手すりなどがない場合に「墜落制止用器具」を親綱にかけておらずに転落したケースがある

●墜落・転落災害の防止に向けた対策

講ずべき対策など	対策のポイント	概要
屋根や屋上などの端や開口部からの墜落・転落の防止	マニュアルの作成と普及	・最新の木造家屋の建築工事における墜落防止やはしごなどからの墜落防止、2m未満の低所からの墜落防止に向けた対策などを盛り込む。周知を通じて意識を啓発
足場での通常作業中の墜落・転落の防止	足場点検の確実な実施	・吊り足場も含め、点検時にはあらかじめ点検者を指名*1 ・書面や口頭など、責任を持って点検できる方法で指名 ・点検者には、足場の組み立てなどの作業主任者で能力向上教育の受講者など、十分な知識と経験を有する者が適切。「足場等の種類別点検チェックリスト」の活用も推奨 ・組み立てなどの後の点検者の氏名を記録して保存*1
	一側足場の使用範囲の明確化*2	・幅が1m以上の箇所で足場を使用するときは、原則として本足場を使用。吊り足場のほか、足場の設置場所の状況によって本足場の使用が困難な場合は対象外
足場の組み立てや解体中の墜落・転落の防止	作業手順の順守	・組み立てや解体時の正しい作業手順の順守を徹底
	手すり先行工法などの普及	・足場部材の最新の安全基準を反映するなど、「手すり先行工法等に関するガイドライン」の内容を充実
足場の壁つなぎの間隔	科学的知見の収集	・くさび緊結式足場における壁つなぎの間隔などについて科学的知見を収集し、データに基づいた対応を検討

(注)＊は労働安全衛生規則の改正事項。＊1は2023年10月に、＊2は24年4月にそれぞれ施行。前ページの報告書や労働安全衛生規則の改正に関する厚生労働省の資料を基に作成

屋根や開口部などからの墜落・転落の場合、法令上の措置が不十分なことから、厚生労働省は最新の防止対策を盛り込んだマニュアルを作成して普及させる方針だ。2m未満の低所からの墜落防止に向けた対策も盛り込む。足場からの墜落などに対しては、点検の実施者を指名して記録・保存するよう労働安全衛生規則を改正し、23年10月に施行した。点検の確実な実施を求めていく。一側足場についても同規則を改正して使用範囲を明確化し、24年4月に施行した。幅が1m以上の箇所で足場を使用するときは、原則として本足場を使用する必要がある。併せて、「フルハーネス型の墜落制止用器具」の適切な使用やはしごなどの安全な使用の徹底を図る。

[関連キーワード]

建設工事公衆災害防止対策要綱：建設工事に伴う公衆災害を「工事関係者以外の第三者の生命、身体および財産に関する危害並びに迷惑」と定義し、防止に向けて必要な計画や設計、施工の技術基準をまとめたもの。国土交通省が1993年に定めた。2019年9月に改正した要綱では、発生頻度の高い埋設物の損傷や建設機械の転倒事故の防止策を充実。解体工事中の事故の防止措置も明確化したほか、強風や豪雨などに対する事前の備えを追加し、作業中止の基準などを定めるよう求めた。
度数率：100万延べ実労働時間当たりの労働災害による死傷者数。労働災害の発生頻度を表す。
強度率：1000延べ実労働時間当たりの延べ労働損失日数。労働災害の重さの程度を示す。
労働安全衛生マネジメントシステム（53ページ）　**雇用・労働環境**（210ページ）　**担い手の確保や育成**（212ページ）　**静清バイパス橋桁落下**（52ページ）　**建設職人基本法**（211ページ）

キーワード 88

インフラシステム輸出

日本企業による「機器」の輸出だけでなく、インフラの設計や建設、運営、管理を含む「システム」としての受注を推進するため、政府の「経協インフラ戦略会議」がまとめた成長戦略。2013年5月に「インフラシステム輸出戦略」を閣議決定した。23年6月に

●「インフラシステム海外展開戦略2025」の追補のポイント

［重点戦略などのキーワードと取り組みの例］

デジタルトランスフォーメーション
- AIなどのデジタル技術を活用した案件の組成を推進。サプライチェーンの強靭化も図る
- スマートシティーやMaaS、AIオンデマンド交通など「交通ソフトインフラ」の展開を推進

脱炭素社会の実現
- 気候変動に対する「適応策」と「緩和策」を両立させる技術を展開

パートナーシップの促進
- 「グローバルサウス」での交通ソフトインフラの展開や「O&M」(運用や保守)への参画、ダム再生や河川改修などへの協力を推進

コアとなる技術と価値の確保
- 交通ソフトインフラの支援協議会を活用

継続的な関与や官民連携の推進
- インフラの補修に支援。PPP事業にも参画

［インフラシステムの受注実績と目標］

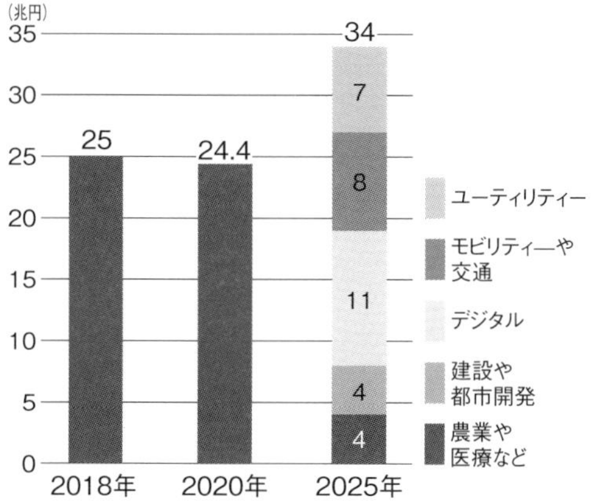

(注)2025年は目標値。政府の経協インフラ戦略会議が23年6月に決定した「インフラシステム海外展開戦略2025」の追補版から建設関連の取り組みを中心に抜粋して要約

●建設産業の海外での受注実績

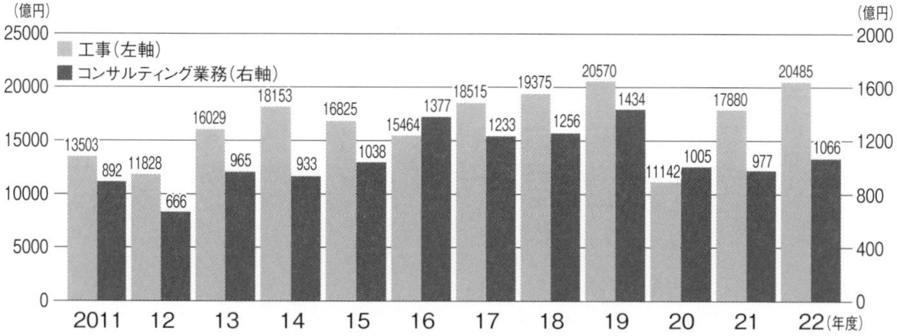

(注)工事は1件当たり1000万円以上が対象。コンサルティング業務には測量や地質調査も含まれている。海外建設協会や国際建設技術協会の調査結果からそれぞれ作成

●「インフラシステム海外展開行動計画」(2023年版)で示した今後の施策

[海外展開を取り巻く情勢と課題]

- デジタル技術による社会経済構造の変革
- カーボンニュートラルの実現に向けた動き
- 経済安全保障の重要性の高まり
- 国際的な競争環境の変化

[インフラシステム海外展開戦略2025の追補]

- 「DXなど新たな時代の変革への対応の強化」と「脱炭素社会に向けたトランジションの加速」、「『自由で開かれたインド太平洋』(FOIP)を踏まえたパートナーシップの促進」を重点戦略に

[行動計画の重点分野]

「O&M」の参画による継続的な関与の強化

- インフラ施設の運営と維持管理に関する技術やノウハウを活用した案件の形成や事業への参画を支援

「技術と意欲のある企業」の案件の形成と支援

- 中小企業などに対し、海外展開のノウハウの提供や現地企業とのマッチングなど「伴走型支援」を実施

国際標準化の推進と活用

- 国際標準化機関における国際標準の獲得など

デジタルと脱炭素技術の活用

- スマートシティーや「交通ソフトインフラ」を展開。ダム再生などによって気候変動への適応と緩和に貢献

[重視すべきアプローチ]

「オファー型協力」に向けた連携

- 日本の強みを生かしたメニューを積極的に提案していく「オファー型協力」の実現に向けて、技術やノウハウを有する独立行政法人を活用。JOINなどとも連携

日本企業の継続的な参入に支援

- 日本企業が継続して海外のインフラ事業に参入できるよう、人材の育成や採用、案件の受注後に発生する課題の解決を支援

主な施策	概要や例
「川上」からの継続的な関与	•MaaSや自動運転といった広範囲な分野を取り込んだインフラシステムの整備構想など、上位の計画からの関与を強化。法律や計画・制度、技術基準などの制定も支援
PPP案件への対応力の強化	•PPPの事業性などに関して相手国政府と理解を共有。ODAも活用して案件を形成 •日本企業の参画が可能なスキームを構築。独立行政法人やJOINのノウハウを活用
強みを生かした案件の形成	•低廉なライフサイクルコストなど、「質の高いインフラシステム」のコンセプトを発信 •デジタルを活用。カーボンニュートラルや防災など気候変動に資する案件を形成 •独立行政法人の技術も活用しつつ運営や維持管理に参画。分野間の連携も推進
日本企業の競争力の強化	•現地の企業と協業。海外に設計や製造の拠点を設置し、現地の職員を活用 •コスト競争力の強化に向けてi-Constructionなどを推進し、研修も実施

(注)国土交通省が2023年6月に決定した行動計画を基に作成

は、デジタルトランスフォーメーションや脱炭素社会の実現に取り組む「インフラシステム海外展開戦略2025」の追補を決定。国土交通省が23年6月に決定した23年版の行動計画でも、追補の重点戦略や海外展開の課題などを踏まえ、「O&M」による継続的な関与やデジタルと脱炭素技術の活用などを重点分野に挙げている。

[関連キーワード]

JOIN：海外交通・都市開発事業支援機構。海外のインフラ運営事業への民間の参画を主に資金面で後押しする目的で、官民共同出資のファンドとして国土交通省が2014年10月に設立した。

GX(178ページ)　**ハイブリッドダム**(164ページ)　**気候変動適応計画**(76ページ)　**スマートシティー**(107ページ)　**i-Construction**(244ページ)　**PPP・PFI**(114ページ)

キーワード
89

技術者倫理

特定の社会や職業で技術者が守るべき約束事項で、特に職業上や商取引上の対人関係において、誠実で立派な態度をあくまで重んじること。一般にすべての人に問われる道徳とは異なり、例えば技術士という立場でのプロとしての約束事になる。

技術士の場合は順守すべき倫理規定として技術士倫理綱領を定めている。11年に

●2023年に改定された技術士倫理綱領の概要

主な対象	7原則	項目	基本綱領などの概要
社会や公衆	公衆優先	安全と健康、福利の優先	①公衆の安全、健康および福利を最優先に ・業務の履行が公衆の安全や健康、福利を損なう可能性がある場合は、リスクを適切に評価して履行の妥当性を客観的に検証 ・安全などが損なわれると判断した場合は代替案を示して解決を図る
	持続性	持続可能な社会の実現	②地球環境の保全など、持続可能な社会の実現に貢献 ・業務の履行が環境などに与える負の影響を可能な限り低減
雇用者や依頼者	正直性	信用の保持	③品位の向上や信用の保持に努め、専門職にふさわしく行動 ・技術士全体の信用や名誉を傷付けることがないよう自覚して行動 ・利害関係者との間で契約に基づく報酬以外の利益を授受しない
	有能性	有能性の重視	④自分や協業者の力量が及ぶ範囲で確信の持てる業務に携わる ・いかなる業務でも事前に必要な調査や学習、研究を行う ・必要な場合は他の技術士や専門家の助力や協業を求める
	真実性	真実性の確保	⑤報告や説明、発表は客観的で事実に基づいた情報を用いて行う ・業務の実施内容と結果を的確に説明。捏造や改ざんなどはしない ・技術的な問題の議論では専門的な見識の範囲で意見を表明
	誠実性	公正かつ誠実な履行	⑥公正な分析と判断に基づき、託された業務を誠実に履行 ・業務の目的や実施計画、進捗、想定される結果などについて適宜、説明するとともに応分の責任をもつ。法令や契約、規則を順守 ・利益相反の事態の回避に努め、関係者に情報を開示して説明
		秘密情報の保護	⑦業務上知り得た秘密情報を管理し、定められた範囲でのみ使用 ・漏洩や改ざんなどが生じないよう、秘密情報を適切に管理。法令や契約の範囲でのみ使用し、正当な理由なく開示や転用をしない
技術者や「共働者」	専門職	法令などの順守	⑧業務に関わる国や地域の法令などを順守し、文化を尊重 ・法令や基準、国際規格などを順守。社会慣行などの文化を尊重
		相互の尊重	⑨関係者は相互に信頼し、相手の立場を尊重して協力 ・人権などを守り、多様性を尊重。公正で自由な競争を維持
		継続研さんと人材育成	⑩力量や、技術と社会が接する領域の知識を高め、人材も育成 ・常に新しい情報に接し、専門分野の知識や能力を向上させる ・専門以外の理解も深めて視野を拡大。技術者の育成にも努める

（注）日本技術士会が2023年3月に改定した技術士倫理綱領や4月に公表した手引から抜粋して要約

●技術士に求められる資質や能力の改訂概要

［背景］

・技術士に求められる資質や能力は、国際エンジニアリング連合（IEA）の定める「修了生としての知識や能力」（GA）と専門職としてのコンピテンシー（PC）に準拠

↓

・2021年6月にIEAが上記のGAとPCを改訂。SDGsや多様性、包摂性などへの対応に加え、データや情報技術、新技術の活用やイノベーションへの対応などが新たに盛り込まれた

↓

資質や能力	概要やポイント
問題解決	・業務の遂行で直面する複合的な問題に対し、必要に応じてデータや情報技術を活用して定義・調査し、背景に潜在する問題の発生や制約の要因を抽出して分析 ・複合的な問題に関して多角的な視点を考慮し、ステークホルダーの意見を取り入れながら相反する要求事項や影響の重要度を考えたうえで、解決策を提案
コミュニケーション	・情報技術を活用し、口頭や文書などの方法を通じて雇用者や上司、ユーザーなどの多様な関係者との間で明確かつ包摂的な意思疎通を図って協働すること
技術者倫理	・業務の遂行にあたり、公衆の安全や健康および福利を最優先に考慮したうえで、社会や経済、環境に対する影響を予見。次世代にわたる社会の持続可能な成果の達成を目指し、技術士としての使命や職責などを自覚して倫理的に行動 ・関係する法令などの制度が求めている事項を順守し、文化的な価値を尊重
継続研さん	・CPD（継続研さん）活動を行い、コンピテンシーを維持・向上させ、新しい技術とともに絶えず変化し続ける仕事の性質に適応する能力を高めること

（注）改訂された箇所を中心に抜粋して要約。資質や能力では、ほかにも専門的学識やマネジメント、評価、リーダーシップも求められる。文部科学省が2023年1月に公表した「技術士制度改革の検討報告」の中の「技術士に求められる資質能力（コンピテンシー）」を基に作成

改定した後、組織ぐるみの不正が多発するなど技術者倫理に関わる事象が各方面で発生。「持続可能な開発」の視点やCOP21でのパリ協定の採択などの情勢も踏まえ、23年3月に再び改定した。「信用の保持」や「法令などの順守」を各原則の最上位に位置付けたうえで、基本綱領として「安全と健康、福利の優先」などの10項目を挙げている。

文部科学省はSDGsやイノベーションへの対応、新技術の活用などを背景に、技術者倫理も含めて技術士に求められる資質や能力を23年1月に改訂している。

［関連キーワード］

公益通報者保護法：不正行為を内部告発した人を保護する法律。企業のコンプライアンス（法令順守）経営を強化する目的がある。通報したことを理由に、企業が通報者を解雇したり減給や降格などの処分を科したりすることが禁じられる。2006年4月に施行した。その後も不祥事が後を絶たないことから、内部通報の窓口の設定や是正措置などの体制の整備を義務付ける改正法が20年6月に成立した。従業員が300人以下の事業者には努力義務になる。勧告などの行政措置を導入するほか、内部調査の従事者に守秘義務を課す。行政機関などへの通報も行いやすくする。

建設業法令順守ガイドライン（220ページ）　**適正な施工確保と品質管理**（94ページ）　**担い手の確保や育成**（212ページ）　**SDGs**（58ページ）　**インフラ分野のDX**（242ページ）

第3章

分野別解説

3.7 入札・契約

キーワード
90

公共工事の品質確保の促進に関する法律

品確法や品質確保法と略して呼ぶ場合もある。自民党が議員立法で2004年11月に臨時国会に提出し、05年4月に施行した。価格だけで落札者を決める仕組みの見直しをうたったことがポイントだ。14年には「インフラの品質確保とその担い手の中長期的な育成・確保」を目的として改正。施工者が適正な利潤を得られるよう発注者に配慮を求めた。19年6月に施行した改正法では、**働き方改革**への対応や生産性の向上などに加え、公共工事における調査なども法律の対象として位置付けたのが特徴だ。「調査

●品確法の改正案の概要

主な施策		改正案の概要
労働条件の改善	休日の取得や労務費	・国は賃金の支払いや休日の取得などに関する実態を把握して公表。実態を踏まえ、適正な労働条件を確保するための施策を実施
	施工時期の平準化	・地方自治体は工事などの実施時期の平準化や品質の確保にあたり、入札・契約や工事、財政などの関係部局の連携に努める
	週休2日の実施	・受注者の努力義務の規定に労働条件の例示として「休日」を追加
	担い手の育成と確保	・国と地方自治体は、職業訓練法人への支援や工業高校と建設業団体などとの連携のほか、多様な人材の確保に必要な環境を整備 ・適切な処遇の確保などに努めることを「受注者の責務」に追加
地域建設業などの維持	発注方式	・入札参加条件などの適切な設定を「発注者などの責務」に追加 ・競争が存在しない状況が続くと見込まれる場合は随意契約も可能に
	価格の転嫁	・契約締結後の資材費などの変動に対して、スライド条項の設定や運用基準の制定、代金の適切な変更などを「発注者などの責務」に追加
	技術の普及など	・技術力のある民間企業と地域の民間企業との連携や協力を図る
新技術の活用	新技術の社会実装	・新技術の活用などによって品質を確保する旨を基本理念に追加 ・価格以外の要素も含めて最も価値の高い新技術などを活用。併せて、必要な経費を予定価格に反映させることを基本理念などに追加
	民間企業の連携	・国は「技術提案の審査および価格などの交渉による方式」などを活用して民間企業の連携を促進。知的財産権の取り扱いにも配慮
	デジタル技術の活用と脱炭素化	・調査や施工、維持管理などの各段階において、生産性の向上に関する配慮規定にICTを活用したデータの適切な引き継ぎを追加 ・発注関係事務の努力義務の規定にICTの活用を追加 ・維持管理に関する国などの努力義務の規定に生産性の向上とICTの活用を追加。広域・包括的に行う場合は連携体制の構築を図る ・脱炭素化に向けた技術の活用に配慮する旨を基本理念に追加
発注体制の強化	発注者への支援	・職員を育成するため、国と都道府県は研修や講習会の開催に努める ・国は発注関係事務の実態を把握して公表するとともに助言も行う

（注）自民党の「公共工事品質確保に関する議員連盟」が2024年2月に公表した改正案の骨子を基に作成

●2019年までの担い手三法の改正概要

[2014年の改正]

品確法と建設業法、入札契約適正化法の担い手三法を改正
予定価格の適正な設定やダンピング対策の徹底など、建設産業の担い手の中長期的な育成と確保に向けた基本理念のほか、発注者である行政や建設会社などが取り組むべき具体的な措置を規定

↓

[2019年の改正]

項目	品確法	建設業法と入札契約適正化法
働き方改革	•施工時期の平準化や適切な設計変更 •適正な請負代金と工期で下請け契約	•著しく短い工期による請負契約を禁止 •社会保険への加入を許可の要件に
生産性の向上	•情報通信技術の活用などで生産性を向上	•監理技術者の兼任を容認*
災害時の緊急対応	•緊急性に応じて入札・契約方式を選択 •災害協定の締結や発注者間の連携	•災害時の責務として、建設会社と地方自治体などとの連携を努力義務に
調査や設計の品質確保	•基本理念のほか、発注者と受注者の責務の各規程の対象に調査と設計を追加	―

↑ 公共工事の発注者と受注者の基本的な責務（品確法）

↑ 建設工事や建設業に関するルール（建設業法と入札契約適正化法）

(注)*は一定の要件を満たす場合。国土交通省の資料を基に作成

や設計の品質確保」として新たな規定を加えている。併せて改正した**建設業法**や**入札契約適正化法**とともに、**担い手三法**として働き方改革などを推進している。

24年も改正を予定しており、**担い手の確保**のための労働条件の改善、地域建設業の維持に向けた環境整備、新技術の活用による生産性の向上などを図るために、関連する施策をそれぞれ挙げている。例えば、担い手の中長期的な育成と確保に必要な措置として職業訓練法人への支援などを求めたほか、適切な処遇の確保に努めることを「受注者の責務」に追加する。新技術の活用では、生産性の向上に関する規定にデータの適切な引き継ぎを加える。脱炭素化に向けた技術などの活用にも配慮する。

[関連キーワード]

担い手三法の改正：「公共工事の品質確保の促進に関する法律」(品確法)と「公共工事の入札及び契約の適正化の促進に関する法律」(入札契約適正化法)および「建設業法」の改正。2014年の改正で担い手の中長期的な育成や確保に向けた施策を幅広く規定した後、長時間労働の是正や生産性の向上などの課題を踏まえて19年に再び改正した。「新・担い手3法」と呼ばれる場合もある。

適正化指針：正式な名称は「公共工事の入札及び契約の適正化を図るための措置に関する指針」。入札契約適正化法に基づいて国土交通大臣と総務大臣、財務大臣が作成し、閣議で決定する。国や地方自治体などの発注者には適正化指針に従って必要な措置を講じる努力義務が課せられる。

建設業法の改正（218ページ）　**入札契約適正化法**（219ページ）　**担い手の確保や育成**（212ページ）　**雇用・労働環境**（210ページ）　**施工時期の平準化**（232ページ）　**働き方改革実行計画**（84ページ）　**スライド条項**（236ページ）　**調査・設計分野における品質確保**（90ページ）

キーワード
91

施工時期の平準化

繁忙期と閑散期との工事量の差を調整し、年間を通して発注する工事量を安定させること。改正**建設業法**などでは、**働き方改革**を進めるうえで適正な工期による請負契約の締結を促している。2024年3月に中央建設業審議会が改定した「工期に関する基

●2024年3月に改定された「工期に関する基準」の概要

項目	概要	
工期の設定における受注者や発注者の責務	変更契約	•契約の変更時も含め、同基準を踏まえて適正に工期を設定
	受注者	•契約の締結前や変更契約が必要になる際に、時間外労働規制を順守した適正な工期による見積もりを作成して提出することを努力義務に
	発注者	•受注者やその下請け会社が時間外労働規制を順守できる工期の設定に協力するとともに、同規制の違反を助長しないように十分に留意 •契約の締結前や変更契約が必要な際、受注者が時間外労働規制を順守した適正な工期による見積もりを提出した場合は内容を確認して尊重
工期全般や工程別に考慮すべき事項	労働時間	•技能労働者や建設機械のオペレーターの移動時間なども含まれる
	準備	•運送会社が物品の納入に要する時間なども考慮する
	自然要因	•猛暑日における不稼働日も考慮して工期を設定
	経費など	•十分な工期の確保や交代勤務制の実施、労働者の確保などに必要な経費を請負代金に適正に反映。人員の確保に要する時間も考慮
	安全衛生	•安全や健康の確保では「勤務間インターバル制度」の導入も有効

（注）2024年3月に中央建設業審議会が決定した改定内容を基に作成

●平準化に向けた地方自治体の取り組み例

ポイント	概要や効果の例
債務負担行為の活用	•複数の年度にまたがって契約することによって、年度当初の閑散期である4～6月でも施工が可能になり、施工時期の平準化につながる •工期が複数年にわたる工事だけでなく、1年未満の工事でも活用
柔軟な工期の設定	•「余裕期間制度」を活用する。受注者が工事の開始日や工期末を選択できるなど、人材や資機材を調整しやすくなって円滑な施工が見込まれる
速やかな繰り越し手続き	•悪天候や用地の関係などで年度内に支出が終わらない場合は、年度末を待つことなく繰り越しの手続きを開始。受注者は年度内の完成を早期に見直すことができ、余裕をもった人材や資機材のやりくりが可能に
積算の前倒し	•発注の前年度のうちに設計や積算まで完了させる •発注年度の当初に積算の単価を更新するだけで発注の手続きが行える
早期執行の目標の設定	•上半期の特に4～6月の執行率や契約率の目標を設定して早期に発注 •発注の見通しを公表することで、受注者が人材や資機材を計画的に準備

（注）国土交通省の「施工時期の平準化について」のウェブサイトの資料を基に作成

●適正な工期の設定方法

段階	項目	内容
発注の準備	全体の工期に含むべき日数や期間を設定	・原則として、「発注者指定方式」などの余裕期間制度を活用 ・工事の規模や地域の状況などに応じて準備期間を設定 ・標準の作業量などから、施工するのに必要な実日数を算出 ・不稼働日として休日や天候などによる作業不能日を設定 ・後片付けの期間は20日を最低限、必要な日数に
	原則として「工期設定支援システム」を活用	・設定した工期の妥当性も確認。過去の同種や類似の工事の期間に比べて10%以上、乖離している場合は注意し、必要に応じて見直す ・ただし、土木工事では地域や箇所の特性などから、工種や工費の規模が同じでも必要な工期が必ずしも同じになるとは限らない
施工	工程のクリティカルパスを共有	・施工の当初や準備期間内において、特にクリティカルパスと関連する案件の処理の期限などについて受注者と発注者で共有 ・必要に応じて専門工事会社の技術者も含める ・原則として情報共有システム（ASP）の機能を活用。受注者が作成した工程については、成果物として電子データで納品
	工期の変更	・変更が生じた際は要因と変更後の工程を受注者と発注者で共有 ・工期が翌年度にわたることになれば、繰り越しなどの手続きを行う ・受注者の責任とならない理由で工期の延期を協議する場合は、変更する契約額を適切に積算し、間接工事費を変更
完成後	実績の収集	・納品された工程は国土技術政策総合研究所に送付

（注）国土交通省の直轄の土木工事が対象。港湾や空港、通年の維持工事、随意契約を適用する応急復旧工事は除く。国交省が2024年3月にまとめた「直轄土木工事における適正な工期設定指針」を基に作成

準」でも、工期の設定における受注者と発注者の責務を規定。受注者には時間外労働の上限規制を順守した工期や見積もりを努力義務としたうえで、発注者には同規制を順守できる工期の設定に協力するよう求めた。さらに、工期全般や工程別に考慮する事項として、運送会社の物品の納入時間や猛暑日における不稼働日を挙げている。

国土交通省は「直轄土木工事における適正な工期設定指針」を定め、発注段階で全体の工期に含むべき日数や期間などを具体的に示している。例えば、後片付けの期間は20日を最低限、必要な日数として設定する。併せて、**債務負担行為**の活用や「**余裕期間制度**」などによる柔軟な工期の設定、積算の前倒しなども促していく。

［関連キーワード］

余裕期間制度：余裕期間内で工期の始期を発注者があらかじめ指定する「発注者指定方式」や受注者が工事の開始日を余裕期間内で選択できる「任意着手方式」、受注者が工事の始期と終期を全体の工期内で選択できる「フレックス方式」がある。余裕期間は6カ月を超えない範囲で設定する。

国庫債務負担行為：工事などの実施が複数の年度にわたる場合、あらかじめ国会の議決を経て後年度にわたって債務を負担できる制度。2年度にわたるものを「2カ年国債」という。初年度の国費の支出がゼロのものを「ゼロ国債」と呼び、年度内に契約しても国費の支出は翌年度になる。

建設業法の改正（218ページ）　**働き方改革実行計画**（84ページ）　**公共工事の品質確保の促進に関する法律**（230ページ）　**入札契約適正化法**（219ページ）　**雇用・労働環境**（210ページ）

キーワード
92

多様な入札・契約方式

2019年の改正品確法を受けて20年に改正した運用指針では、改正前と同様に多様な入札・契約方式を選ぶよう求めている。工事の性格や地域の実情などを踏まえて選択するよう、事業のプロセスや落札者の選定方法などに応じて主な方式を例示した。

多様な方式の採用が進展してきたことを踏まえ、22年3月に入札・契約方式の適用に

●主な入札・契約方式の概要

分類		方式	概要や効果など
契約方式	事業のプロセス	ECI方式	・設計段階から施工者が関与する方式。発注時に仕様や前提条件の確定が困難な事業に対応する。事業のリスクに関する情報を施工者が設計段階から把握し、対処方針を設計に反映できる
		設計・施工一括発注方式	・設計と施工を一括して発注する方式。現場の条件に適した設計や施工者の固有の技術を活用した設計が可能になる ・施工者の視点に偏った設計となる可能性がある点に留意
		維持管理付き工事発注方式	・施工と初期の維持管理の業務を一体で発注する方式。維持管理の品質の向上を図る。維持管理の体制を仕様などで規定しておく
	発注単位	包括発注方式	・維持管理などで、同一地域内の複数の業務や工事をまとめて発注する方式。施工の効率化や安定した体制の確保を図る ・事務負担の軽減や緊急の不具合への迅速な対応が期待できる
包括協定の有無		フレームワーク方式	・同種の工事や業務の調達を繰り返すことが見込まれる場合、公募によって選定した複数の企業（フレームワーク企業）に対して個別の工事や業務を発注する包括と個別の2段階の契約方式 ・個別工事の発注における手続きを省略できる。災害復旧工事などで入札不調を回避できる効果も期待。フレームワーク企業が少数の場合は競争性を維持しづらくなる場合があることに留意
落札者の選定		技術提案・交渉方式	・公募によって最も優れた技術提案を行った企業を選定し、その「優先交渉権者」と価格や施工方法などについて交渉したうえで契約する方式。適用が考えられる契約方式は「設計・施工一括発注方式」や「設計段階から施工者が関与する方式（ECI 方式）」 ・価格の妥当性など中立性や公平性、透明性の確保に留意
		段階的選抜方式	・一定の技術水準に達した者を選抜したうえで、これらの中から提案を求め、落札者を決定する方式。選定のプロセスに関する方式であり、総合評価落札方式や技術提案・交渉方式と併せて採用できる。参加者が多い場合に受発注者双方の負担を軽減
支払い方式		コストプラスフィー契約・オープンブック方式	・工事の実費（コスト）を証明して精算し、あらかじめ合意している報酬（フィー）を加算して支払う方式。支出を証明する書類によって費用の内訳が明らかになり、透明性の向上が期待できる。支払い内容の透明性の確保や契約後の実態に即した支払いに対応

（注）国土交通省が2022年3月に改正した「公共工事の入札契約方式の適用に関するガイドライン」から

●「フレームワークモデル工事」の概要

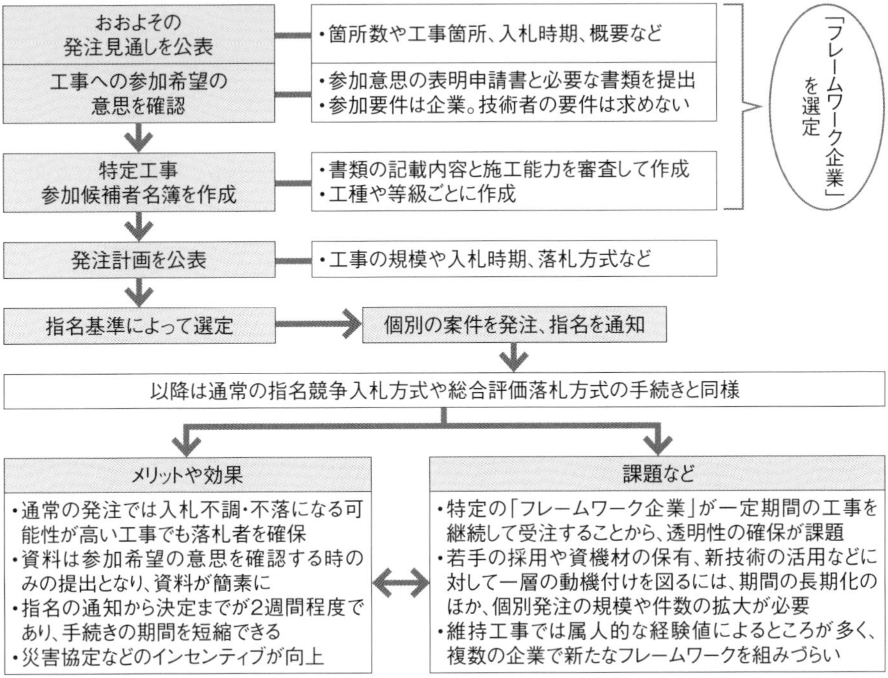

（注）2022年時点の仕組み。国土交通省が23年1月に開催した「発注者責任を果たすための今後の建設生産・管理システムのあり方に関する懇談会」の維持管理部会の資料を基に作成

関するガイドラインを改正した。技術提案・交渉方式をリスクマネジメントの手法として位置付けたほか、「フレームワーク方式」を新たに取り上げた。同方式は災害復旧事業で採用した後、20年度からは一般土木工事や修繕工事などで試行している。

［関連キーワード］

事業促進PPP：事業の促進を目的に、国土交通省の職員が柱となって官民の情報や知識、経験を融合させながら事業の全体計画の整理や設計業務などの指導や調整、地元や関係機関との協議、工程やコスト、施工の管理などを行う方式。監督などの補助業務を担う発注者支援業務とは区別される。

CM方式：CMとはConstruction Managementの略。CMR（コンストラクション・マネジャー）が発注者の側に立って発注方式の検討や工程管理などのマネジメント業務を行う方式。職員が少ない自治体でニーズが高まる傾向にある。国土交通省ではCMRが施工に関するリスクを負わない「ピュア型」に着目。2020年9月に「地方公共団体におけるピュア型CM方式活用ガイドライン」を公表した。

総合評価落札方式：入札参加者が提出する技術提案書や施工計画書、過去の実績や技術者の資格などの価格以外の要素を評価し、入札価格も含めて総合的に判断して落札者を決める方式。

公共工事の品質確保の促進に関する法律（230ページ）　**包括的民間委託**（124ページ）　**地域維持型契約方式**（123ページ）　**総価契約単価合意方式**（237ページ）　**スライド条項**（236ページ）

キーワード
93

スライド条項

工事の契約締結後に賃金や物価の水準が変動し、その変動額が一定の割合を超えた場合に請負代金の変更を請求できることを定めたもの。「公共工事標準請負契約約款」などで規定されており、全体スライドと単品スライド、インフレスライドがある。

例えば、特定の資材の価格が急激に変動した場合は単品スライドで対応する。国土交通省は直轄工事を対象に、この単品スライドの運用ルールを改定。2022年6月から

●スライド条項の種類とポイント

[基本的な考え方]

・価格の変動が通常の合理的な範囲内なら、請負契約であることからリスクは受注者が負担
・価格の変動が通常の合理的な範囲を超える場合は、受注者のみのリスクの負担は不適切

項目		全体スライド	単品スライド	インフレスライド
条項の趣旨		長期の工事期間中の比較的緩やかな資材や労務などの価格変動に対応	工期内に特定の資材の価格が急激に変動した場合に対応	工期内に物価や賃金の水準が著しく変動した場合に対応
適用対象工事		工期が12カ月を超える工事。ただし、残工期が2カ月以上ある工事	すべての工事。ただし、残工期が2カ月以上ある工事	すべての工事。ただし、残工期が2カ月以上ある工事
請負額の変更方法	対象	請負契約を締結した日から12カ月経過した後の残工事量に対する資材や労務の単価など	部分払いを行った出来高部分を除く、鋼材類や燃料油類などの特定の資材	基準日以降の残工事量に対する資材や労務の単価など
	受注者の負担	残工事費の1.5%	対象工事費の1.0%	残工事費の1.0%
	再スライド	可能	なし	可能

[2022年6月からの単品スライド条項の改定概要]

従来の運用ルール

・工事で用いる材料の価格の増加分は、受注者が提出する材料の「実際の購入価格」と「搬入した月または購入した翌月の物価資料*の単価」を比較し、安い方の単価を用いて請負代金を変更

＊民間の調査会社が作成

→

従来の運用ルールに追加した新たなルール

・購入価格が適正であることを証明する書類を提出すれば、実際の購入価格の方が高くても変更後の単価として認める
・鋼橋上部工事の特有の商慣行によって「実際の購入価格」を示せない場合は、工場への搬入時期を証明できれば「搬入した月の物価資料の単価」を用いて請負代金を変更できる
・複数年にまたがる維持工事の場合は、各年度末に単品スライド条項を適用することも可能にする

(注)国土交通省の直轄工事が対象。同省が2022年12月に公表した「単品スライド条項の運用に関する説明資料」や「持続可能な建設業に向けた環境整備検討会」の22年10月の資料を基に作成

●価格変動への対応策や契約の適正化に向けた方向性

対応策や方向性	概要
請負代金の変更ルールの明確化	・価格が変動した際に受注者と発注者の協議を規定する「民間建設工事標準請負契約約款」の利用を基本とする。ガイドラインに明記して利用を促進 ・同約款の条項が契約で確保されるよう、建設業法の記載事項を明確化
受注者から注文者への情報提供の義務化	・見積もり時や契約の締結前に、建設会社から注文者に対して建設資材の調達先や価格動向などから想定される工事への影響に関する情報を提供 ・契約の透明性を高めて民間工事における価格変動時の協議を円滑に
透明性の高い新たな契約手法	・請負代金の内訳として、通常予想されるリスクに対応する「予備的経費」のほか、特別に予想されるリスクに対応する「リスクプレミアム」を明示 ・契約の透明性を高めるため、「コストプラスフィー契約」を選択肢の一つに

（注）主に民間工事が対象。持続可能な建設業に向けた環境整備検討会の2023年3月の提言などから

●スライド条項の運用基準を定めている割合

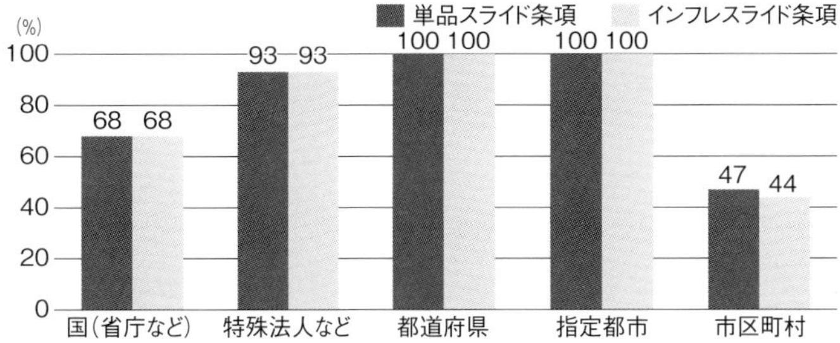

（注）2023年7月時点。国土交通省などが23年12月に公表した「令和5年度　入契法等に基づく入札・契約手続きに関する実態調査」を基に作成

は実際の購入価格に基づいて変更できるようにした。民間工事でも価格変動への対応は課題となっており、国交省の検討会が23年3月に公表した提言では、契約の透明性を高めることなどを方向性として示した。「**コストプラスフィー契約**」を選択肢の一つに挙げている。24年3月に閣議決定した**建設業法**などの改正案では、資材価格の高騰に伴う労務費へのしわ寄せを防ぐため、契約前後のルールをそれぞれ定めている。

［関連キーワード］

コストプラスフィー契約・オープンブック方式：工事の実費（コスト）を証明する書類とともに請求を受けて精算し、これにあらかじめ合意している報酬（フィー）を加算して支払う方式。支出した費用の内訳が明らかになるため、透明性の向上が期待できる。受注者の提出書類が増える点に留意。

総価契約単価合意方式：請負代金に変更が生じた場合の金額の算定や部分払いのための単価などを前もって協議し、合意しておく。設計変更などに伴う協議の円滑化を図るために実施する方式。

包括的単価個別合意方式：予定価格に対する請負金額の比率（落札比率）を乗じたものを単価として合意する方式。一度合意した単価を変えずに、新規に追加された単価のみ、新たに落札比率を用いて合意する。2016年4月の総価契約単価合意方式の見直しに伴って適用を始めた。

建設業法の改正（218ページ）　**担い手の確保や育成**（212ページ）　**雇用・労働環境**（210ページ）
入札契約適正化法（219ページ）　**公共工事の品質確保の促進に関する法律**（230ページ）

キーワード 94

ダンピング対策

ダンピング受注は手抜きや下請け会社へのしわ寄せ、労働条件の悪化や安全対策の不備などにつながりやすく、品質や適正な利潤の確保が困難になることから、主に「低入札価格調査制度」と「最低制限価格制度」を活用。契約が適切に履行されないおそれがある場合は、入札者を契約から排除している。ダンピングの防止は**品確法**で発注者の責務として規定され、運用指針では上記の制度の活用が明記されている。

一方、国や都道府県に比べて市区町村で対策が遅れており、例えば測量や調査などの業務に関しては、2023年7月時点で約4割の市区町村がいずれの制度も導入していなかった。国土交通省では、制度を導入済みの発注者の取り組み状況を共有するな

●ダンピング対策の概要

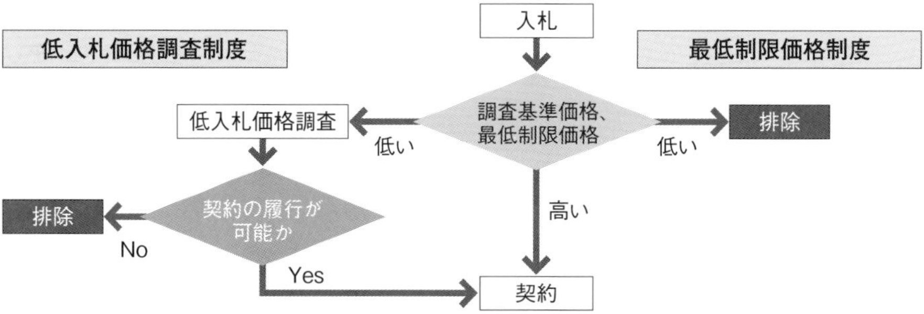

[契約の履行の確保に向けた対策]

講じる措置		概要や例
手抜きの防止	監督や検査の強化	・施工体制や監理技術者の専任制を確認。施工状況を基に点検 ・モニターカメラなどで施工状況を把握するほか、見えない部分の出来形を管理するためにビデオ撮影を義務付け。施工計画書の内容をヒアリングするなど発注者の監督と検査を強化
	技術者の増員	・監理技術者に加え、同等の要件を満たす技術者を現場に追加
しわ寄せの排除	下請け会社への支払いの確認	・下請け代金の不払いや支払い期間などについて元請け会社と下請け会社の双方に確認。指導が必要な場合は立ち入り検査も
契約不履行への対応の強化	契約保証額の引き上げなど	・契約の締結の際に必要な保証の額を引き上げ ・受注者が請求できる前払い金の額を低減
	指名停止の強化	・粗雑工事が生じた場合の指名停止の措置を強化

(注)下の表は低入札の調査基準価格を下回る受注に対して講じる主な措置。国土交通省が2024年3月に公表した「地方公共団体におけるダンピング対策取り組み状況の『見える化』」の資料を基に作成

●業務に関するダンピング対策の状況

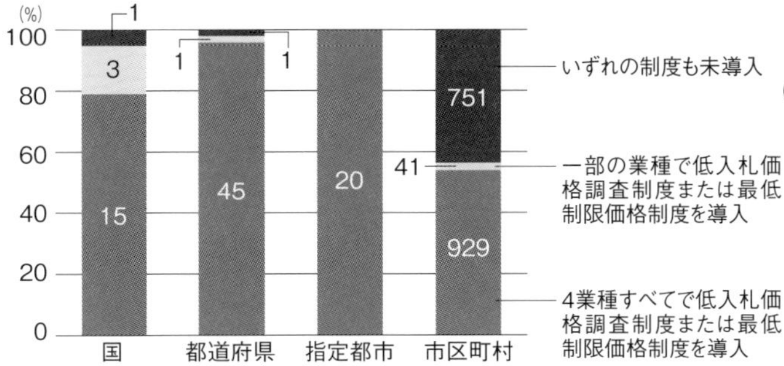

（注）2023年7月時点。4業種とは測量、建築コンサルタント、土木コンサルタント、調査。グラフの数値は回答した機関の数。国土交通省が23年12月に公表した「令和5年度 業務に関する運用指針調査」を基に作成

●低入札価格調査基準の改定

［改定前］

- ・直接工事費×0.97
- ・共通仮設費×0.90
- ・現場管理費×0.90
- **・一般管理費等×0.55**

↓

［2022年4月以降］

- ・直接工事費×0.97
- ・共通仮設費×0.90
- ・現場管理費×0.90
- **・一般管理費等×0.68**

●国土交通省の工事と業務の平均落札率の推移

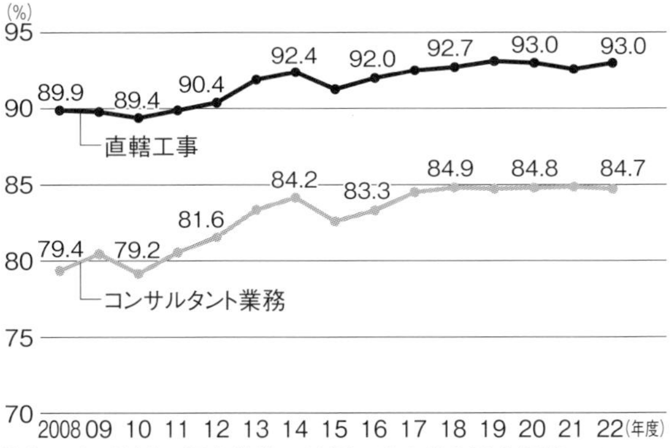

（注）改定した計算式は国土交通省の発注工事が対象。調査基準の範囲は改定後も予定価格の0.75～0.92で変わらない。右のグラフも国交省の資料を基に作成

どして活用を働きかける考えだ。併せて、低入札の調査基準価格を下回る受注が手抜きや下請け会社へのしわ寄せ、契約の不履行などにつながらないよう、監督や検査の強化、技術者の増員、下請け会社への支払いの確認などを徹底するよう求める。監督などの強化策では、モニターカメラやビデオ撮影による施工状況の把握も挙げている。さらに「低入札価格調査基準」の計算式を改定し、22年度の工事から適用を始めた。

［関連キーワード］

入札不調・不落：入札参加者が集まらないのが不調、すべての入札価格が予定価格を上回るのが不落。

建設業法の改正（218ページ）　**公共工事の品質確保の促進に関する法律**（230ページ）　**入札契約適正化法**（219ページ）　**建設業法令順守ガイドライン**（220ページ）　**雇用・労働環境**（210ページ）　**担い手の確保や育成**（212ページ）　**施工時期の平準化**（232ページ）　**働き方改革実行計画**（84ページ）　**適正な施工確保と品質管理**（94ページ）　**担い手三法の改正**（231ページ）

第3章

分野別解説

3.8 技術

キーワード
95

インフラ分野のDX

DXはデジタルトランスフォーメーションの略。IT（情報技術）やICT（情報通信技術）によって効率化を図るだけでなく、デジタル技術やデータの活用を浸透させることで生活や組織の運営、企業の文化や**働き方**をより良いものへと変革する。インフラの分野でも、国土交通省はインフラの「造り方」や「使い方」、「データの生かし方」をそれ

●DXの方向性とデジタル技術の集積・共有のイメージ

［インフラ分野のDXの方向性］

分野	概要	例や予定
造り方の変革	•データを生かしてインフラの計画を高度化。建設現場の生産性の向上を加速。安全性も向上 •公共工事に係る手続きをデジタル化して効率化	•自動化した建設機械で施工 •ICTを活用して構造物の出来形を確認 •次期土木工事積算システムを検討
使い方の変革	•インフラの利用申請をオンライン化 •デジタルでインフラの潜在的な機能を最大限に •安全で持続可能なインフラの管理や運用へ	•ハイブリッドダムで治水機能を強化 •VR（仮想現実）で検査を支援。VRカメラで撮影した線路をVRの空間上に再現
データの生かし方の変革	•国土交通データプラットフォームを「ハブ」に国土のデジタルツイン化を進め、わかりやすく使いやすい形式でデータを表示して提供 •インフラ関連のデータを活用することで民間投資や技術開発などが促進される社会を実現	•xROADやサイバーポートと連携 •周辺の建物の被災リスクも考慮し、建物の内外にわたって避難をシミュレーション •3次元の都市モデルと連携して浸水リスクを表示し、都市の災害リスクを分析

［デジタル技術の集積と共有のイメージ］

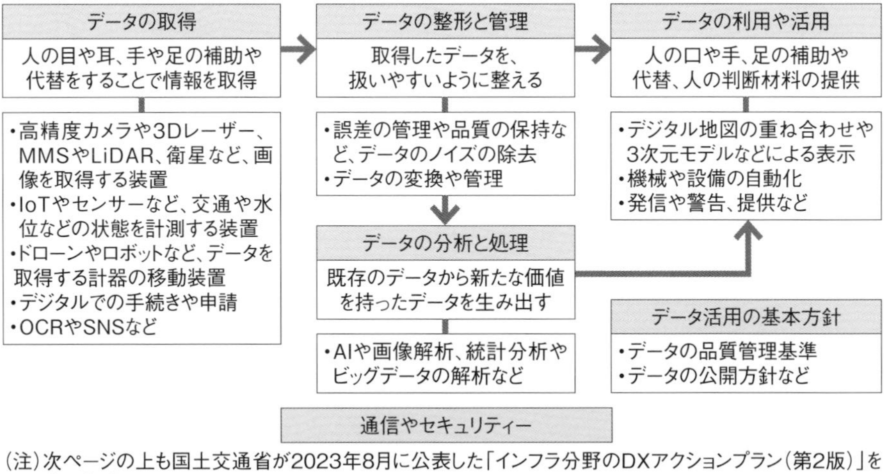

（注）次ページの上も国土交通省が2023年8月に公表した「インフラ分野のDXアクションプラン（第2版）」を基に作成

●国土交通分野での活用例

対象や名称など		概要
データプラットフォーム	国土交通DPF*	・国土交通省のデータや各種のプラットフォームの情報を一元化
	PLATEAU	・現実の都市をサイバー空間に3次元の都市モデルで再現
	海しる	・様々な海洋情報を集約し、地図上で重ね合わせて表示
	流域BI*	・流域に関する様々なデータを蓄積して共有。流域治水に活用
	DiMAPS	・地震や風水害などが発生した現場の情報を取得して地図上で表示
	xROAD	・道路に関連するデータを集約。調査や工事、維持管理、防災などに
	サイバーポート	・港湾計画から維持管理までの情報を連携。アセットマネジメントに
デジタル空間など	建築・都市のDX	・建物の内外からエリアや都市のスケールまでのデジタルツインを構築。建築BIMとPLATEAUの連携による環境シミュレーションも
	BIM／CIM	・国土交通省の直轄土木の業務や工事で2023年4月から原則適用
	メタバース	・工事の完成後のイメージを事前に関係者が共有
	バーチャルツーリズム	・360度カメラやVR、UAVなどを活用して建設現場や災害復旧、インフラ施設などのバーチャル見学を実施。完成後の景色の疑似体験も
災害対応	調査	・UAVやLiDAR、SAR衛星画像で、短時間で広範囲の被災状況を調査
	解析	・点群データを基に3次元モデルを作成し、被災状況を確認
	復旧	・施工の自動化や遠隔化によって安全を確保しながら災害対応

（注）DPFはデータプラットフォームの、BIはビジネスインテリジェンスの略

●インフラ分野のDXの推進にあたって優先して解決すべき課題

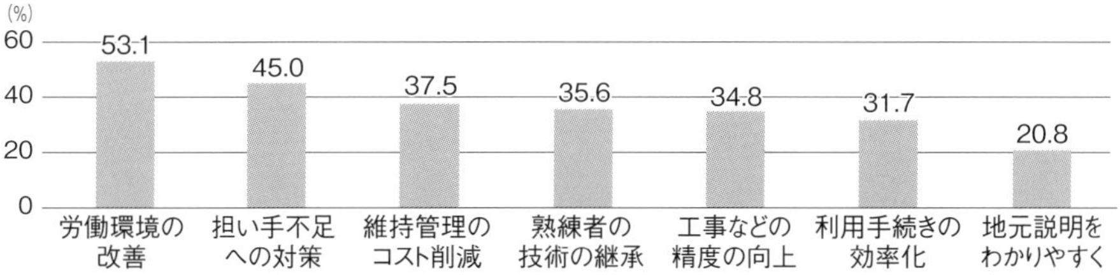

（注）項目名は略した。国土交通白書2023を基に作成。元の資料は国土交通省の「国民意識調査」

それ変革するとし、建設機械の自動化や**ハイブリッドダム**、**データプラットフォーム**の連携など、関連する施策をそれぞれ挙げている。併せて、デジタルの活用で重要なデータの取得や活用などに関わる技術を整理。知識や経験の共有も進める。

[関連キーワード]

Project PLATEAU：3次元の都市モデルの整備や活用、オープンデータ化を推進する国土交通省のプロジェクト。スマートシティーをはじめとするまちづくりのデジタルトランスフォーメーションを進めるためのインフラとなる。「プラトー」と呼ばれる。2023年度末時点で約200都市が整備。

i-Construction（244ページ）　**データマネジメント**（248ページ）　**働き方改革実行計画**（84ページ）　**国土交通データプラットフォーム**（249ページ）　**ハイブリッドダム**（164ページ）

キーワード 96

i-Construction

測量から設計、施工、検査、維持管理や更新までのすべてのプロセスにICTを導入し、建設産業の生産性を向上させる取り組み。従来の**情報化施工**や**BIM／CIM**を含めて工事のプロセスをより包括的に捉えたうえで、ドローン（無人航空機）や3次元の測量データ、無人化・**自動化**の施工技術などを幅広く活用する。中小規模の建設会社も取り組めるよう、2024年度は23年度に続いて小規模な工事への採用を拡大。道路

●ICT施工の普及や拡大に向けた施策

施策		概要や例、実績、予定など
ICT建設機械の認定制度		•従来の建設機械に後付けで装着する機器を含め、必要な機能などを有する建設機械を国土交通省が認定して公表し、活用を支援 •2024年3月時点で、後付けの装置も含めて79件を認定
人材の育成や支援	研修や講習会	•対面とオンラインの併用、座学と実習などで講義 •3次元の設計データや出来形資料の作成、UAV（無人航空機）による空中写真測量のデモ、ICTの操作体験の実習などを実施
	アドバイザー制度	•ICT施工が未経験の企業にアドバイスするアドバイザー制度を展開 •ICT施工に関する助言や技術指導、情報提供、研修などを実施
	支援者の育成	•ICT施工の指導や助言を行うことが可能な人材と組織を各地に育成 •国土交通省がICTの専門家を県に派遣し、人材や組織の育成をサポート
BIM／CIMの拡大		•2023年度からの「原則適用」によって中小企業も含めて裾野を拡大
データの円滑な引き渡し		•設計から施工に円滑にデータを引き渡すことで、少ない追加コストでICT建設機械で利用可能に。対象のデータを統一するほか、職員に周知
工事の監督や検査の効率化		•建設現場の監督や検査に用いるデータを一括して取り扱うプラットフォームを構築し、施工後の維持管理までのデータの管理を効率化

（注）下も国土交通省が2024年3月や23年9月に開催したICT導入協議会の資料を基に作成

●ICTの活用を2024年度に拡大する工種

拡大する工種など		取り組みの概要や予定
基礎工	鋼管ソイルセメント杭	•2023年度に施工履歴のデータを活用した出来形管理の手法を検討し、24年度から3次元の計測技術を活用した運用を本格化
小規模な工事	付帯道路施設工	•2022年度にモバイル端末を用いた出来形管理の要領案を作成 •23年度はモバイル端末に加え、ノンプリズム方式のトータルステーションを用いた出来形管理を検討し、24年度から本格的に運用
	電線共同溝	•2022年度にモバイル端末を用いた出来形管理の要領案を作成 •23年度はノンプリズム方式のトータルステーションやRTK-GNSSなども用いた出来形管理を検討し、24年度から本格的に開始

●i-Constructionのさらなる展開に向けた背景や方向性

［インフラを取り巻く社会情勢］

生産年齢人口の減少、労働時間の適正化や働き方改革、インフラに対するニーズの高度化、気候変動の影響による災害の激甚化、AIや5G、クラウドなどのデジタル技術の進展

［ICT施工の現状］

- 3次元のデータを取得し、設計データを建設機械に入力して建設機械の作業を支援
- i-Constructionによって工種単位の効率化は進んできたが、例えばICT土工では効果が横ばい

↓

新たな手法によってICT施工のさらなる効率化が必要

↓

対象や方向性		展開のイメージや目指す姿など
BIM／CIM	デジタルツイン	•3次元データの特徴を生かしたマネジメントを推進。積算の自動化も •デジタルツインによって建設現場のデータ化や見える化を図る •3次元の設計データを工場での製作に自動的に活用することも想定
ICT施工	双方向でのデータの活用	•現場と建設機械の双方向でリアルタイムのデータを活用し、建設機械の自動化などを進める。例えば、取得した現場のデータをサイバー空間で加工・分析して現場にフィードバックし、現場をマネジメント
リモートオフィス	無人化の拡大	•危険な作業現場以外にも遠隔操作による無人化施工を拡大
	遠隔から設備を点検	•災害時や障害が発生したときなどに、遠方の施設からロボットを遠隔で操作して現地の設備の状況をリモートで確認し、早期に復旧
	配筋の確認	•デジタルカメラで撮影した画像を解析して配筋の出来形を確認する取り組みを2023年7月から本格化。3次元の設計データの適用も検討
自動・遠隔施工	環境整備	•安全ルールの制定やオープンな研究開発用プラットフォームの整備などによって、施工の自動化や遠隔化の技術開発を促進

（注）i-Construction推進コンソーシアムの2023年12月の資料を基に作成

に付属する施設や電線共同溝にもICTを活用する。普及に向けて、国土交通省はICT建設機械の認定制度を設けたほか、人材の育成でも支援。施工におけるBIM／CIMのデータの活用や設計からICT建設機械へのデータの円滑な引き渡しも目指している。

今後は施工の効率性をより高めるとし、デジタルツインやリアルタイムでのデータの活用などを進める。新たな生産性の向上策を「i-Construction2.0」として24年4月に公表。施工管理も含めて建設現場のオートメーション化を図る考えを示した。

［関連キーワード］

ICT建設機械：バックホーやブルドーザーなどの建設機械に工事の設計データを搭載し、運転手に作業の位置をガイダンスする機能や運転手の操作の一部を自動化する機能を備えた建設機械。

情報化施工：施工段階にICT（情報通信技術）を活用して、効率化と品質の向上を図る施工方法。代表的な技術に、建設機械の3次元の位置情報などを運転手に提供して操作を案内するマシンガイダンス（MG）のほか、設計データを基に機械を自動制御するマシンコントロール（MC）がある。

IoT：コンピューターに限らず様々な物をインターネットにつないで制御する。Internet of Things。

インフラ分野のDX（242ページ）　**BIM／CIM**（246ページ）　**監督・検査体制の確保と合理化**（92ページ）　**担い手の確保や育成**（212ページ）　**働き方改革実行計画**（84ページ）　**建設機械施工の自動化**（252ページ）　**建設業法の改正**（218ページ）　**データマネジメント**（248ページ）

キーワード
97

BIM／CIM

CIMとはConstruction Information Modelingの略。3次元モデルを活用し、調査から維持管理までの情報を構造物などのモデルの属性として共有。事業全体の効率化を図る。当初は建築分野のBIM（Building Information Modeling）とは別に扱う場合が多かったが、2018年5月からは地形や構造物などの3次元全体を「BIM／CIM」として表記している。国土交通省は23年度から、原則としてすべての直轄工事などに

●課題と今後の対応策

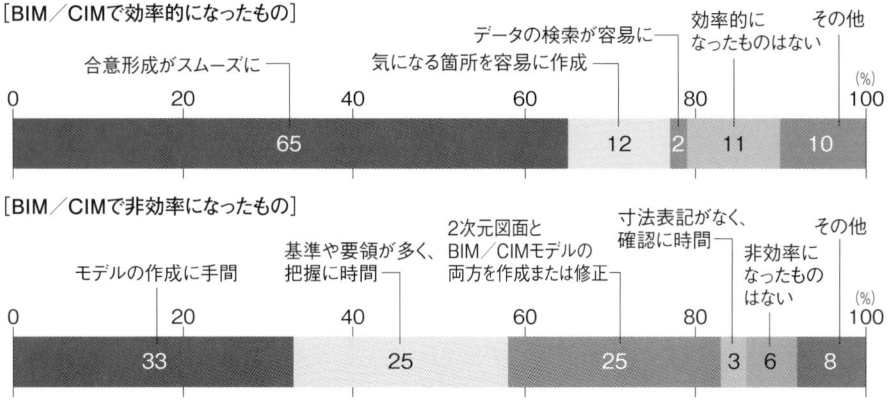

［指摘などを踏まえた2024年度の対応策］

対応策		概要やイメージ、予定
3次元モデルの活用の促進	モデルの標準化など	•設計のプロセスは2次元ではなく3次元を主体に。2次元の図面が必要な場合は3次元から切り出して作成。数量は3次元モデルから自動的に算出 •3次元モデルが非効率な場合は2次元の図面などを活用 •課題を整理し、3次元設計の標準化に向けたロードマップを検討
「3次元モデル成果物作成要領」の改訂	成果物の作成*	•成果物を作成する目的を「建設生産・管理システム全体の効率化」に変更 •BIM／CIMでどのように生産性の向上を図っていくかを記載し、目的を共有
	データの活用*	•情報の整理や管理、検索や取得、加工が可能なデータベースを構築して効率化を目指すことを目的に記載。まずは積算や設計変更を対象に
環境の整備や勉強機会の提供		•3次元モデルなどの実証研究のシステムとして構築した「DXデータセンター」を活用して常時、3次元モデルを加工・編集できる機会を拡充

（注）グラフの項目や名称は略した。国土交通省の各地方整備局でBIM／CIMを活用したことのある職員を対象に2023年12月に実施したアンケート調査の結果。*は案。次ページも国交省が24年2月に開催したBIM／CIM推進委員会の資料を基に作成

●「BIM／CIM原則適用」の概要

[3次元モデルの作成と活用]

活用目的	・業務や工事ごとに発注者が目的を明確に示し、受注者が3次元モデルを作成して活用 ・活用の目的は業務や工事の特性に応じて「義務項目」や「推奨項目」から発注者が選択
義務項目	・「視覚化による効果」を中心に、未経験者も取り組むことができる内容 ・原則としてすべての詳細設計と工事で、受注者が3次元モデルを作成して活用
推奨項目	・「3次元モデルによる解析」など高度な内容を含む。一定の規模や難易度の事業で、発注者が明示した活用の目的に基づいて受注者が1個以上の項目に取り組むことを目指す
積算	・3次元モデルの作成費用については、これまでと同様に見積もりによって計上
対象とする業務や工事	・土木設計業務共通仕様書に基づいて実施する設計と計画の業務、土木工事共通仕様書に基づく河川や道路などの土木工事、これらに関連する測量と地質・土質調査の業務

[対象とする範囲]

	測量、地質・土質調査	概略設計	予備設計	詳細設計	工事
義務項目	―	―	―	○	○
推奨項目	○	○	○	○	○

[対象外]

・単独の機械や電気通信の設備工事、維持工事
・災害復旧工事

BIM／CIMの適用を始めており、3次元モデルの活用にあたって「義務項目」と「推奨項目」を設定した。義務項目は完成形状のイメージを関係者が共有するなど、視覚化による効果を中心とした内容だ。推奨項目は視覚化による効果に加え、3次元モデルによる解析などが含まれており、一定の規模や難易度の業務や工事で活用していく。

BIM／CIMによって**合意形成**がスムーズになるなどの効果が表れている。一方、「モデルの作成に手間がかかる」、「基準類が多い」など非効率になったとする声も少なくない。指摘を踏まえ、国交省は24年度中に「3次元モデル成果物作成要領」を改訂する予定だ。例えば成果物を作成する目的を変更するほか、情報の検索や加工などが容易なデータベースを構築して効率化を図る。さらに、3次元モデルと2次元の設計などが連動できるように標準化を進めるなどして、3次元モデルの活用を促す。

[関連キーワード]

AR：Augmented Realityの略で、拡張現実と呼ばれる。現実に存在するものに対してコンピューターが情報を付加すること、または付加された世界。VR（Virtual Reality、仮想現実）とともに、施工計画や安全教育、品質管理などに用いる例が相次いでいる。外国人の作業員にも危険な作業などについて伝えやすくなる。VRとARが融合したMR（Mixed Reality、複合現実）の活用も増えてきた。

XR：VRやAR、MRなどの仮想現実を構築する技術の総称。「クロスリアリティー」と呼ばれる。

i-Construction（244ページ） **インフラ分野のDX**（242ページ） **データマネジメント**（248ページ） **合意形成**（118ページ） **監督・検査体制の確保と合理化**（92ページ） **建設産業の生産性**（216ページ） **建設業法の改正**（218ページ） **働き方改革実行計画**（84ページ） **雇用・労働環境**（210ページ） **国土交通データプラットフォーム**（249ページ） **労働災害**（222ページ）

キーワード 98

データマネジメント

国土交通省によると「効果的にデータの生成や収集、加工や活用、廃棄を行うことで、生産性の向上や品質の確保を実現する手段」と定義。データの保管や管理などの環境を整備するとともに、データの利用や活用をサポートしながら取り組む。

建設工事や維持管理などでデータを活用するにあたって、発注者は「データの対象や全体像を体系的に把握できていない」、「必要なデータがデジタル化されていない」、「データを集めるのに膨大な時間と手間を要している」といった問題点を指摘。建設業界からもデータの貸与や設計図の不整合などに対する要望や指摘が聞かれる。

これらの指摘を踏まえ、国交省は「一度入力したデータは2度入力しない」などの原

●データの活用における問題点と目指す姿

［問題点や指摘の例］

発注者の視点	建設業界の要望や指摘
・建設工事や維持管理などにおいて、データの対象や全体像を体系的に把握できていない ・必要な情報の多くがデジタル化されていない ・データの信頼性に対する検証が不十分 ・データを集めるのに時間と手間を要する	・工事の公告段階から情報を公開してほしい ・必要なデータをなかなか渡してくれない ・修正が反映されていない旧データを渡された ・新旧の資料やデータが混在している ・設計図と現況とが一致していない

［データマネジメントが目指す各「循環」のイメージ］

循環	イメージや例	
大循環	・データに基づくPDCAを通じてインフラシステムそのものの高度化を目指すもの ・データプラットフォームのデータを総動員して、インフラシステムの「賢い」整備や利用に ・インフラの「使い方」や「あり方」を変えるもので、造るべきインフラが決まる前の段階に寄与	
	例	・最新の気象予測技術などを活用したダムの運用の高度化。ハイブリッドダムなど
中循環	・定まっているゴール（成果物）に向けた生産過程の高度化を目指すもの ・測量から施工までの一連のデータを共有し、各段階の無駄などを削減して生産性を向上 ・インフラの「造り方」を変えるもの。データと技術が最も一体となる部分でもある ・「フロントローディング」をさらに進めるため、技術提案・交渉方式などの活用を推進	
	例	・ICTによるダムの自動化施工、トンネルの掘削や吹き付けなどの自動化
小循環	・流通するデータの重複を減らすことで、目の前の仕事の効率化を目指すもの ・すでにデータとして存在するものから、別のデータを再生産する作業を削減して効率化 ・発注者や受注者などの業務の負担を軽減。手戻りなどを減らす。書類の簡素化も対象	
	例	・遠隔臨場による効率化や書類の簡素化、クラウドを活用した調査の効率化

（注）次ページも国土交通省が2023年5月に開催した「発注者責任を果たすための今後の建設生産・管理システムのあり方に関する懇談会」の資料を基に作成

●データマネジメントによって目指す姿の全体像の例

<table>
<tr><th colspan="2"></th><th>大循環
インフラの高度化</th><th>中循環
生産過程の高度化</th><th>小循環
業務の効率化</th></tr>
<tr><td colspan="2">計画など</td><td colspan="2">官民のデータを集約し、官民の双方で活用を促進</td><td rowspan="3">過去のデータの検索や再利用が容易になり、資料の簡素化や作成時間の短縮へ</td></tr>
<tr><td colspan="2">プロジェクトマネジメント</td><td rowspan="2">過去のデータや経験に基づき、リスクの少ない計画の立案を実現</td><td rowspan="2">過去の経験や検討結果の見落としがなくなり、事業の手戻りや時間のロスを低減</td></tr>
<tr><td colspan="2">個別事業</td></tr>
<tr><td colspan="2">設計や積算</td><td colspan="2" rowspan="2">BIM／CIMのデータも活用し、受注者・発注者ともに積算や入札・契約に係る事務の手続きを効率化。結果、技術的な検討を要する事項に注力</td><td rowspan="2">既存のデータベースを相互に連携し、発注者や受注者などが同じデータを二度入力することのない状態を構築</td></tr>
<tr><td colspan="2">入札・契約</td></tr>
<tr><td colspan="2">施工管理</td><td rowspan="2">BIM／CIMのデータを中心に多くの手続きや管理を自動化し、工事の完了と同時に品質検査も完了</td><td>BIM／CIMのデータを活用して手戻りや調整をほぼゼロに</td><td rowspan="2">遠隔臨場や自動化施工によって、現場に人がいないと行えない仕事を削減</td></tr>
<tr><td colspan="2">監督・検査</td><td>施工機械のセンシング技術によって監督・検査が原則不要に</td></tr>
<tr><td rowspan="3">維持管理</td><td>点検や修繕</td><td rowspan="3">施工時のBIM／CIMやセンサーのデータに基づき、管理の多くを自動化・省人化</td><td>構造物内のセンサーなどで変状などをリアルタイムで監視</td><td>過去の点検履歴から点検・診断を合理化し、迅速に対策</td></tr>
<tr><td>日常管理</td><td>3次元データなどに基づき、除草などを自動または半自動で</td><td>施工機械のセンサーで除草などの進捗を自動的に把握</td></tr>
<tr><td>危機管理</td><td>インフラのセンサーによって変状や被災状況を自動的に把握</td><td>過去の履歴や実績データで災害復旧の事務負担を軽減</td></tr>
</table>

則の下、データマネジメントによって目指す3つの「循環」を示した。「大循環」ではインフラシステムそのものの高度化を図るとし、例えば**ハイブリッドダム**の取り組みを挙げている。**インフラ分野のDX**で取り組む「インフラの使い方」などを変えるものになる。過去のデータを活用して将来のリスクを回避することも想定している。「中循環」では測量から施工までの一連のデータを共有して生産過程を高度化。「小循環」では遠隔臨場や工事書類の簡素化など、目の前の仕事の効率化を目指す。

[関連キーワード]

国土交通データプラットフォーム：構造物や地盤、地図などの国土に関する情報に交通や物流、観光などの経済活動のほか、気象や防災などの自然現象に関するデータを加えて構築する。民間企業が持つデータとも連携し、フィジカル空間（現実の空間）の事象をサイバー空間に再現する「デジタルツイン」によって、国土交通省は業務の効率化や施策の高度化、イノベーションの創出を目指している。

海洋状況表示システム：人工衛星の画像や気象、海象、船舶の通行などの様々な海洋情報を地図上に重ね合わせて表示できるウェブサービス。「海しる」とも呼ばれる。2019年4月から運用を始めた。

プローブ情報：個々の車両が走行した位置や速度、前後左右の加速度などの多種多様なデータ。

インフラ分野のDX（242ページ）　**i-Construction**（244ページ）　**BIM／CIM**（246ページ）　**建設機械施工の自動化**（252ページ）　**監督・検査体制の確保と合理化**（92ページ）　**担い手の確保や育成**（212ページ）　**ハイブリッドダム**（164ページ）　**フロントローディング**（217ページ）

キーワード
99

全体最適

個々の要素や機能ではなく、システムや組織の全体の最適化を図ること。建設事業の場合は、設計や発注、施工といった一連の生産工程に維持管理も含めたプロセス全体を対象として、生産性を向上させる方策を考えることになる。国土交通省が推進しているi-Constructionのうち、コンクリート工事に先行して取り入れてきた。

例えば、設計時に鉄筋を3次元モデルにして干渉の度合いをチェックする。3次元のモデル化だけを考えれば手間が余分にかかることになるが、施工時の手戻りを防止で

●コンクリート工事の生産性向上のポイント

規格の標準化と要素技術の一般化	全体最適	サプライチェーンマネジメント
・機械式の継ぎ手工法や定着工法などの新技術や流動性を高めたコンクリートを導入 ・鉄筋のプレハブ化や埋設型枠などで現場の作業を屋内で ・部材の規格を標準化 ・プレキャストを大型構造物に	・「新技術導入促進方式」など、生産性の向上に資する技術や工法の導入を促す入札・契約方式を採用 ・経済性以外の効果や直接工事費以外の項目などを評価する設計手法を採用	・「コンカレントエンジニアリング」の考え方を導入 ・プレキャスト製品の部材を標準寸法にするなどして、工場の型枠を共有や転用 ・生コンクリートの帳票類や情報の伝達などを電子化
・上記に関する各種のガイドラインや基準などを整備。効果の検証や調査などを経て2024年度から改定作業を進めていく	・大型のプレキャストコンクリート構造物ではVFM(Value For Money)の考え方を取り入れた評価指標の確立へ	・試行を経て電子化を普及させる手法や体制を確立 ・「全数計測」に関する施工管理基準や規格値の設定へ

[主に大型のプレキャストコンクリートの採用に向けた方策]

これからはコストを意識しつつも「VFM」の考え方を取り入れ、「最大価値」となるように検討

2022年度	2023年度	2024年度
新たな項目を取り入れた評価手法を検討	設計の比較での評価の考え方を確立	直轄の設計業務で試行し、フォローアップ

[背景]

・建設現場における技能労働者の不足や高齢化の進行
・生産性のさらなる向上
・担い手確保の観点から、安全性の向上など現場の作業環境を改善

[主な評価項目や指標の例]

省力化	現場でのコンクリート打設と比べた作業員の数
働き方改革	現場打設に要する日数と比べた工程の短縮効果
安全性の向上	労働災害の発生リスクの低減など
環境負荷の低減	コンクリートの使用量やCO_2の排出量の比較

(注)2024年度は予定。国土交通省のコンクリート生産性向上検討協議会などの資料を基に作成

●プレキャストコンクリート構造物などに適用するガイドラインの概要

名称	位置付けやガイドラインで示した主な留意点	
機械式鉄筋継ぎ手工法ガイドライン	位置付け	・機械式鉄筋継ぎ手の設計や施工、検査の留意点を示した ・生産性の向上の観点から同一断面に鉄筋継ぎ手を配置しても、所要の性能を発揮し、耐久性も確保することを確認する
	留意点	・機械式鉄筋継ぎ手工法の設計における継ぎ手のあきやかぶり ・同工法に関して教育などを受けた有資格者の管理の下で施工
コンクリート橋のプレキャスト化ガイドライン	位置付け	・上部構造にプレキャスト部材を用いる場合、予備設計の段階で橋梁形式を選定するにあたって留意すべき点などを取りまとめた ・特に支間長が24mを超える規模の橋の検討に有効
	留意点	・直接工事費に加え、積み上げ可能な間接工事費も考慮 ・技能労働者の確保が経済性や工期に与える影響に配慮 ・架設時の荷重状態や安全管理、現場での騒音や振動 ・プレキャスト部材同士や現場打ちコンクリートとの接合部の耐力 ・部材の運搬車両や運搬経路、セグメントの分割
埋設型枠・プレハブ鉄筋に関するガイドライン	位置付け	・ハーフプレキャストなどの要素技術となる埋設型枠とプレハブ鉄筋の特性や留意点に加え、それらの効果や課題についても整理している
	留意点	・埋設型枠の設計では各荷重に対する強度や剛性、経年劣化による落下や剥離、鉄筋のかぶりのほか、美観や意匠性なども考慮 ・プレハブ鉄筋の設計では接合部に採用する継ぎ手の方法や性能のほか、鉄筋の加工形状や継ぎ手の位置などの検討が必要

（注）国土交通省の「コンクリート工における生産性向上」のウェブサイトに掲載されたガイドラインから主な項目を抜粋して作成

きれば全体の生産性は高まる。これは、作業を前倒しで進める**フロントローディング**の考え方でもある。コンクリートのプレキャスト化も全体最適に取り組むうえで有効だ。2018年からガイドラインが相次いで公表されている。調査結果などを踏まえ、24年度からプレキャスト化も含めた各種のガイドラインの改定作業を進めていく。

プレキャスト製品の採用を拡大するため、国交省は価格が課題とされる大型のプレキャスト製品の採用に向けて「VFM」（Value For Money）の考え方を取り入れた評価方法を確立させる。コストを意識しつつ、プレキャストの価値が最大となるよう**働き方改革**や安全性の向上、環境負荷の低減などの価格以外の項目も考慮する。25年度の実装を目指し、24年度は直轄の設計業務に試行要領案を適用して試行する予定だ。

［関連キーワード］

コンカレントエンジニアリング：複数の工程を同時に並行して進め、各部門間で情報の共有や共同作業を行うことで、開発などに必要な期間の短縮やコストの削減を図る手法。

i-Construction（244ページ）　**建設産業の生産性**（216ページ）　**雇用・労働環境**（210ページ）
担い手の確保や育成（212ページ）　**働き方改革実行計画**（84ページ）　**労働災害**（222ページ）
フロントローディング（217ページ）　**GX**（178ページ）　**BIM／CIM**（246ページ）

建設機械施工の自動化

建設産業は他産業と比べて高齢化が進行している。担い手の不足が深刻になるなか、建設現場の生産性の向上に役立つ技術の一つが、建設機械施工の自動化や遠隔化。

一方、建設現場から人がいなくなる自動・遠隔施工の導入を進めるための「最重要事項は施工における安全の確保」（国土交通省）。汎用性の高い自動施工技術の実装を加速するうえでも安全ルールの標準化は欠かせないことから、国交省は2024年3月に「自動施工における安全ルールVer.1.0」を制定。自動施工で必要な安全対策を整理した。自動建設機械が稼働する範囲を考慮し、必要に応じて「立ち入り制限エリア」などを設定する。施工者などにはGNSSやカメラによる機械やエリアの監視を求めた。

●施工現場のイメージ

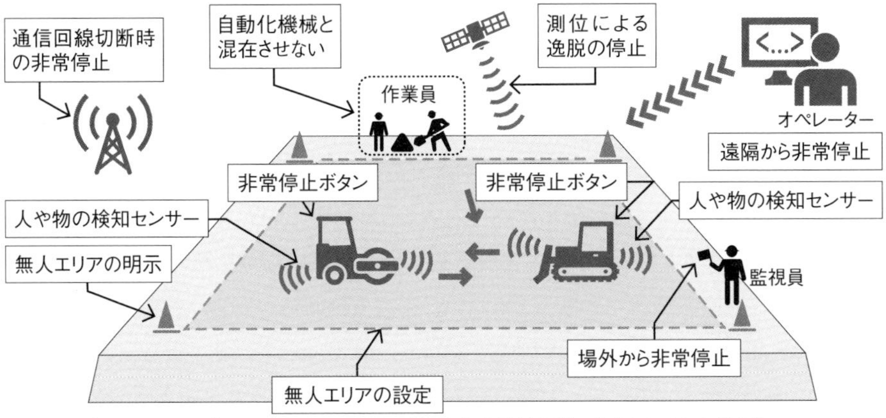

[自動・遠隔施工のねらい]

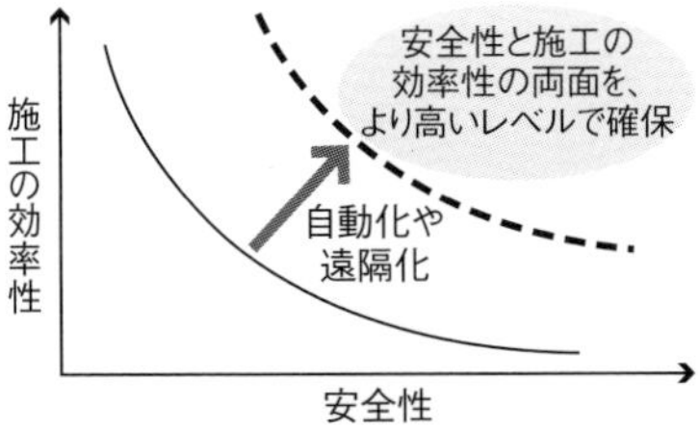

[自動建設機械などに求められる主な機能]

効率的な施工の確保	・必要な精度でのポジショニング機能 ・所定の範囲から逸脱しない ・接触防止の機能
現場の安全の確保	・非常停止システムの具備 ・遠隔での始動および停止 ・通信が途絶した際などの自動停止 ・現在の状態を示す表示灯の具備 ・人や障害物の検知機能

（注）ブルドーザーによる敷きならしやローラーによる転圧などでの安全対策の例。次ページの下も国土交通省が2023年6月に開催した建設機械施工の自動化・自律化協議会などの資料を基に作成

●エリア設定のイメージ

立ち入り制限エリア
- 無人エリアの周囲に配置し、自動建設機械が予期しない動作を行ってもその範囲を逸脱しないエリア

エリアの区割り
- 異なるエリア間の境界を認識可能な方法で区割り

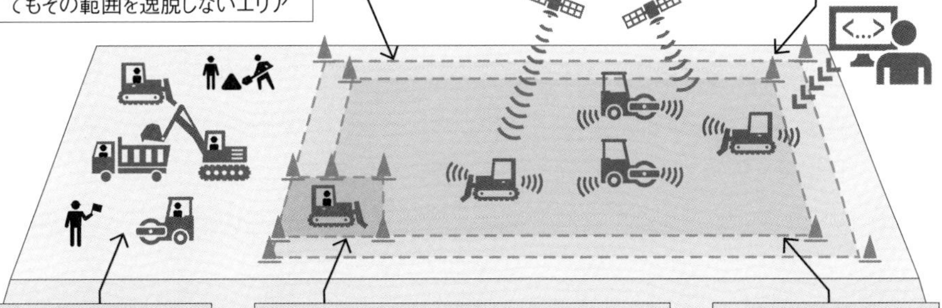

有人エリア
- 有人の建設機械で施工するエリア
- 原則として自動建設機械や遠隔の建設機械が立ち入らないエリア

中継区域
- 有人のダンプトラックによる土砂の積み降ろしなど、有人の建設機械が一時的に立ち入ることを想定してエリアの境界に設定する区域
- 建設機械に搭乗しない作業員は立ち入らないほか、オペレーターは有人の建設機械から降車しない

無人エリア
- 原則として作業員や建設機械のオペレーター、有人の建設機械などが立ち入らないエリア

（注）国土交通省が2024年3月にまとめた「自動施工における安全ルール Ver.1.0」を基に作成

●「汎用性の高い自動施工技術」の実装に向けた施策

［背景や現状］
- 建設機械のオペレーターをはじめとする建設事業の担い手不足が深刻化
- 施工の自動化技術などは、主に大手の建設会社やメーカーなどがそれぞれ開発して試験導入
- より効率的な技術開発の実現に向けて環境を整備。現場の導入に必要なルールの整備も不十分

［主な施策］
- 現場検証による技術基準の制定
- 「技術競技会」などによる人材の育成
- データの流通環境の構築

連携

［インフラ分野のDX］
- 建設現場の施工データの「見える化」
- データを集約・共有するデータプラットフォームの活用
- 3次元モデルを活用したデジタルツインの構築

（注）元の資料は内閣府の「BRIDGE」（研究開発とSociety5.0との橋渡しプログラム）など

非常停止システムや表示灯など、自動建設機械や設備に求められる機能も示している。

安全性と施工の効率性をより高いレベルで両立させる。24年度からの試行工事で安全ルールの適用性などを検証する予定で、**インフラ分野のDX**とも連携していく。

［関連キーワード］

インフラ分野のDX（242ページ）　**i-Construction**（244ページ）　**データマネジメント**（248ページ）　**担い手の確保や育成**（212ページ）　**労働災害**（222ページ）　**建設産業の生産性**（216ページ）　**働き方改革実行計画**（84ページ）　**BIM／CIM**（246ページ）

索引

（注）末尾に*の付いたキーワードは、「関連キーワード」の欄に記載したものです。

■か行

■さ行

■た行

■な行

■は行

■ま行

■や行

■ら行

■わ行

西村 隆司（にしむら・りゅうじ）

1957年12月、京都府生まれ。82年に金沢大学工学部建設工学科（現在の環境デザイン学類）を卒業。建設会社勤務を経て89年、日経BP社に入社。2000年9月に日経コンストラクション編集長、07年1月に同誌編集委員、同年10月に建設局編集委員、17年8月にシニアエディター。

2024-25年版
技術士第二次試験建設部門 最新キーワード100

2024年6月3日　初版第1刷発行

編著者　西村 隆司、日経コンストラクション
発行者　浅野 祐一
発　行　㈱日経BP
発　売　㈱日経BPマーケティング
〒105-8308　東京都港区虎ノ門4-3-12
デザイン・制作　ティー・ハウス
印刷・製本　中央精版印刷

ISBN　978-4-296-20489-2